本书出版获得河北省自然科学基金项目（E2017209059）和华北理工大学博士科研启动基金（No. BS2017021）的支持

并联机构拓扑符号组综合方法

王莹　路懿　编著

辽宁科学技术出版社
·沈　阳·

图书在版编目（CIP）数据

并联机构拓扑符号组综合方法/王莹，路懿编著. —沈阳：辽宁科学技术出版社，2021.7（2024.6重印）
ISBN 978-7-5591-1870-7

Ⅰ.①并… Ⅱ.①王… ②路… Ⅲ.①机器人-空间并联机构-拓扑-机构设计-研究 Ⅳ.①TP242

中国版本图书馆 CIP 数据核字（2020）第 207933 号

出版发行：辽宁科学技术出版社
（地址：沈阳市和平区十一纬路 25 号 邮编：110003）
印 刷 者：辽宁鼎籍数码科技有限公司
幅面尺寸：185 mm×260 mm
印　　张：13.25
字　　数：251 千字
出版时间：2021 年 7 月第 1 版
印刷时间：2024 年 6 月第 2 次印刷
责任编辑：郑　红　王西萌
封面设计：李　娜
责任校对：王玉宝

书　　号：ISBN 978-7-5591-1870-7
定　　价：75.00 元

联系电话：024-23284526
邮购热线：024-23284502
http://www.lnkj.com.cn

前　言

在现代机构学研究领域，凭借刚度高、精度好、误差不累积等优点，并联机构受到学者们的极大关注。近年来，随着并联机构在工业界的广泛应用，发现当并联机构含多个基本连杆时，通过混合分支，可以增加其总的刚度。此外，通过辅助的运动链结构，还能增大机构的负载能力。但是，目前实际应用的并联机构机型相对匮乏，因此，研究并联机构的构型设计具有十分重要的理论意义及应用价值。

机构拓扑结构综合是进行并联机构构型设计的一个重要阶段，也是机械创新设计需要解决的关键问题。本书通过关联杆组、符号组、数组、拓扑胚图和拓扑图，研究并联机器人机构拓扑结构综合方法，并利用该方法对四自由度并联机构的构型综合进行了研究，本书共7章，具体包括以下几个内容：

（1）研究并联及闭环机构关联杆组理论，即从含冗余约束闭环机构关联杆组的基本连杆、冗余约束和自由度三者的内在关系出发，基于修正的G-K自由度公式，推导出计算关联杆组中基本连杆的公式。

（2）提出了一种描述并联及闭环机构拓扑胚图特征的方法。从揭示拓扑胚图基本组成规律（即所含有的基本连杆的类型与数目以及各杆件之间的相互连接关系）出发，来定义特征字符串和连接方式子串的概念，并制定了相关规则，这些规则是进行算法设计的基础。

（3）在对关联杆组理论及拓扑胚图特征描述方法研究的基础上，深入分析了拓扑胚图综合中图的同构识别问题，并提出了解决方案。首先，在进行拓扑胚图综合前，清除同组关联杆组中同构的基本连杆排列方式；然后，在确保基本连杆排列方式不同构的前提下，生成特征字符串和连接方式子串，根据制定的规则，删除描述相同及同构拓扑胚图的字符串数组，从而能删除大部分相同及同构的拓扑胚图；最后，在绘制拓扑胚图时，根据图论理论，识别同构的拓扑图型。

（4）基于提出的拓扑胚图特征描述方法进行算法设计，设计了并联及闭环机构拓扑胚图自动综合系统。实现了闭环机构关联杆组的自动推导与显示、同构基本连杆排列方式的自动识别与删除、特征字符串和连接方式子串的自动生成与显示、同构特征字符串和连接方式子串的自动识别与删除以及拓扑胚图的自动综合与绘制。

（5）研究四自由度并联机构的型综合。提出数字拓扑图及特征数组的概念，对含较多数目基本连杆的数字拓扑图综合进行研究，举实例说明其推导与综合过程。在此基础上，进行了四自由度并联机构构型综合研究。

（6）根据综合出的四自由度并联机构构型，提出了一种分支与手指复合式新型并联臂手机构，其周边分支连接杆实现了手指的功能，节省了构件、驱动的数目。并运用机构学理论对其运动学、静力学及动力学进行了研究与分析。

本书通过特征字符串、连接子串及数组等符号组方法对关联杆组、拓扑胚图和数字拓扑图进行描述与综合，提出一种新的并联机器人机构拓扑结构综合方法。为机器人研究学者及爱好者在机构构型综合方面提供了一定的参考。

本书由王莹、路懿编著，在本书的撰写过程中，得到了河北省自然科学基金（No. E2017209059）的支持，同时得到了同行及有关专家的热情帮助与鼓励，在此一并表示由衷的感谢！

由于作者水平有限，经验不足，疏漏错误之处难免，热诚希望读者批评指正。

目 录

符号表

F 或 DOF——自由度

R——转动副（回转副或旋转副）

P_e——移动副（滑动副）

E——平面副

C——圆柱副

U——球销副

S——球面副

B——二元杆

T——三元杆

Q——四元杆

P——五元杆

H——六元杆

CG——拓扑胚图

ζ——被动自由度

g——运动副数

f_i——第 i 个运动副的局部自由度

ν——冗余约束数

μ——机构复杂度系数

n——基本连杆数

n_2——二元杆数

n_3——三元杆数

n_4——四元杆数

n_5——五元杆数

n_6——六元杆数

TG——拓扑图

TGD——数字拓扑图

1 绪 论

1.1 机构学及机构结构综合的研究概述

机构学属于机械工程学科的共性基础研究领域，是对各类机构进行运动及动力分析与综合的一门学科。它的理论基础主要是运动几何学和力学，同时借助数学分析与实验手段揭示机构的基本运动规律，并研究其动力行为，从而为各类机构的运动及动力分析与设计提供理论和方法。机构学的主要任务是研究机构的组成原理，分析已有机构的功能和性能，设计满足特定功能和性能的新机构，它具有系统的理论体系。机构学研究的目的是根据功能和性能的要求发明和设计新机构，它是创造新机器与新设备的基础。

早在第一次工业革命时期，人类初步实现了机器代替手工劳动作业，使得机械学在当时非常热门，尤其是对于曲柄连杆机构的研究一时形成了一股研究高潮。同时，伴随着数学的发展，机构学诞生并有了早期的发展。瑞士数学家 Euler 最早提出平面机构运动的理论，认为将一个点的平动和绕该点的转动叠加后就相当于是一个简单的平面运动。随后，英国的 Watt 对连杆机构轨迹设计问题进行了研究，探讨了连杆机构运动综合中生成点位轨迹的方法，为机构运动综合学奠定了基础。1831 年，法国物理学家科里奥利（Coriolis）提出相对速度和相对加速度的概念，进一步完善了机构的运动分析原理。1841 年，剑桥大学教授 R. Willis 出版专著《Principles of Mechanisms》，形成了机构学理论体系。1875 年，德国学者 Reuleaux 提出了机构的符号表示方法和机构构型综合的概念，并出版了相关的学术专著《Kinematics of Machinery》，为机构学奠定了一定的理论基础。1888 年，德国学者 Burmester 对机构的位移、速度和加速度进行分析，并出版专著《Lehrbuch der Kinematic》，创建了用于机构运动学分析及机构设计的运动几何学派，使得机构学理论逐渐地系统化。

1923 年，阿耳特（H. Alt）提出机构综合的概念。作为机构学的一个分支，机构综合的主要任务是根据机构运动要求及规律创造新颖的机构和新型的机器。因此，首先需要明确机构的概念。机构的英文为 Mechanism，它是传递运动和力的可动装置，是机器与设备的特征骨架。大多数机器的重要组成部分就是机构，它是由两个或两个以上的构件通过运动副链接形成的构件系统。从其组成原理来看，机构是由一定数目及类型的构件和运动副按一定的拓扑结构构成的。机构结构综合主要研究机构构型综合的理论和方法，探讨机构的拓扑结构特征与其运动学和动力学特性之间的联系，从而揭示机构的组成规律，获得满足功能要求的所有机构，为机构的创新设计提供可以优选的机构类型。

由此可见，研究机构的目的之一是探讨机构在什么条件下具有确定的相对运动，即机构运动的可能性；目的之二是探讨机构的结构组成学，即研究机构的结构类型综合。在机构设计过程中，这两个方面的研究都很重要，也吸引了国内外众多学者的关注。经过不断的研究，机构学专家发现机构设计中最富有创造性的内容是对机构结构类型综合的研究，它也是设计过程中困难比较大的一个问题，尤其是机构结构类型的优选一直是困扰机构学研究的难题之一。

1.2 机构学及机构结构综合理论的研究进展

1.2.1 传统机构学及结构综合理论的研究进展

早在 19 世纪中叶，机构学就从一般力学中独立出来，并在其基础上发展成一门独立的学科。传统的机构学把机构的运动看作只与其几何约束方式有关，而与受力、质量和时间等无关。这个时期，机构学主要对连杆机构、凸轮机构、齿轮机构等一些常用机构进行研究，分析它们的结构和构件间的相对运动，研究内容主要分两个方面：

①对已有机构的研究，即机构分析，包括结构分析、运动分析和动力分析。

②按要求设计新的机构，即机构综合，包括结构综合、运动综合和动力综合。

在机构分析方面，机构结构分析研究机构的组成及其具有确定运动的可能性，因为机构是由一定数目的构件和一定结构形式的运动副组成的，构件的多少、运动副的类型以及运动副的排列等要素具有一定的内在规律性，所以，研究机构首先要探讨机构运动的可能性及其具有确定相对运动的条件；机构运动分析考察机构在运动中的位移、速度以及加速度的变化规律，从而确定其运动特性；机构动力分析主要通过数学分析和实验方法研究由各类机构的基本运动规律所产生的动力行为。可见，机构分析主要揭示机构的结构组成、运动学与动力学规律及其相互联系，用于对现有机械系统的性能进行分析与改进，最重要的是为机构综合提供理论依据。

在机构综合方面，主要是探讨机构的结构组成学，因为不同组成方式的机构具有不同的运动学及动力学特性。已知机构的相对运动，要确定机构的结构形式，即便是由相同数目的构件进行设计，这样的结构形式也不唯一。因此，在进行机构设计时就有类型优选的可能。而机构结构综合的研究是希望在进行机构创新设计时，能提供较为完整的机构结构的各种类型，从而得到各种可以比较的方案，以便为后续的择优提供一定的保障。

传统机构结构综合的研究最早是从平面机构开始的，而连杆机构是最典型的平面机构，它的很多优点使得它成为工程实际中应用最广泛的机构。比如，在纺织机械、印刷机械及活塞式发动机中都有应用。所以，连杆机构综合成为传统机构学研究者重点研究的问题。

第一次工业革命期间，出现了大量的机器发明，但那个时代机器发明的要求比较单一，就是选用机构或发明新机构来满足机器所需要的运动，还没有原动机选择和控制设计的问题。要发明新机构，就要建立机构的结构理论。Euler、Ball 等最早研究了平面连杆机构的连杆曲线的曲率理论，是机构分析与综合的早期研究者。第二次工业革命时期是传统机构学研究的黄金时代，出现了以 Reuleaux 为代表的德国学派和以 Chebyshev 为代表的俄苏学派。Reuleaux 是德国机构学学派的创始人，最早引入了“运动副”和“运动链”的概念，详细说明了通过转置及改变相对杆长，如何将一个 4 杆机构变异出 12 大类的 54 种机构的方法。并在此基础上，建立了机构系统学，这是连杆机构型综合理论的早期形态。1888 年，Burmester 建立了 Burmester 曲线，为机构综合的图解法提供了基础理论，同时出版专著，揭示了平面图形在其所在平面中运动的有限接近位置的运动几何学，使机构运动学成为一个成熟的学科。Chebyshev 是俄国机构学学派的创始人，从 19 世纪 40 年代开始，致力于连杆机构设计研究 30 余年，以函数逼近理论为基础，研究了平面连杆机构的解析法，建立了机构综合的代数方法。俄苏学派的另一代表人物 Assur 提出机构可按其结构特征分类、分级的方法，证明了机构可以用自由度为零的运动链依次连接原动件和机架来形成，也就是后来在机构学发展史上占有十分重要地位的阿苏尔杆组法。

上述研究主要是采用图解及代数解析的方法来进行机构综合。进入 20 世纪以后，随着控制技术的发展，机构学得到了快速发展，特别是计算机技术的引入，为机构分析与综合注入了新的活力。1959 年，美国学者 Frendenstein 和 Sardar 首次应用计算机技术进行了铰链四杆机构分析，实现了对其再现函数的最优综合。这种传统的机构学研究一直延续到 20 世纪 60 年代，且传统机构学理论已逐渐完善，这期间国内外出版了许多关于平面机构综合的理论与方法方面的著作。目前，人类对平面单自由度及多自由度机构、含复合铰的平面单自由度和多自由度机构都进行了系统的研究，并得到一些行之有效的综合方法，比较有代表性的有阿苏尔杆组法、Franke 标记法、二杆链转化法、对偶图法、有限对称群理论法等。

阿苏尔杆组法 苏联学者 Assur 提出了杆组的概念，成为机构组成学的理论基础。阿苏尔认为机构是由一个或若干个自由度为 0 的运动链依次连接到机架与主动件上而组成的。这个自由度为 0 的运动链被称为杆组。任何机构都包含机架、主动件和从动件系统 3 个部分。由于每个主动件有一个自由度，当机构中的自由度为 F 时，就有与 F 数目相对应的主动件输入运动，而从动件系统的自由度为 0。在从动件系统中存在着一个或依次连接的若干个不可再分解的自由度为 0 的运动链——杆组。根据阿苏尔的机构组成学综合方法，将一个或若干个杆组依次连结，拼接于主动构件及机架组成机构。显然，运用阿苏尔杆组综合不会产生刚性子链。Manolescu 运用阿苏尔杆组的综合思想系统地综合了 8 杆、10 杆单自由度运动链和 9 杆 2 自由度运动链。曹惟庆基于阿苏尔的机构组成学，对含复合铰链的 8 杆以下的机构进行了综合。

Franke 标记法 Franke 标记法是典型的基于胚图的综合方法，首先确定所有不同类型的连杆分类方式。画出 Franke 标记图中只有多元构件的胚图，将支链上的二元杆数标在支链旁。对每一种结构类型，在线上分配两副构件数，得到完整的运动链。Davies 和 Crossley 运用这种方法综合出了 40 个 2 自由度 9 杆运动链和 230 个 1 自由度 10 杆运动链。

二杆链转化法 Mruthyunjaya 利用单关节和多关节的运动链可以全部用二副杆转化过来的思想来进行机构综合。这种方法具有不会产生刚性子运动链的优点；缺点是它需要大量的同构判别，在产生二副杆运动链和二副杆运动链转化为新运动链的时候都需要进行同构的判别。Mruthyunjaya 运用这种方法综合出了不同自由度的运动链，并进行了计算机实现。

对偶图法 Sohn 和 Freudenstein 提出了对偶图法综合出了 1～3 自由度 4～10 杆的所有运动链。该方法利用机构的拓扑图相应的对偶图表示回路之间的联接关系，可方便地生成机构的结构类型，但难以实现含复铰及相应非平面拓扑图的结构类型综合。

有限对称群理论法 Tuttle 及其合作者在 Davies 和 Crossley 工作的基础上提出了有限对称群法。该方法是将多副杆的连接图称为基（Bases），确定每个基的对称群。定义键的收缩就是用一条边来取代键，让两个多副构件直接连接；键的膨胀就是用二副杆构成的子链来取代键，运用通过基中键的收缩和膨胀来获得所有的运动链，其间删除同构的运动链和刚性子链。

基于单开链单元的综合方法 杨廷力创造性地提出了基于单开链单元的综合方法，该方法以增加机构定量描述为手段，以构件对运动副轴线方向的约束类型（包括重合、平行、共点、共面、垂直及其组合）作为描述机构拓扑结构的主要手段，找出并联机构运动输出矩阵与单开链输出矩阵的关系，确定各支链在基础平台和动平台之间的配置方式和配置类型，以此来进行机构的型综合。这一方法在机构综合的研究上独树一帜，取得了突出成果，缺点是设计过程中过多依赖设计者对机构的直觉和经验，而不是严格的数学手段。

基于线性变换理论和进化形态学的综合方法 Gogu 基于线性变换理论，采用生物学的进化形态学方法来研究并联机构的自由度和型综合问题，并出版了型综合理论的专著。成果：基于线性变换理论提出了定义和计算并联机构的结构参数（自由度、连通性、冗余和约束等）的新方法；提出了基于线性变换和进化形态学的并联机构结构综合的新方法；对于 2-6DOF 耦合、非耦合、解耦、完全各向同性的并联机构提出了新的解决方案。

综上，传统机构学的特点是研究机械化生产代替手工劳动后的一系列机构分析与综合的问题。而机构学，特别是机构结构综合学研究的主要目的，在于机构学能够作为一种指导性理论，给新机器或新机构的发明创造者提供参考或依据，促进新机器与新机构的发明与创造。

1.2.2 机器人机构学及结构综合理论的研究进展

20 世纪后期，随着机器人技术的发展，机构学发展成一门新的学科，即机器人机构学。机器人机构学也是机器人学的一个重要分支，包括机器人机构的运动学和动力学。早期，机器人机构学研究的主要是串联机器人机构，它是一个空间开式运动链。在结构上，串联机器人机构主要由机座、腰部、臂部、腕部、手部以及传动机构和驱动器等组成，它具有结构简单、成本低、控制简单、运动空间大等优点。1954 年，美国人乔治·德沃尔设计了第一台可编程的工业机器人，并申请了该项机器人专利。1962 年，美国通用汽车公司（GM）投入使用第一台机器人 Unimate，这标志着第一代串联机器人的诞生。目前人们对串联机器人的研究已经很成熟。人类对并联机器人机构的研究相较于串联机器人机构的研究起步比较晚。1965 年，Stewart 提出利用具有并联运动链的 6 自由度的 Stewart 平台机构作为飞行员三维空间模拟器。1978 年，著名教授 Hunt 建议将 Stewart 并联机构直接作为机器人操作机使用，但没有受到业界的足够重视。直到 1986 年，Fichter 对 Stewart 机构的实际结构进行研究，发表了有关 Stewart 机构的设计与分析理论，并联机构才得到了机构学专家的关注，成为机器人机构学理论的一个新分支。目前，并联机器人机构的应用几乎涉及了航空航天、航海、军工装备、医疗器械以及机电工业、汽车生产等各个领域。

从机构选型的角度看，凡是需要把转动、移动或其复合运动转化成空间复杂运动的场合都有应用并联机器人机构的潜在可能性。根据文献统计与分析，目前研究比较多的并联机器人机构主要是 3 自由度和 6 自由度的，比如空间 6-SPS 机构、3-UPU 机构、3-RPS 机构以及平面 3 自由度和球面 3 自由度并联机构，在目前已经公开的并联机器人机构结构类型中所占比重较大。而其他少自由度并联机构，比如 2、4 和 5 自由度并联机构，相对于前面两种自由度所进行的研究较少，而且所提出的结构类型不多。从上面的数据可以看出，目前可供选择的并联机构构型还是比较少的，尤其是真正应用到工程实际上的并联机构构型更是屈指可数，比较典型的有分支含闭环具有对称结构的 Delta 机构和具有非对称结构的 Tricept 并联机构。

并联机构的结构属于空间多环多自由度机构，与开链机构相比，对并联机构进行结构类型综合是一个极具挑战性的难题。起初，设计者主要凭借自身的经验、直觉等初级方法进行综合，直到 20 世纪 60 年代，美国哥伦比亚大学 Freudenstein 教授首次将图论引入机构学中用来表示运动链的拓扑结构，这才使机构的结构类型综合有了强有力的数学工具，并由此取得了一系列的成果和突破。到目前为止，国内外主要有 5 种并联机构的结构类型综合研究方法，即基于约束螺旋综合理论的方法、基于李群李代数的综合方法、基于单开链单元的构型综合方法、基于给定末端运动的构型综合方法和基于自由度计算公式的列举型综合方法。

（1）基于约束螺旋综合理论的方法。

1996年，黄真教授将螺旋理论引入机器人机构的型综合研究中，以具有形式统一和数字简单的方式简化了烦琐的数学表达式，并综合出一些新型的机构，如1997年，黄真，孔令富等综合出的具有三维移动的3-RRRH机构；2000年综合出的4-URU机构，它是国际上第一个对称的4自由度的并联机器人机构。此后，黄真教授带领他的团队致力于解决对称的并联机器人机构的综合难题，发展了少自由度并联机构构型综合理论，并最终形成了“约束螺旋综合理论”。其基本思想是通过在某一个特定位置使所有支链的约束力形成的子空间叠加之后等于理想运动在该点切空间的补空间，从而使移动平台在该点附近能实现给定运动。这种方法需首先综合出抽象的螺旋模型，然后应用线性变换的方法，在螺旋模型指导下具体构造出实际的机构模型。基于约束螺旋综合理论，黄真团队综合出全部9种少自由度并联机构的机型，这在国际上也是领先的。基于螺旋理论的运动约束法、方跃法等对一类具有相同分支结构的4自由度和5自由度并联机构的结构综合进行了研究。孔宪文和Gosselin采用同样的方法对少自由度并联机构的综合问题进行研究，综合出一些新颖的3、4自由度并联机器人机构，丰富了少自由度并联机构的结构类型。同时，二人总结了自己多年的研究成果，出版了一本专著，详细介绍了并联机构的综合理论和方法。

（2）基于李群李代数的综合方法。

Hervé和Angeles是较早将李群理论引入并联机构型综合的代表人物。1978年，Hervé分析了位移子群及其对应的李代数，提出了基于位移子群的代数结构对运动链进行分类的方法，奠定了位移子群综合法的理论基础。1982年，Angeles认为并联机构动平台的位移群是其所有串联分支的位移群的交集，给出了6种位移子群以及子群间交集的运算法则，并用位移子群综合法研究了并联机构的型综合。随后，Hervé等使用位移子群的综合方法，进行了具有3自由度移动和3自由度转动的并联机构的构型综合研究，并取得了一定的成果。Hernandez等基于位移子群和位移子流形的代数结构，对3自由度空间并联机构的结构综合进行了研究，提出通过对不同分支运动链的拓扑结构进行组合，可获得3自由度的空间并联机构所有可能的运动形式。国内，李秦川等基于位移子群综合法，详细讨论了位移流形综合原理，即以分支位移流形描述分支末端的自由度，而以机构位移流形描述动平台的自由度，寻求使分支位移流形的交集是期望的机构位移流形的几何条件。并以分支位移流形生成分支运动链的方法来构建少自由度并联机构，进而综合出14种新颖的5自由度3R2T并联机构。李泽湘等系统研究了并联机构的构型综合问题，采用同样的方法，对并联机构的自由度数目和结构形式进行了分类。

（3）基于单开链单元的综合方法。

杨廷力以构件对运动副轴线方向的约束类型作为描述机构拓扑结构的主要手段，创造性地提出基于单开链单元的综合方法。该方法通过找出并联机构运动输出矩阵与单开链输出矩阵的关系，以单开链支路为结构综合单元，先构造单开链，然后确定各支链在基础平台和动平台之间的配置方式和配置类型，从而进行机构综合。这一方法在机构综合的研究中独树一帜，取得了突出性成果，并出版两本相关学术著作。但在设计过程中运用该方法也有一定的缺点，因为它过多地依赖设计者对机构的直觉和经验，并不是一种严格的数学方法和手段。

（4）基于给定末端运动的构型综合方法。

高峰针对机器人构型、性能间的映射关系，提出了利用 G_F 集描述构型设计特征的方法。其基本思想是认为并联机构动平台的运动是其所有分支运动的交集。该方法引入了若干种新型的复合运动副和复合支链，且运动副、复合支链均具有确定的末端特征，基于 G_F 集及其求交定理就可以方便地进行并联机器人机构的型综合，实现了仅基于集合以及点、线、面间的空间位置关系，就可以进行并联机器人构型综合的目的。根据并联机构的末端运动特征，高峰等采用该理论对 3 自由度移动并联机构和 3T1R 类 4 自由度并联机构的构型综合进行了研究，取得了一定的成果。基于 G_F 集理论，曹毅等又提出了一种简单而有效的混联机器人构型综合方法，扩大了该理论的应用范围。

（5）基于机构自由度计算公式的列举型综合方法。

这个方法基于传统的 Grübler-Kutzbach（G-K）自由度计算公式。其综合的思路为：当给定机构所需要的自由度后，根据机构自由度公式寻求机构的每个分支运动链的运动副数。早在 1978 年，Johnson 等运用 G-K 平面机构自由度公式得到平面机构的关联杆组的各种杆件数。Tsai 用基于计算自由度公式的列举法综合了 3 自由度并联机构。2005 年路懿和 Leinonen 教授根据传统的 G-K 自由度公式推导出计算平面与空间机构统一的关联杆组及各种杆件数，并提出用拓扑矩阵演化空间机构拓扑胚图和识别同构及不合理的拓扑胚图，但对于高复杂度机构，拓扑矩阵法就变得十分复杂。如何用复杂关联杆组演化拓扑胚图和识别同构拓扑胚图，是机构拓扑综合尚未解决的棘手问题，国内外一些学者针对该问题进行了研究，并取得了一定成果。但同时也发现了这种列举法有一定的问题，2002 年，Merlet 在 ASME 年会的主题报告中曾指出，利用 G-K 自由度计算公式综合空间机构时“未考虑运动副的几何布置，容易得出无效的结果”。同时，该方法没有考虑冗余约束，也无法判别得到的机构是否为瞬时机构。为了解决这个问题，黄真针对许多机构存在的公共约束、冗余约束以及被动自由度等特性，修正了 G-K 公式，得到适合计算广义机构自由度的修正公式，这一贡献为广义机构拓扑综合和型综合的理论发展起到了重要的促进作用。基于修正后的 G-K 公式，路懿等对含被动约束分支的空间机构进行研究，综合出 3 自由度的 3PUS/UP、2UPS+

SPR+SP、2UPS+UPU+SP 机构和 4 自由度的 4UPS/SP 机构等一些新型的并联及串并联机构。

此外，通过改变运动副的种类和运动方位，Yan 等研究了具有可变拓扑表示和可变运动副特性的机构构型综合。黄真和丁华锋建立了多环运动链环路代数理论，此理论的最大特点是运用该理论对任意方式绘制的运动链拓扑图，可以得到其唯一的运动链特征周长拓扑图及特征邻接矩阵。基于所提出的环路代数理论，丁华锋给出了描述运动链的特征代码，并在此基础上，对如何自动生成运动链拓扑图的方法进行了研究，并最终建立了相关的软件系统。综上，上述学者对并联机构的结构综合进行了大量的研究工作，并取得了一定的成果。

1.2.3 现代机构学及结构综合理论的研究进展

20 世纪 70 年代，日本首先提出机电一体化（Mechatronics）的概念。与此同时，美国 ASME 则提出：机电一体化是由信息网络联系，由计算机参与协调与控制的可完成多动力学任务的机械或机电部件系统。随后，随着机电一体化技术的发展，出现了“现代机械”。和传统机械不同，“现代机械”主要以计算机作为信息处理的手段。换句话说，现代机械产品的应用离不开计算机的协调与控制。与此同时，机构的概念也发生了变化，“现代机械”概念的形成促使机构学理论研究中涌现出不少新内容、新方法和新理论，传统的机构学也逐步发展成现代机构学。主要体现在以下几个方面：并/混联机构，柔顺机构，变胞机构等一批新兴研究领域。

对并/混联机构的研究始于 20 世纪 80 年代初，并联机构具有动态性能优良和高精度的特点，近些年国内外机构学研究人员对其结构综合进行了大量研究。而混联机构兼具串联和并联机构的优势，同时又能避免二者的缺陷，从根本上也属于机器人机构学的范畴。目前，专家学者对混联机构的研究主要集中在机构分析上，并取得了一定的成果。现如今，国外已经设计并成功应用的混联机器人机构有德国的 Exechon 机器人、Adept Quattro 机器人以及瑞典 Neos Robotic 公司生产的 Tricept 系列机器人，国内设计的比较典型的混联机器人机构是天津大学黄田教授发明的 TriVariant 系列机器人。但 20 年间学术界却很少涉及这类机构的构型综合问题。直到 21 世纪初，学者们开始借助现代数学工具，力求寻找某种通用的方法进行系统地构型发明，现有比较典型的方法是螺旋理论、位移子群及位移流形理论、G_F 集合理论，其中国内黄真、黄田、沈惠平、杨廷力等诸多学者在该方面做了很多研究，综合出许多新型混联机构。

随着机电一体化技术的不断完善，柔性机构迅猛发展，尤其是在精密工程场合应用越来越多，柔性机构已成为现代机构学一个重要分支。从人类社会发展的历史来看，早在几千年前人类就已经发明了弓及弹弓等弹性工具。直到 1678 年，弹性定律的提出为柔性机构的形成奠定了理论基础。Howell 最早提出伪刚体模型法，对悬臂梁、固定及导向梁等基本柔性单元进行了伪刚体建模，该方法在设计平面柔性机构上比较成功，其优势在分析建模上，可以提供简单的参数化模型，但直接采用该方法进行初始设计却并非易事。与并/混联机构构型综合的发展过程类似，在旋量理论出现之前，对柔性机构的构型综合并没有系统化的方法，一般都是根据经验或基于对称设计原理直接套用刚性机构的构型来获取新构型。如，Blanding 基于自由度与约束对偶原理，提出 Blanding 法则，认为自由度线与约束线之间遵循对偶准则，提出利用约束设计方法可进行柔性机构构型综合。随后，Hale 采用该方法进行了柔性机构构型综合。该方法的优点在于，可以可视化表达机构运动，比较适合进行机构早期设计，但设计者需要一定的知识和经验积累。直到最近 20 年，出现了基于拓扑结构的系统化柔性机构构型综合方法，比较典型的是 Hopkins 提出的基于旋量理论的自由度与约束空间拓扑法（Freedom and Constraint Topology，FACT）。SU 给出了其旋量解析，进一步完善了 FACT 理论。国内北京航空航天大学于靖军等对柔性铰链及柔性机构进行了长期研究，取得了一定的成果，尤其是基于旋量理论，对 2R1T 和 3R 型并联柔性机构进行了构型综合和运动学分析。

1998 年，戴建生提出一种新型机构——变胞机构，在当时引起了极大反响。随后，变胞机构成为现代机构学的研究热点。到目前为止，经过十几年的时间，国内外机构学学者在对变胞机构的研究上取得了丰硕的成果。而变胞机构的结构综合是根据变胞后的终态结构综合出满足变胞要求的始态变胞源机构。它是研究变胞机构运动学和动力学的基础，受到学者们的极大关注。李瑞玲等从变胞机构终态出发，基于构态变换的矩阵计算，研究了其综合方法。张忠海对刚性和柔性变胞机构的结构学进行了研究，提出了基于广义关联矩阵运算的刚性变胞机构结构综合方法和基于邻接矩阵的柔性变胞机构结构综合方法。李树军等基于扩展杆组的概念，以 Assur 杆组构造出几种典型自由度为 1 的变胞杆组，对空间变胞机构的结构组成原理进行了研究，实现了系统化设计变胞机构。畅博彦等将约束旋量原理引入变胞机构的构型综合，通过分析变胞源机构与子构态机构之间的关系，给出了构态变化条件和相应的数学表达式，形成基于变约束旋量原理的变胞机构综合理论。

1.3 机构拓扑结构综合及数字化实现的研究现状

1.3.1 机构拓扑结构综合的基本问题

机构的结构综合对机构学研究具有十分重要的意义，机构结构综合一般包括机构的拓扑结构综合、数综合和尺度综合，它是机构创新设计过程的一个重要阶段。机构尺度综合的任务是基于机构运动参数，设计合适的机构各部件尺寸及优化构件的形状。寻求满足设计要求的全部机构构型是机构拓扑结构综合的任务。所谓拓扑结构，是指机构的运动副类型与数目、构件类型与数目以及构件与运动副之间的连接关系。

机构的拓扑结构分析只研究机构的内在结构特征，而机构运动学和动力学分析要考虑机构尺度、材料等外在的一些因素。在这一点上，机构的拓扑结构分析与运动学和动力学分析存在明显不同。机构拓扑结构综合就是基于机构自由度建立机构的关联杆组，确定各种基本连杆的构件数，由此演化和构造机构拓扑胚图，从而综合大量新的机构拓扑图的研究方法。而机构型综合是由机构拓扑图、运动副约束和位姿，综合新颖机构及运动链分支的方法。由此可见，建立机构的关联杆组是进行机构拓扑综合需要首先解决的问题，是机构拓扑综合之源；确定机构的拓扑图是进行机构型综合需要首先解决的问题，是机构型综合之源。而联系机构拓扑图和机构关联杆组的是机构拓扑胚图。拓扑胚图是构建机构拓扑图和运动链的基本框架和有效工具。

1.3.2　机构拓扑结构综合的研究现状

早在 1987 年，Johnson 就用决策树逻辑方法求出了用于平面闭环机构型综合的关联杆组，为机构关联杆组理论的研究奠定了基础。后来，Lu 和 Leinonen 对关联杆组理论做了详细论述，从自由度公式入手，讨论什么类型和多少数量的构件组合在一起形成的关联杆组是合理的，经过推导得出复杂度 0~5 的关联杆组的合理组成。并在此基础上，提出了并联机构综合的系统连杆法和拓扑矩阵——图表法。上述学者对机构关联杆组理论进行了研究，但均未考虑冗余约束和被动自由度。近年来，国内外诸多学者对机构关联杆组理论和机构拓扑图进行了深入研究，并取得了一定的成果。路懿等进一步研究了闭环机构中关联杆组、冗余约束、自由度和被动自由度之间的关系，推导出计算关联杆组自由度、基本运动副数和有效基本连杆数的公式，为含冗余约束和被动自由度的闭环机构型综合提供了理论依据。杨廷力，Tsai，Gogu，Moon，Zhou 等从不同角度发展了平面机构的拓扑图理论。但其中心思想是一致的：首先，确定组成运动链或平面机构的构件类型与构件数目；其次，采用一定的方法，找出不含二元杆件的其他杆件之间的连接图，即缩图或拓扑胚图；再次，按照一定的规则，将二元杆以点的形式分布到缩图或拓扑胚图上；最后，得到所有的结构拓扑图类型。Martin 和 Alberto 根据现有机构和约束子图同构判断原理，提出了平面连杆机构的自动综合方法。丁华锋等建立了描述平面机构拓扑结构特征的统一模型，实现了平面机构的拓扑图与其特征描述代码之间的一一对应关系，并建立了单副平面运动链拓扑图的图谱库系统软件。路懿等研究了数组构造拓扑图的相关准则和同构拓扑图的识别方法，推导出大量用于综合平面 1 自由度、2 自由度、3 自由度和 4 自由度机构的数字拓扑图。到目前为止，学者们对平面机构的拓扑结构综合理论，尤其是平面机构的拓扑图理论，进行了比较深入的研究，并取得了显著成果。而对于空间闭环及并联机构的拓扑结构，由于其多环的结构特点，图的数量众多，同构判断过程复杂，尚未实现系统综合，主要采用的是手工枚举的方法。目前，国内外学者对拓扑胚图的研究较少，丁玲从邻接矩阵的经典理论出发，提出利用路径数组进行机构拓扑胚图同构判断的方法。该方法在进行判断前，需先计算图的任意顶点之间的路径数矩阵，数学模型结构相对复杂。路懿等在对机构拓扑胚图基本结构分析的基础上，提出用特征字符串进行机构拓扑胚图综合的方法，并以实例证明了该方法的有效性。

1.3.3 机构数字化结构综合的研究现状

随着计算机技术的发展，将先进的计算机技术与机构学理论融合，形成数字化的机构学理论，已成为机构学研究的新趋势。机构综合是机构创新的一个主要内容，其可分为拓扑综合、型综合和尺度综合。近年来，在机构拓扑结构综合研究方面，为实现机构综合的计算机化、自动化、可视化，国内外学者们进行了一定的研究。Hwang等提出了收缩构件邻接矩阵综合法，对平面单铰机构的数字化构型综合进行了研究。Yan 等研究了包括连杆、凸轮和齿轮等多种构件的平面机构的计算机化创新设计方法。丁华锋及其团队利用数字化的构型综合理论，系统研究了平面机构的数字化构型综合。并建立了多种平面机构的构型图谱库，实现了将数目庞大的构型结果进行自动分类与存储。Saura 对含低副和高副的平面多体系统进行了研究，提出了一个计算机化构型综合方法。

到目前为止，平面机构的数字化构型综合已经取得了很多进展，但空间机构的数字化构型综合还处在起步阶段。国内，曹文熬基于螺旋理论，建立了 3 自由度、4 自由度和 5 自由度分支的构型数据库，提出了并联机构的数字化构型综合方法，分别推导了 9 种少自由度对称和非对称并联机构的约束模式。并对 14 种少自由度两层两环空间机构进行了系统的综合，得到了大量的新型空间耦合链机构，但其仅对多分支空间并联机构和空间耦合链机构的数字化综合进行了研究。

1.4 研究意义及主要研究内容

机构学属于机械工程的基础学科，机构创新是机械创新中永恒的主题。目前，我国缺少具有自主知识产权的机械设备及产品，只有深化研究和不断发展才能使我国机械工程的整体水平和机械产品的创新能力得到提升。对机构进行结构类型综合有两大意义，其一是对现有各类机构进行结构优化，不断完善机构的结构，提高其运动学及动力学性能；其二是发明、创造出新机构，以便为机构创新设计中机构类型的优选提供更多可以比较的方案。所以，各国机构学专家长期以来一直对机构结构类型综合的研究特别关注。

在基于拓扑图型的构型综合方法中，对一些含相同关联杆组的机构，未识别同构拓扑胚图，就直接判断机构之间的同构，不仅过程复杂，而且结果各异，引起学者们争议。如果将机构拓扑综合与型综合统一，就能在各演化阶段及时识别同构和不合理机构，从而有效避免研究大量同构和不合理的机构。运动链拓扑同构判定一直是机构拓扑综合的关键和棘手问题。机构拓扑胚图是构成机构拓扑图和运动链的基本框架，随着机构关联杆组复杂度的增加，必然会演化出更多的不同拓扑胚图和更大数量的不同拓扑图。若完全由人工识别大量的同构的和不合理的拓扑胚图和拓扑图，不仅耗时费力，而且容易出错，甚至陷入迷茫之中。编制计算机程序，实现自动绘制和识别同构和不合理的拓扑胚图与拓扑图，意义重大。

本书以解决机构结构综合中拓扑图型及构型的同构判断问题为核心，从含冗余约束闭环机构的关联杆组出发，对并联机构的拓扑结构综合进行研究，同构识别涉及关联杆组中基本连杆的排列组合方式、拓扑胚图及拓扑图的图型关系以及机构的构型综合等各个环节。以特征字符串和连接方式子串作为描述闭环机构拓扑胚图的主要手段，对闭环机构的拓扑胚图自动综合进行研究。并采用CAD软件对拓扑胚图综合过程中关联杆组的生成、基本连杆排列方式的确定、特征字符串的生成、连接方式子串的计算以及拓扑胚图的绘制等模块进行算法开发和界面设计，实现闭环机构数、图、型综合过程的自动化和可视化。根据机构综合过程中拓扑图形成的过程，提出数字拓扑图的概念，并通过特征数组对其进行描述，对典型4DOF平面及空间并联机构进行了数字拓扑图综合，通过算法开发，实现了自动生成与显示。最后，通过实例展示了4DOF空间并联机构构型综合过程，应用三维软件建立了新型机构模型；同时提出一种新型的并联臂手机构，并对所提出机构进行了运动学、静力学及动力学分析，通过数值算例对所求解的各项参数进行了验证，证明了所建理论模型的正确性。

第1部分以机构学主要研究内容的发展变化为线索，从传统机构学、机器人机构学以及现代机构学三个方面展开，阐述了机构学及机构结构综合理论的研究进展和所取得的成果，同时分析机构拓扑结构综合和数字化构型综合的基本问题及研究现状。

第2部分介绍了本书涉及的有关图论的基本知识。包括图的概念、图的类别及性质以及机构的图表示方法和代数表示方式。重点介绍了邻接矩阵及路径数组的概念。因为有了描述图的数学理论，综合过程可通过算法开发，借助计算机实现，使得综合的效率和成果显著提高。

第3部分为闭环机构关联杆组中基本连杆理论的提出。从含冗余约束闭环机构关联杆组的基本连杆、冗余约束和自由度三者的内在关系出发，基于修正的G-K自由度公式，推导出计算关联杆组中基本连杆的公式。采用选择性插入的方法建立有效的基本连杆排列方式，在进行拓扑胚图综合之前，清除同构的基本连杆排列方式，可以减轻后续拓扑胚图同构判断的工作量。在此基础上，采用计算机程序实现不同复杂度闭环机构关联杆组的推导，以避免数据的遗漏，能为扩大满足要求的拓扑结构类型提供更多可选择的空间，减少筛选的盲目性。

第4部分为基于关联杆组理论的一种新的闭环机构拓扑胚图特征描述方法。在对闭环机构拓扑胚图结构分析和相关参数确定的基础上，基于特征字符串，提出连接方式子串的概念，形成描述拓扑胚图基本特征的新方法。以关联杆组 $1Q1T3P$、$1Q2H2T$

和 $1Q6T$ 为例，详述了特征字符串及连接方式子串的确定步骤和过程，通过该方法来描述闭环机构拓扑胚图，能够实现闭环机构拓扑胚图与其特征描述的一一对应。同时，基于新特征描述方法的机构拓扑胚图自动综合的实现，以便于计算机操作和处理为目标，基于新特征描述方法，开发闭环机构拓扑胚图自动综合系统。并针对闭环机构拓扑胚图综合过程中图的同构判断这一难题，提出解决方案。对综合过程中的同构拓扑胚图进行深入研究与分析，针对不同类型的同构关系进行算法推导与开发，实现了拓扑胚图综合过程的自动同构识别与删除。

第 5 部分为基于关联杆组理论的一种闭环机构拓扑图的数组特征描述方法。在对闭环机构拓扑图结构分析和相关参数确定的基础上，确定应用特征数组描述闭环机构拓扑图。提出用一定的数组排列规则对特征数组进行排列，然后再放在一起对比的方法，解决拓扑图同构判断问题，并用算法加以实现。提出了数字拓扑图的概念，通过特征数组描述数字拓扑图在比拓扑图简单的同时图形更直观，自动生成更易于实现。

第 6 部分为 4 自由度空间并联机构型综合研究。根据提出的数字拓扑图及特征数组的概念，对含较多基本连杆的数字拓扑图综合进行研究，举实例说明其推导与综合过程。基于综合出的 4 自由度并联机构的有效数字拓扑图和对应的特征数组，综合出 37 个不同的 4 自由度并联机构，其中包括前人已综合出的 8 个 4 自由度并联机构。

第 7 部分提出了一种分支与手指复合式新型并联臂手机构，其周边分支连接杆实现了手指的功能，节省了构件、驱动的数目。使用数值法求解了该并联臂手机构的位置正解，针对运动和抓取时可能遇到的 4 种情形分别建立了位置反解模型。通过为 3 个周边分支建立自由度性质相同的虚拟直线分支，求解了运动平台、被抓物体、手指杆、指尖的速度和加速度正解，并为指尖推导出速度、加速度通用公式和抓住物体运动时的简化公式。使用虚功原理为该并联臂手机构建立了静力学和动力学模型。通过 Matlab/Simulink/SimMechanics 工具箱建立了仿真模型，对 3-UPUR+SP 型并联臂手机构的理论模型进行了验证，证明了模型的正确性。

2　图论的相关理论

2.1　引言

1964年，图论首次被引入机构学用于表示机构的拓扑结构。机构的拓扑结构是指机构的构件类型与数目和运动副类型与数目以及它们之间的联接关系。人类从平面机构开始，通过研究平面机构的拓扑特性，应用图论的相关理论，建立了多种描述机构的拓扑图和相应的数学描述方法，并提出了许多行之有效的平面机构类型综合的方法，有力地推动了平面机构结构学的快速发展，并且为空间机构学的发展奠定了坚实的理论基础。基于描述图的数学理论，综合过程可以借助计算机实现，使得综合的效率和成果显著提高。因此，本章介绍一些本书涉及的有关图论的基本知识。

2.2　图的概念

一般几何上将图定义成空间一些点（顶点）和连接这些点的线（边）的集合。

定义2.1　一个图定义为一个偶对 $G=(V, E)$，记为 $G=(V, E)$，其中：V 表示顶点的集合，记为 $V(G)$；E 表示边的集合，记为 $E(G)$。具体来讲：

（1）V 是一个非空集合，称为顶点集或点集，其元素称为顶点，$n(G)$ 表示顶点数。

（2）E 是由 V 中的点组成的无序点对构成的集合，称为边集，其元素称为边，且同一点对在 E 中可出现多次，$m(G)$ 表示边数。

图 G 的边的两个顶点是无序的，称其为无向图。当给图 G 的每一条边规定一个方向，则称其为有向图。本文涉及的都是无向图。顶与边用字母标志了的图叫作标志图。没有任何边的图称为空图（empty graph），只有一个顶点的图称为平凡图（trivial graph）。图的顶点的个数叫作图的阶（order）。

下面介绍一些图论的术语：

（1）边的端点：$e=uv$ 时，称顶 u 与 v 是边 e 的端点。

（2）关联（incident）：若边 e 的端点是 u 与 v，则称 e 与 u，v 相关联。即一条边的端点称为与这条边关联，反之，一条边称为与它的端点关联。

（3）邻接（adjacent）：与同一条边关联的两个端点称为邻接。即同一条边的两个端点是邻接的，称为顶点与顶点邻接。

（4）邻边：与同一个顶相关联的两条边叫作邻边。

（5）自环（self-loop）：只与一个顶相关联的边，即端点重合为一点的边叫作环。

（6）边的重数（multiplicity）：连接两个相同顶点的边的条数，称为边的重数。

（7）重边：当 $e_1=e_2=uv$ 时，则称 e_1 与 e_2 是重边，即重数大于 1 的边称为重边。

（8）简单图（simple graph）：既没有自环也没有重边的图称为简单图。

（9）顶点的度（degree）：设 $v\in V(G)$，G 中与顶点 v 关联的边的数目称为 v 的度，记为 $\deg(v)$。如果 $\deg(v)$ 是奇数，称顶点 v 为奇顶点；相应的，如果 $\deg(v)$ 是偶数，称顶点 v 为偶顶点。在图中，称度为零的顶点为孤立点（isolated vertices）；度为 1 的顶点为悬挂点（pendant vertices）。用 $\delta(G)$ 和 $\Delta(G)$ 分别表示图 G 中顶点度的最小值和最大值，分别称为 G 的最小度（minimum degree）和最大度（maximum degree）。

定理 2.1　任意图的所有顶点的度之和为其边数的 2 倍，即

$$\sum_{v\in V(G)}\deg(v)=2m \tag{2-1}$$

定理 2.2　任意图的奇顶点数为偶数。

（10）道路：图 $G=(V, E)$ 的点边交替序列 $P=v_0e_1v_1\cdots v_{k-1}e_kv_k$，且边 e_i 的端点为 v_{i-1} 和 v_i，$i=1, 2, \cdots, k$，则称 P 为一条道路。

（11）回路：如果道路 P 中 $v_0=v_k$，称 P 为回路。

2.3　图的类别

2.3.1　平面图

定义 2.2　如果一个图能画在平面上，使得它的边仅仅在端点相交，这个图就被称为平面图（planar graph）。

如果一个图可以被嵌入在平面上，则称为是可平面图。平面图以外的图统称为非平面图。对于简单图 G，设 v_i，v_j 是不相邻的任意两顶点，若不能在 v_i，v_j 间增加一条边而不破坏图的平面性，那么称图 G 为最大平面图。不是任何一个图都是可平面图，本文涉及的图在尽量可平面化的基础上，有平面图，也有非平面图。

2.3.2　子图

定义 2.3　对于图 H 和图 G，如果 $V(H)\subseteq V(G)$，$E(H)\subseteq E(G)$，并且 H 中边的重数不能超过 G 中边的重数，则图 H 是图 G 的子图（subgraph），记为 $H\subseteq G$。

如果图 H 是图 G 的子图，并且至少满足下列条件之一：

（1） $V(H) \subset V(G)$；

（2） $E(H) \subset E(G)$；

（3） H 中至少有一个边的重数小于 G 中对应边的重数。

则 H 是 G 的真子图（proper subgraph），记为 $H \subset G$。

设图 $G=(V, E)$，一个满足 $H=(V, E_1)$，$E_1 \subset E$ 的真子图，叫作 G 的生成子图（spanning graph）。

设 V'是 $V(G)$的非空子集，以 V'为顶点集，以两端点均在 V'中的边的全体为边集的子图，称为由 V'导出的 G 的子图，记为 $G[V']$，即 $G[V']$是 G 的导出子图（induced subgraph）。对于导出子图 $G[V/V']$，记为 $G-V'$，它是从 G 中去掉 V'中的顶点以及与这些顶点相关联的边所得到的子图。

设 E'是图 $G=(V, E)$的边集 $E(G)$的非空子集，以 E'为边集，以 E'中边的全体端点为顶点集组成的子图称为边导出子图（edge-induced subgraph）。

2.3.3　连通图和非连通图

对图 $G=(V, E)$来说，若 G 的两顶点 u，v 之间存在一条道路，则称 u 和 v 是连通的，若图 G 的任意两顶点连通，则称图 G 是连通的；否则是非连通的。非连通图可分解为若干连通子图。

2.3.4　胚图

若将图中二度点（只与两条边关联的顶点）去掉，即与其联接的两条边直接联接成一条边，则得到原图的胚图。胚图的任一顶点至少与两条边关联。胚图通常是构建一些特定图的重要方法。

2.4　图的同构

通常把一个图的几何图形就作为该图，但是一个图的几何图形不是唯一的。也就是说，一个图有许多不同的画法，而它们描述的图是相同的。为了识别相同的图和区别不同的图，定义图的同构为：设有两个图 $G_1=(V_1, E_1)$和 $G_2=(V_2, E_2)$，它们的顶点集间有一一对应的关系，使得边之间有如下的关系：设 $u_1 \leftrightarrow u_2$，$v_1 \leftrightarrow v_2$，u_1，$v_1 \in V_1$，u_2，$v_2 \in V_2$；如果（u_1，v_1）$\in E_1$，那么$(u_2, v_2) \in E_2$，而且（u_1，v_1）的重数和（u_2，v_2）的重数相同，这种对应叫作同构（Isomorphism），记作 $G_1 \cong G_2$。虽然图同构判别原理非常简单，但是在图论中判断两个图同构是一个非常困难的问题。

2.5 机构的图表示法

2.5.1 机构的结构简图

在通常情况下，机构的结构都是借助于机构的结构简图及符号文字描述来表示的。所谓的结构简图是用特定的构件和运动副符号来表示机构的结构组成的，如图 2-1（a），它着重表示运动链的构件与运动副的类型和数目以及其连接关系。机构简图具有直观、简单的优点。

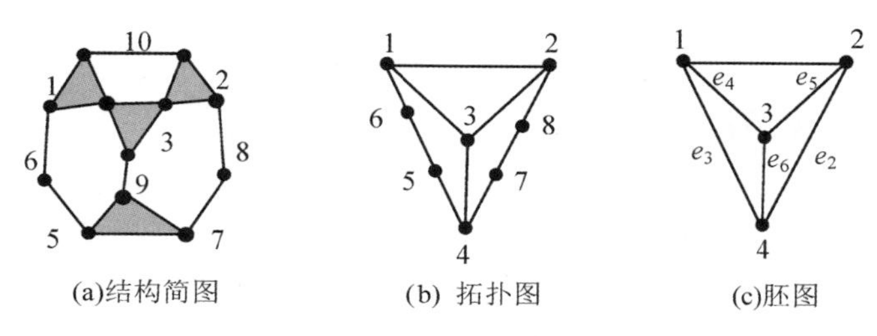

图 2-1 一个 10 杆机构的结构简图、拓扑图和胚图

2.5.2 机构的拓扑图和胚图

虽然用机构的结构简图来表达机构的结构组成比较直接简便，但是结构简图难以建立数学运算关系，不利于计算机自动处理，满足不了现代机构学研究快速发展的需要。因此，图论被引入机构学用来表示运动链以后，拓扑图就成为描述运动链的主要手段。以点表示构件、以边表示运动副的拓扑图与机构的结构简图之间具有相应的对应关系，如图 2-1（b）。拓扑图又可以用矩阵例如关联矩阵、邻接矩阵、回路矩阵、割集矩阵、通路矩阵等表示。通过矩阵可以得到许多关于图的性质等方面的信息。由于矩阵便于计算机处理，故图论为机构结构学的研究与发展提供了强有力的数学工具，同时也影响、渗透到机构运动学、动力学的理论研究之中，因此开创了机械系统基本理论研究的新局面。

将拓扑图支链上的二元杆移除，此时形成的图是胚图，有的文献中也叫作缩图，如图 2-1（c）。胚图有着独特的特性：由于图中没有二度点，支链之间没有差别。胚图是拓扑图的基本框架，在研究机构拓扑图的结构方面有着重要意义。并且胚图的形成是基于胚图的机构综合的初级阶段，以此为开端开始机构的综合。

2.6 图的代数表示

矩阵是研究图论的一种有力工具，利用矩阵能使计算机通过识别图来研究有关图的算法。图的代数表示法常用的有邻接矩阵和关联矩阵，其他的还有回路矩阵、割集矩阵、通路矩阵等，本书仅对邻接矩阵和关联矩阵加以介绍。

2.6.1　邻接矩阵

图的基本表达方式就是邻接矩阵，解决胚图的同构判断问题就从邻接矩阵出发。

定义 2.4　邻接矩阵（adjacency matrix）是表示拓扑图顶点与顶点之间连接关系的矩阵。对于一个图 $G(V, E)$（V，E 分别为图 G 中顶点与边的集合），其邻接矩阵为

$$\boldsymbol{AM}(G)=[(am)_{ij}]_{n\times n} \tag{2-2}$$

邻接矩阵中的元素确定规则是

$$(am)_{ij}=\begin{cases}1, & \text{当顶点 } i \text{ 和 } j \text{ 有边直接相连时；}\\ 0, & \text{当顶点 } i \text{ 和 } j \text{ 没有边直接相连时。}\end{cases}$$

邻接矩阵可以描述拓扑图的全部拓扑特性，即拓扑图的顶点数、边数以及顶点之间的连接关系，其特点如下：

（1）邻接矩阵为实对称矩阵，其中的元素非 0 即 1，且对角线的元素全为 0。

（2）邻接矩阵的行或列的非零元素数目为该行或列对应顶点的度，即对应构件的运动副数目。

（3）若某行或列只有一个非零元素，则该行或列对应悬挂构件。

（4）两行（且对应两列）的置换相当于顶点的重新编号。但应注意行与列必须以同样顺序排列。

图 2-1（c）的邻接矩阵是

$$A=\begin{bmatrix}0&1&1&1\\1&0&1&1\\1&1&0&1\\1&1&1&0\end{bmatrix} \tag{2-3}$$

有些图有重边，此时邻接矩阵定义为

$$a_{ij}=\begin{cases}b, & i \text{ 和 } j \text{ 相邻；}\\ 0, & \text{其他}\end{cases}$$

其中 b 代表 i 和 j 之间的路径数。如图 2-2 中的图有重边。

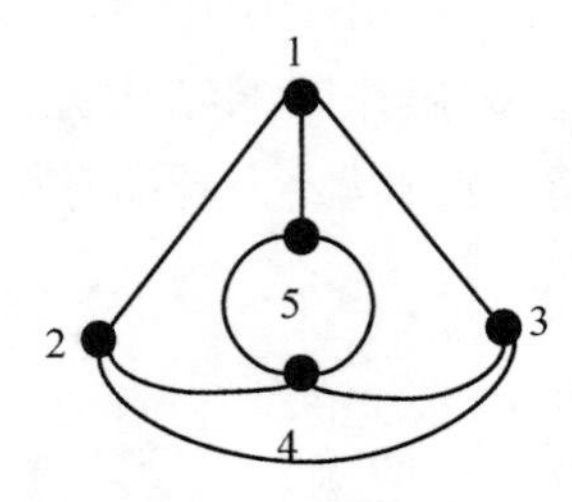

图 2-2　一个有重边的图

图 2-2 的邻接矩阵是

$$A=\begin{bmatrix}0&1&1&0&1\\1&0&1&1&0\\1&1&0&1&0\\0&1&1&0&2\\1&0&0&2&0\end{bmatrix} \tag{2-4}$$

邻接矩阵反映图的性质中，一个最精彩的性质是下面的定理所述的可由邻接矩阵求得任意两顶点间任意长的道路的条数。

定理 2.3 G 是无向图，A 是 G 的邻接矩阵，$V=\{v_1, v_2, \cdots, v_n\}$ 是 G 的顶点，则 A^n 中的 ij 号元素是 G 中从 v_i 到 v_j 的长 n 的道路的条数。

需要说明的是这里的 $i\neq j$，也就是不包括矩阵的对角线元素，其实矩阵的对角线元素恰是自己和自己的关系，在这里没有意义。

用 A 代表图的邻接矩阵，以 A^2 为例，A^2 的 ij 号元素表示的是图中从 v_i 到 v_j 的长为 2 的路径的条数。将图 2-1（c）的邻接矩阵（2-3）平方后，得到 A^2 如下所示：

$$A^2=\begin{bmatrix}3&2&2&2\\2&3&2&2\\2&2&3&2\\2&2&2&3\end{bmatrix} \tag{2-5}$$

A^2 的 ij 号元素表示的是图中从 v_i 到 v_j 的长为 2 的路径的条数，如矩阵 A^2 中第 2 行第 3 列的元素 2 表示图 2-1（c）中从顶点 2 到顶点 3 长为 2 的路径的条数为 2。

2.6.2 关联矩阵

定义 2.5 关联矩阵（incidence matrix）为表示拓扑图顶点与边之间关联关系的矩阵。对于一个拓扑图 $G(V, E)$（V，E 分别为图 G 中顶点与边的集合），设 n 为拓扑图的顶点数，m 为拓扑图的边数，则关联矩阵为

$$\boldsymbol{IM}(G)=[(im)_{ij}]_{n\times m} \tag{2-6}$$

其中

$$(im)_{ij}=\begin{cases}1，当顶点 i 和边 j 相关联时；\\0，当顶点 i 和边 j 不相关联时\end{cases}$$

关联矩阵可以描述拓扑图的全部拓扑特性，即拓扑图的顶点数、边数以及顶点与边之间的关联关系，其特点如下：

（1）关联矩阵的行表示顶点与各边的关联关系。行的非零元素的数目为该顶点的度，即该顶点相应构件的运动副数目。

（2）关联矩阵的每列有两个非零元素。

（3）若某行只有一个非零元素，则该行顶点对应悬挂构件。

(4) 关联矩阵的两行或者两列置换相当于同一拓扑图中点和边的重新编号。

(5) 对于 n 阶连通的简单图，其关联矩阵的秩 $rank\boldsymbol{IM}(G)=n-1$。

图 2-1 (c) 的关联矩阵为

$$A=\begin{bmatrix}1&0&1&1&0&0\\1&1&0&0&1&0\\0&0&0&1&1&1\\0&1&1&0&0&1\end{bmatrix} \tag{2-7}$$

2.6.3 路径数组

A^n 的元素表示的是图中任意两顶点间长为 n 的道路的条数，其实一阶 A 中的元素也可以理解为是图中任意两顶点间长为 1 的道路的条数。A^n 中的每一行表示的是这一点和其他每个点之间的路径数，也就是这点与其他各点之间的关系。如果将每一行都排列起来形成数组则体现的是图中点与点之间所有关系。因此考虑将 A^n 中的每一行(或列)元素排列在一起形成数组，为了计算方便只取非零元素。将 A^n 中的非零元素按照矩阵中的行(或列)分成子数组按照一定规则排列在一起，子数组间用圆点隔开，形成的数组命名为路径数组(Path Array，简称 PA)。将 A 的路径数组命名为一阶路径数组，记作 P_{I}；A^2 的路径数组命名为二阶路径数组，记作 P_{II}，…；A^n 的路径数组命名为 n 阶路径数组，记作 P_n。

将路径数组中的元素按照矩阵中的行(或列)分成子数组，其实就是按照顶点分组，组内外均按照降序排列，具体排列规则如下：多元杆按照杆元大小降序排列；子数组内按照降序排列；子数组间按照图 2-3 中的规则排列。

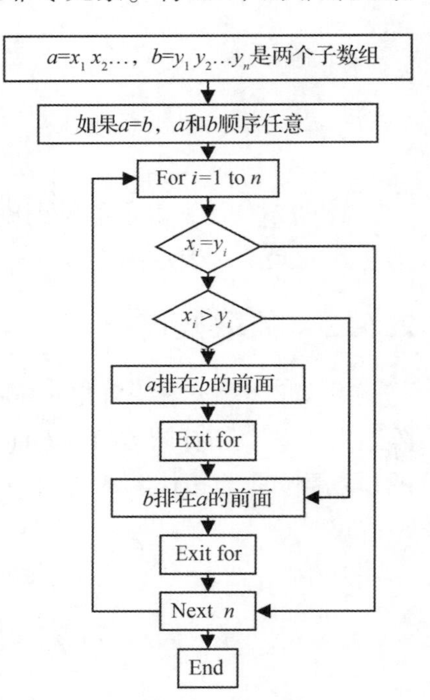

图 2-3 路径数组子数组间排序过程

按照以上规则排好后，如果有相同的子数组，则将相同的子数组合并，将相同的子数组写在括号里，子数组数放在括号外。如图 2-1 (c)，从邻接矩阵 2-3 得到路径数组排列 $P_{\mathrm{I}}=111.111.111.111$，将相同的子数组合并得 $P_{\mathrm{I}}=4(111)$，从矩阵 (2-5) 得到 $P_{\mathrm{II}}=4(3222)$。如图 2-2，从邻接矩阵 (2-4) 得到 $P_{\mathrm{I}}=211.21.3(111)$。

2.7 本章小结

本章介绍了本书涉及的图论的一些概念和理论。首先介绍了一些图的术语，包括图的定义、环、重边、简单图、连通图和非连通图等。并且重点介绍了平面图、胚图和图的同构。简单介绍了机构的图表示法，包括结构简图、拓扑图和胚图。最后介绍了图的邻接矩阵、关联矩阵和路径数组表示。

3 闭环机构的关联杆组理论

3.1 引言

现代机构学的最高任务是创造新机构，探索减少筛选的盲目性，发展专一、高效、高选择性的机构创新设计（综合与方案优选）方法。而创造新机构属于原始性创新，主要依赖设计者的经验、联想以及类推性思维方法。为了减少筛选的盲目性，使满足要求的拓扑结构类型空间扩大，就必须深入、系统地揭示机构拓扑结构组成规律及基本原理。在基于拓扑结构的并联机构构型综合中，同构判断问题是构型综合的关键环节。近年来，国内外诸多学者对并联机构型综合进行了深入的研究，尤其对基于胚图和拓扑图的同构判断问题进行了探讨，提出了一些行之有效的方法。比如，Gogu 用演绎和进化法研究了并联机构的型综合。杨廷力等研究了机器人机构的拓扑结构设计。基于螺旋设计要求，Tarcisi 等研究了并联机构的拓扑综合。根据约束子图同构判断和现有机构，Pucheta 等提出平面连杆机构的自动综合方法。Hervè 提出用 Lie 群综合机构的方法。丁玲等从关于图的邻接矩阵的经典理论出发，建立了图的路径数矩阵，提出用二阶路径数组判断拓扑胚图同构的方法。尽管上述方法都取得了一定成果，但只局限于对机构运动分支、拓扑图及拓扑胚图的研究。目前，对于闭环机构关联杆组理论的研究较少。本章针对含冗余约束和被动自由度的闭环机构关联杆组，由关联杆组进行拓扑胚图推导，解决其基本连杆排列的同构判断问题，从而有效避免后续拓扑胚图综合中不必要的大量同构识别。

3.2 推导关联杆组的理论依据

3.2.1 基本概念

组成机构运动链的基本连杆根据连接支链数目的多少可分为二元杆（Binary link）、三元杆（Ternary link）、四元杆（Quaternary link）、五元杆（Pentagonal link）和六元杆（Hexagonal link）等，分别用 B、T、Q、P 和 H 表示。在运动链拓扑胚图和拓扑图中，这些基本连杆都由 1 个自由度的转动副连接。所不同的是，运动链拓扑胚图（Contracted graph，简称 CG）不含有二元杆 B，只含有三元以上的基本连杆。在拓扑胚图中，每个基本连杆用 1 个顶点表示，这些点彼此通过一些曲线连接起来。图 3-1 是所在课题组综合出的一个 4 自由度（*Degress of freedom*，简称 *DOF*）的空间并联机构的拓扑胚图、拓扑图、机构结构简图和并联机构样机。其中，图 3-1（a）是一个含有 2 个五元杆 P_1 和 P_2 的拓扑胚图。在拓扑胚图中，基本连杆 P_1 和 P_2 用圆点来表示，它们由一些曲线相互连接，形成 5 条支链。由于胚图没有二度点，所以各支链之间没有差别。

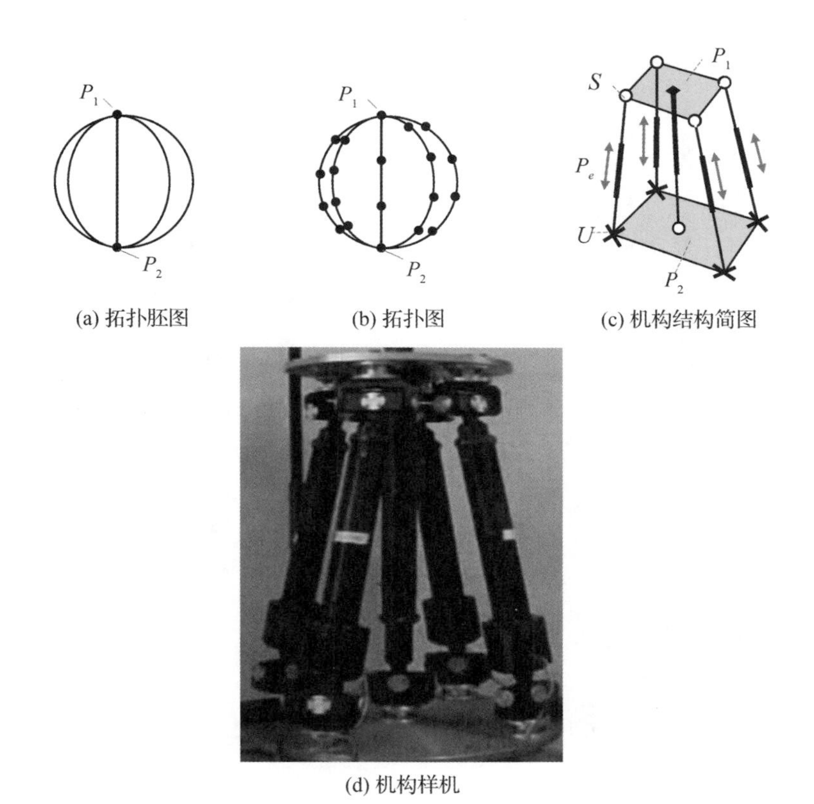

(a) 拓扑胚图　　(b) 拓扑图　　(c) 机构结构简图

(d) 机构样机

图 3-1　四自由度的空间并联机构

图 3-1（b）是该拓扑胚图对应的拓扑图，2 个基本连杆 P_1 和 P_2 仍然由 5 条支链连接。但拓扑图和拓扑胚图有显著不同，因为其上含有二元杆，所以各支链是有区别的。如图所示，连接五元杆 P_1 和 P_2 的 5 条支链中，中间的一条支链含有 3 个二元杆，而其他四条支链，均分别含有 5 个二元杆。图中，圆点代表具有 1 个自由度的运动副。

图 3-1（c）是由图 3-1（b）所示的拓扑图综合出的一个 4-SPU+SP 并联机构结构简图。该并联机构包括 1 个运动平台 P_1，1 个基座 P_2，连接基座 P_2 和运动平台 P_1 的 4 个直线驱动分支和 1 个被动分支。其中，4 个驱动分支的结构相同，直线驱动分支两端分别为球面副 S 和球销副 U，中间为 1 个驱动移动副 P_e。被动约束分支是由 1 个移动副 P 和 1 个球面副 S 构成的 SP 串联结构分支。

图 3-1（d）是我们搭建的 4-SPU+SP 机构样机。这是一种新型的具有被动分支的

4 自由度机构，通过机构分析，发现该机构不仅具有并联机构刚度大、承载能力强的特点，还具有工作空间大、精度高、驱动分支只受轴向力等优点。

由此可见，一个机构它的拓扑胚图、拓扑图和结构简图之间是有一定对应关系的。要进行机构创新，最根本的方法是先把二元杆移除，最大限度地找到可行的机构拓扑胚图，然后再将移除的二元杆重新添加到拓扑胚图的各个支链上，综合出机构的拓扑图，最后进行运动副替换和支链综合，从而获得机构的结构简图。

构造机构及机构拓扑图、拓扑胚图的首要要素是机构由哪些基本连杆组成，即基本连杆的合理组合。关联杆组（Associated linkages，简称 AL）是基本连杆的有效组合。早在 1987 年，Johnson 就用决策树方法推导出用于平面闭环机构拓扑结构综合的关联杆组，并综合出许多新颖的平面机构。Leinonen 采用该方法推导出用于平面和空间机构型综合的统一关联杆组，并采用串联连接的单自由度基本连杆构成含多自由度的运动副，推导出计算闭环机构关联杆组自由度、运动副数及有效基本连杆数的公式，研究了闭环机构的关联杆组与冗余约束的关系，为含冗余约束和被动自由度的闭环机构构型综合提供了一定的理论依据。

3.2.2　理论依据

2011 年，黄真等考虑冗余约束（ν）和被动自由度（ζ），修正了 Grübler-Kutzbach（G-K）公式，给出更通用的自由度公式。

$$F=6(N-g-1)+\sum_{i=1}^{g}f_i+\nu-\zeta \tag{3-1}$$

式中　F——闭环机构输出连杆的自由度；

ζ——被动自由度数；

N——包括机座在内的连杆数；

g——运动副数；

f_i——第 i 个运动副的局部自由度；

ν——所有冗余约束数。

很显然，当 $\nu=\zeta=0$ 时，式（3-1）就是 G-K 公式，可用于求不含冗余约束和被动自由度的闭环机构的自由度。

一个闭环机构可能包括各种运动副（如凸轮副、齿轮副、螺旋副 H、转动副 R、移动副 P_e、球铰副 S、万向副 U、圆柱副 C 和平面副 E）以及各种零件（如连杆、凸轮、齿轮、框架等）。

为了求解含冗余约束和被动自由度闭环机构的有效关联杆组，作者在修正过的 G-K 公式，即式（3-1）的基础上，进行分析与研究。设 J 为闭环机构拓扑图中自由度为 1 的联接点。含冗余约束和被动自由度的闭环机构可以包含各种基本连杆，它们彼此由一些 J 连接。在关联杆组中，J 和 B 分别由顶点和边表示。关联杆组中，（B，T，

Q，P，H)在拓扑图中分别提供（2，3，4，5，6）个联接点 J。此处不考虑含 $J\geq 7$ 的基本连杆。闭环机构与其关联杆组可以相互转换，相互转换的 4 个相关条件说明如下：

（1）闭环机构自由度必须与其关联杆组的自由度相等。

（2）在任一个关联杆组中，可以用 1 个转动副或 1 个移动副或 1 个螺旋副代替 1 个联接点 J。

（3）在任一个关联杆组中，可以用 1 个万向副或 1 个圆柱副代替 2 个串联的联接点 J。

（4）在任一个关联杆组中，可以用 1 个球副或 1 个平面副代替 3 个串联的联接点 J。

根据以上 4 个条件和式（3-1），含冗余约束和被动自由度的闭环机构关联杆组的自由度公式推导如下

$$F=6(n-L-1)+L+\nu-\zeta \tag{3-2}$$

式中　n——关联杆组中基本连杆的总数，$n=\sum_{i=2}^{6} n_i$（$i=2$，3，…，6）；

L——拓扑图中自由度为 1 的联接点 J 的数量，等于含冗余约束和被动自由度的闭环机构中各种运动副局部自由度之和，即 $L=\sum_{i=1}^{g} f_i$。

由式（3-2），推导 n 的公式，得

$$L=(6n-6-F-\zeta+\nu)/5 \tag{3-3}$$

设 n_i（$i=2$，3，4，5，6）分别为关联杆组中（B，T，Q，P，H）的数量。因此，关联杆组中基本连杆总数计算如下

$$n=\sum_{i=2}^{6} n_i \tag{3-4}$$

由于关联杆组中，每个（B，T，Q，P，H）分别提供（2，3，4，5，6）个 J。又因为关联杆组中，每个 J 连接两个基本连杆。当不考虑含 $J\geq 7$ 的基本连杆时，J 的数量计算如下

$$L=\frac{1}{2}\sum_{i=2}^{6} in_i \tag{3-5}$$

由式（3-2）~式（3-5），一个含冗余约束和被动自由度闭环机构的关联杆组的自由度修正公式推导如下

$$F=6\sum_{i=2}^{6} n_i-\frac{5}{2}\sum_{i=2}^{6} in_i-6+\nu-\zeta \tag{3-6}$$

由式（3-4）和式（3-6），得到

$$n_3+2n_4+3n_5+4n_6=2(n-F-\zeta-6+\nu)/5 \tag{3-7}$$

由式（3-3），得到

$$(n-F-\zeta-6+\nu)/5=L-n \tag{3-8}$$

由式（3-7）和式（3-8），得到

$$n_3+2n_4+3n_5+4n_6=2\mu \tag{3-9}$$

式中 μ——闭环机构复杂度系数，$\mu=L-n$。

由于（n_2，n_3，n_4，n_5，n_6）分别是关联杆组中二元杆、三元杆、四元杆、五元杆和六元杆的数量，（n_3，n_4，n_5，n_6）必须是正整数或0，因此要求满足$\mu\geqslant0$。又由于n和L应是正整数，因此满足条件：$\mu=0$，1，2，3，4，5，6，7，8，9，…。

由式（3-8），得到关联杆组中各连杆的总数

$$n=6+5\mu+F+\zeta-v \tag{3-10}$$

由式（3-5）和式（3-10），得到关联杆组中的二元杆的数量

$$n_2=6+5\mu+F+\zeta-v-n_3-n_4-n_5-n_6 \tag{3-11}$$

将推导出的有效基本连杆的数值关系，用方程组表示

$$\begin{cases} n_3+2n_4+3n_5+4n_6=2\mu \\ n_2=6+5\mu+F+\zeta-v-n_3-n_4-n_5-n_6 \end{cases} \tag{3-12}$$

式中 n_i——关联杆组中i元杆的数量，$i=2$，3，4，5，6。

由此可见，含冗余约束和被动自由度的闭环机构的关联杆组可以用不同数量的基本连杆的组合来表示，具体可以表示为$n_6Hn_5Pn_4Qn_3Tn_2B$，其中n_i（$i=2$，3，4，5，6）$\geqslant0$。为此，要求解闭环机构的关联杆组只要求出n_i的具体数值即可。

3.3 含冗余约束闭环机构关联杆组的推导

3.3.1 决策树方法求解

观察式（3-12）发现，当给定机构复杂度系数μ、机构自由度F、冗余约束ν和被动自由度ζ时，方程组就变成了关联杆组中基本连杆数目n_i（$i=2$，3，4，5，6）之间的关系式。可以应用决策树逻辑方法进行推导求解。图3-2分别是用决策树逻辑法推导出的当$\mu=0$，1，2，3，4，5，6时，含冗余约束ν和被动自由度ζ的闭环机构的关联杆组。

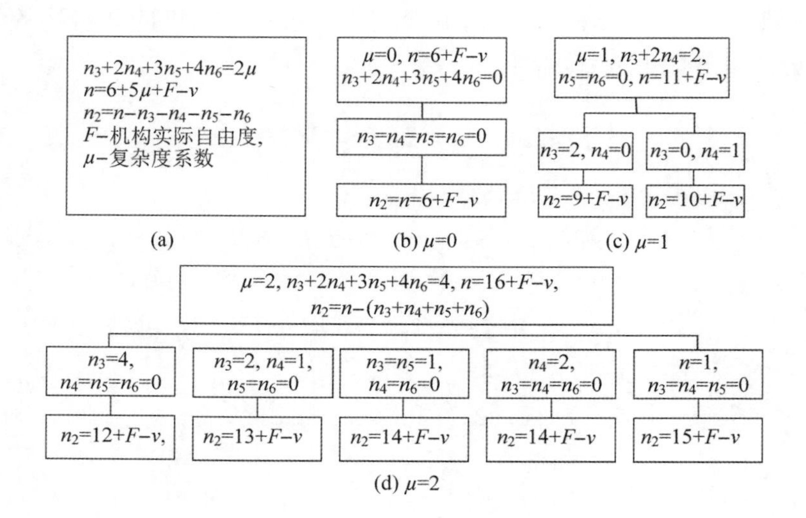

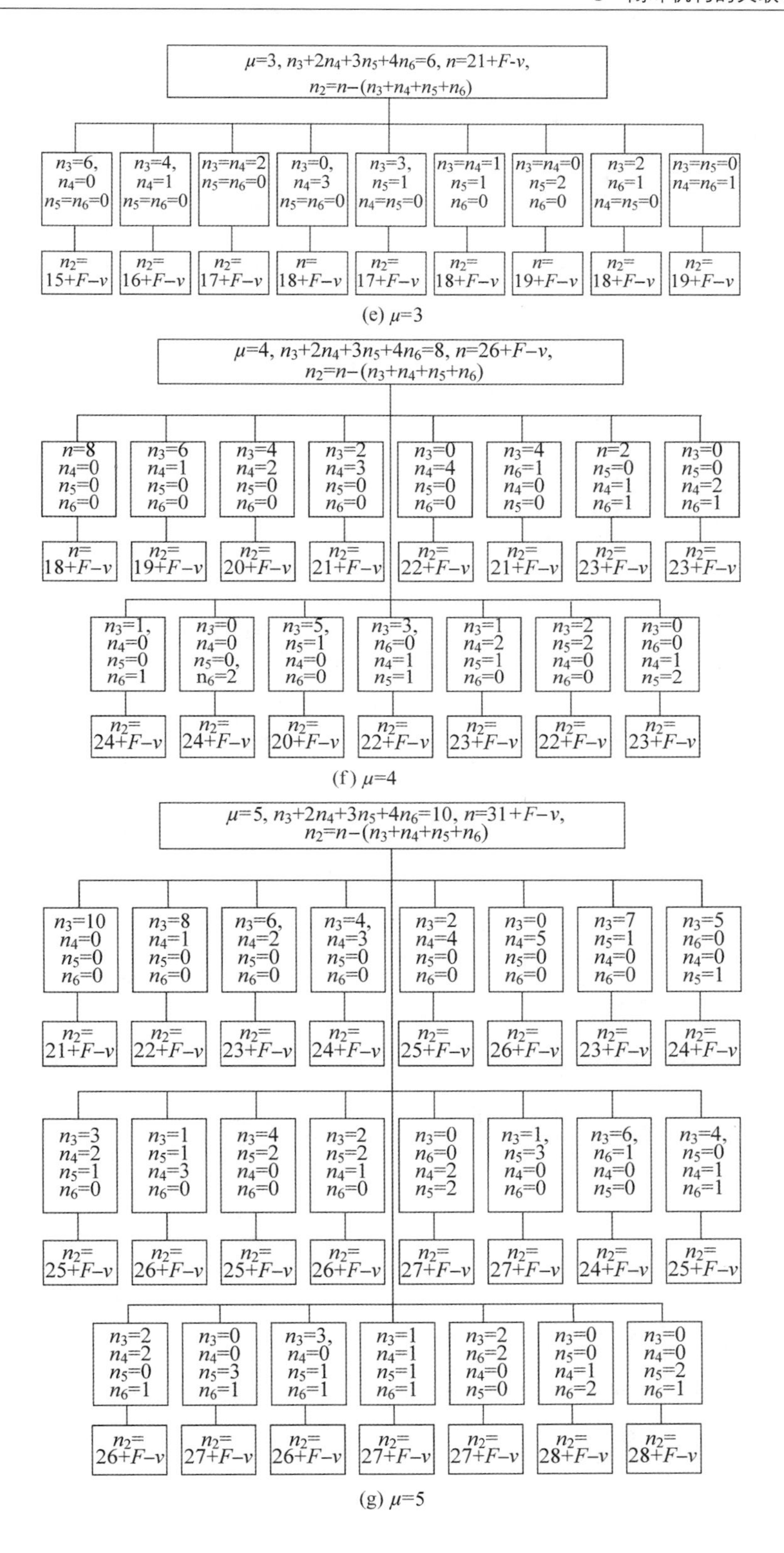

(e) μ=3

(f) μ=4

(g) μ=5

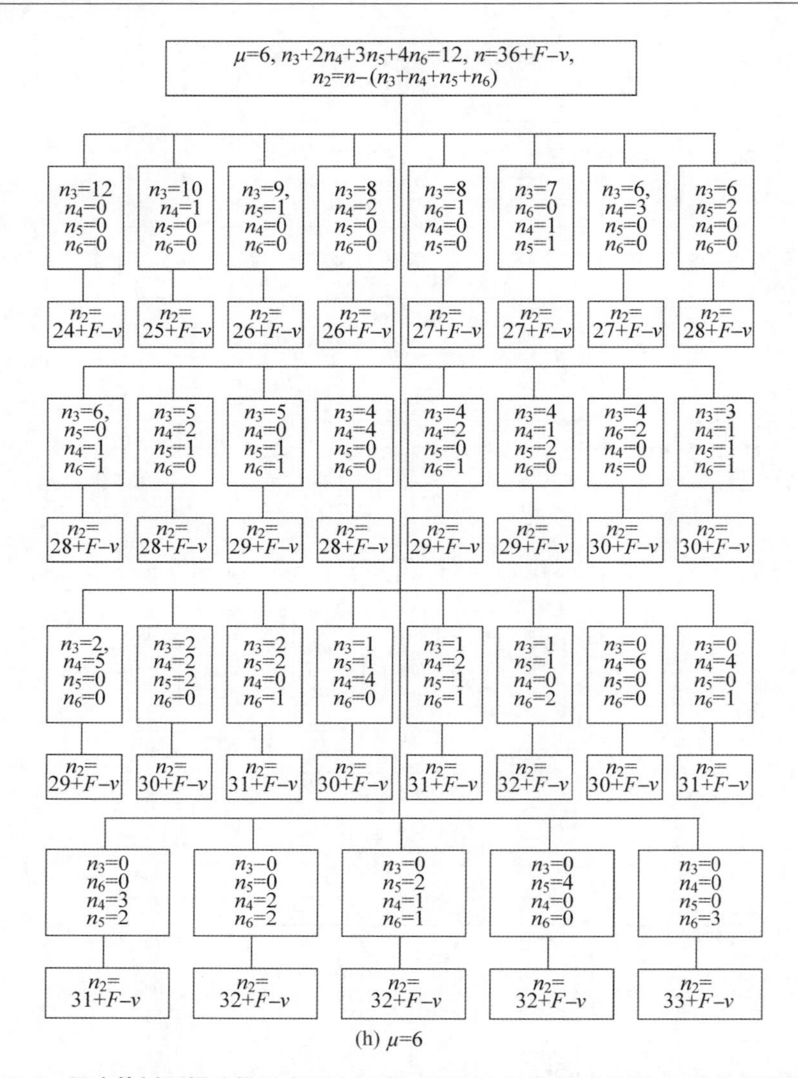

(h) μ=6

图 3-2 用决策树逻辑法推导含冗余约束 ν 和被动自由度 ζ 的闭环机构的关联杆组

在图 3-2 的决策树中，当 $\mu=0$ 时，由式（3-9）和式（3-10）得到 $n_3+2n_4+3n_5+4n_6=0$，$n=6+F+\zeta-\nu$。再由公式 $n_3+2n_4+3n_5+4n_6=0$ 可知，因为 n_i（$i=3$，4，5，6）必须是正整数或 0，所以满足条件 $n_3=n_4=n_5=n_6=0$。最后由式（3-11）得到 $n_2=n=6+F+\zeta-\nu$。

在图 3-2 的决策树中，当 $\mu=1$ 时，由式（3-9）和式（3-10）得到 $n_3+2n_4+3n_5+4n_6=2$ 和 $n=11+F+\zeta-\nu$。再由公式 $n_3+2n_4+3n_{5+}4n_6=2$ 和式（3-11）得到 3 个条件式：$n_5=n_6=0$，$n_3+2n_4=2$ 和 $n_2=11+F+\zeta-\nu-n_3-n_4$。由条件式 $n_3+2n_4=2$ 可以知道只有两种情况：（$n_3=2$，$n_4=0$）和（$n_3=0$，$n_4=1$）。由情况一（$n_3=2$，$n_4=0$）和条件式 $n_2=11+F+\zeta-\nu-n_3-n_4$ 得到 $n_2=9+F+\zeta-\nu$。由情况二（$n_3=0$，$n_4=1$）和条件式 $n_2=11+F+\zeta-\nu-n_3-n_4$ 可以推导出 $n_2=10+F+\zeta-\nu$。

同理，当 $2 \leqslant \mu \leqslant 6$ 时，用决策树逻辑法可以推导在不同关联杆组中 n_i（$i=2$，3，4，5，6）和总连杆数 n，见图 3-2（d）～（h）。当 $\mu \geqslant 7$ 时，机构变得更复杂，为了节省篇幅，对 $\mu \geqslant 7$ 的 n_i（$i=2$，3，4，5，6）不予赘述。

显然，用决策树逻辑法可以求出含冗余约束闭环机构的关联杆组，但是过程烦琐，容易出错，而且随着机构复杂度系数 μ 的增加，机构变得更复杂，求解更麻烦。

3.3.2　程序法求解

采用计算机编程的方法，通过嵌套循环，遍历 n_3，n_4，n_5，n_6 的所有可能值，满足方程组（3-12）中的第一个方程的值即为基本连杆中的三元杆、四元杆、五元杆和六元杆的数量。再代入方程组中的第二个方程，可得出二元杆的数量。图 3-3 所示为求解不同复杂度系数 μ 时基本连杆数量的 N-S 流程图。

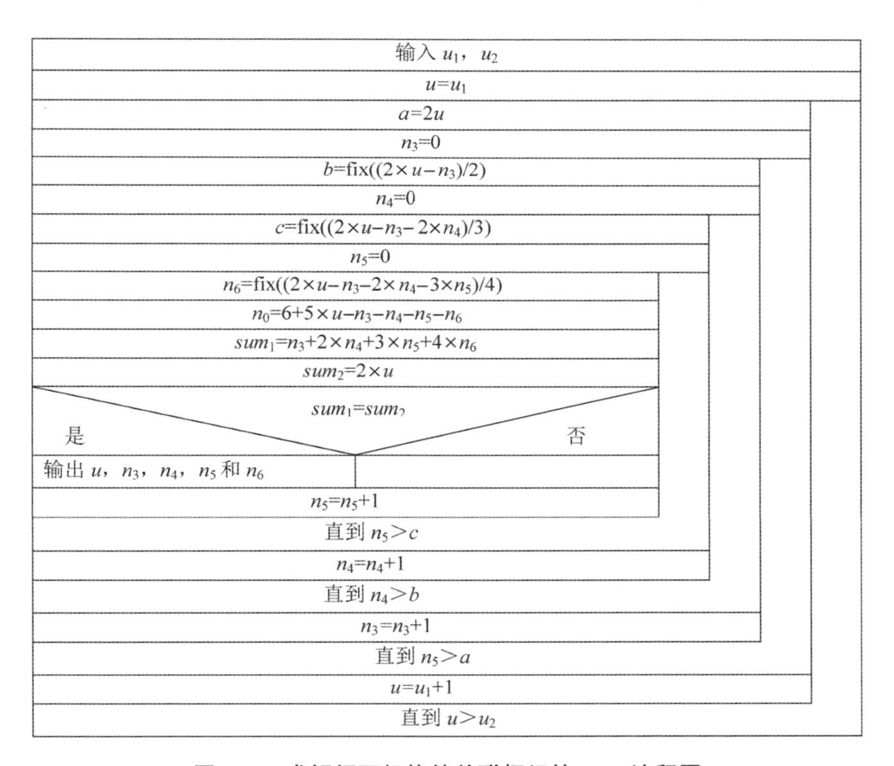

图 3-3　求解闭环机构的关联杆组的 N-S 流程图

由流程图可见，程序一共分为 4 层嵌套循环，首先，手动输入复杂度系数的范围，存入变量 u_1 和 u_2 中，然后遍历 n_i（$i=3$，4，5，6）值，得到关联杆组中基本连杆的组合形式。最后可以输出计算得到的各个基本连杆的数目。

3.3.3 程序生成结果与决策树方法生成结果的对比

根据前述理论分析及计算方法，对闭环机构关联杆组进行求解。表 3-1 为对应不同复杂度的含冗余约束 ν 和被动自由度 ζ 的闭环机构的关联杆组。

表 3-1　不同复杂度的闭环机构的关联杆组（μ=0 ~6）

序号	μ	n_2	n_3	n_4	n_5	n_6
0.1	0	$F+\zeta-\nu+6$	0	0	0	0
1.1	1	$F+\zeta-\nu+9$	2	0	0	0
1.2		$F+\zeta-\nu+10$	0	1	0	0
2.1	2	$F+\zeta-\nu+12$	4	0	0	0
2.2		$F+\zeta-\nu+13$	2	1	0	0
2.3		$F+\zeta-\nu+14$	0	2	0	0
2.4		$F+\zeta-\nu+14$	1	0	1	0
2.5		$F+\zeta-\nu+15$	0	0	0	1
3.1	3	$F+\zeta-\nu+15$	6	0	0	0
3.2		$F+\zeta-\nu+16$	4	1	0	0
3.3		$F+\zeta-\nu+17$	2	2	0	0
3.4		$F+\zeta-\nu+18$	0	3	0	0
3.5		$F+\zeta-\nu+17$	3	0	1	0
3.6		$F+\zeta-\nu+18$	1	1	1	0
3.7		$F+\zeta-\nu+19$	0	0	2	0
3.8		$F+\zeta-\nu+18$	2	0	0	1
3.9		$F+\zeta-\nu+19$	0	1	0	1
4.1	4	$F+\zeta-\nu+18$	8	0	0	0
4.2		$F+\zeta-\nu+19$	6	1	0	0
4.3		$F+\zeta-\nu+20$	4	2	0	0
4.4		$F+\zeta-\nu+21$	2	3	0	0
4.5		$F+\zeta-\nu+22$	1	4	0	0
4.6		$F+\zeta-\nu+21$	4	0	0	1
4.7		$F+\zeta-\nu+22$	2	1	0	1
4.8		$F+\zeta-\nu+23$	0	2	0	1
4.9		$F+\zeta-\nu+23$	1	0	1	1

续表

序号	μ	n_2	n_3	n_4	n_5	n_6
4. 10		$F+\zeta-\nu+24$	0	0	0	2
4. 11		$F+\zeta-\nu+20$	5	0	1	0
4. 12	4	$F+\zeta-\nu+21$	3	1	1	0
4. 13		$F+\zeta-\nu+22$	1	2	1	0
4. 14		$F+\zeta-\nu+22$	2	0	2	0
4. 15		$F+\zeta-\nu+23$	0	1	2	0
5. 1		$F+\zeta-\nu+21$	10	0	0	0
5. 2		$F+\zeta-\nu+22$	8	1	0	0
5. 3		$F+\zeta-\nu+23$	6	2	0	0
5. 4		$F+\zeta-\nu+24$	4	3	0	0
5. 5		$F+\zeta-\nu+25$	2	4	0	0
5. 6		$F+\zeta-\nu+26$	0	5	0	0
5. 7		$F+\zeta-\nu+23$	7	0	1	0
5. 8		$F+\zeta-\nu+24$	5	1	1	0
5. 9		$F+\zeta-\nu+25$	3	2	1	0
5. 10		$F+\zeta-\nu+26$	1	3	1	0
5. 11		$F+\zeta-\nu+25$	4	0	2	0
5. 12	5	$F+\zeta-\nu+26$	2	1	2	0
5. 13		$F+\zeta-\nu+27$	0	2	2	0
5. 14		$F+\zeta-\nu+27$	1	0	3	0
5. 15		$F+\zeta-\nu+24$	6	0	0	1
5. 16		$F+\zeta-\nu+25$	4	1	0	1
5. 17		$F+\zeta-\nu+26$	2	2	0	1
5. 18		$F+\zeta-\nu+27$	0	3	0	1
5. 19		$F+\zeta-\nu+26$	3	0	1	1
5. 20		$F+\zeta-\nu+27$	1	1	1	1
5. 21		$F+\zeta-\nu+27$	2	0	0	2
5. 22		$F+\zeta-\nu+28$	0	1	0	2
5. 23		$F+\zeta-\nu+28$	0	0	2	1
6. 1		$F+\zeta-\nu+24$	12	0	0	0
6. 2		$F+\zeta-\nu+25$	10	1	0	0

续表

序号	μ	n_2	n_3	n_4	n_5	n_6
6. 3		$F+\zeta-\nu+26$	9	0	1	0
6. 4		$F+\zeta-\nu+26$	8	2	0	0
6. 5		$F+\zeta-\nu+27$	8	0	0	1
6. 6		$F+\zeta-\nu+27$	7	1	1	0
6. 7		$F+\zeta-\nu+27$	6	3	0	0
6. 8		$F+\zeta-\nu+28$	6	2	0	0
6. 9		$F+\zeta-\nu+28$	6	1	0	1
6. 10		$F+\zeta-\nu+28$	5	2	1	0
6. 11		$F+\zeta-\nu+29$	5	0	1	1
6. 12		$F+\zeta-\nu+28$	4	4	0	0
6. 13		$F+\zeta-\nu+29$	4	2	0	1
6. 14		$F+\zeta-\nu+29$	4	1	2	0
6. 15	6	$F+\zeta-\nu+30$	4	0	0	2
6. 16		$F+\zeta-\nu+30$	3	1	1	1
6. 17		$F+\zeta-\nu+29$	2	5	0	0
6. 18		$F+\zeta-\nu+30$	2	2	2	0
6. 19		$F+\zeta-\nu+31$	2	0	2	1
6. 20		$F+\zeta-\nu+30$	1	4	1	0
6. 21		$F+\zeta-\nu+31$	1	2	1	1
6. 22		$F+\zeta-\nu+32$	1	0	1	2
6. 23		$F+\zeta-\nu+30$	0	6	0	0
6. 24		$F+\zeta-\nu+31$	0	4	0	1
6. 25		$F+\zeta-\nu+31$	0	3	2	0
6. 26		$F+\zeta-\nu+32$	0	2	0	2
6. 27		$F+\zeta-\nu+32$	0	1	2	1
6. 28		$F+\zeta-\nu+32$	0	0	4	0
6. 29		$F+\zeta-\nu+33$	0	0	0	3

表 3-2 是用程序方法生成的当 $\mu=6$，7，8，9，10 时，含冗余约束 ν 和被动自由度 ζ 的闭环机构的关联杆组中的 n_i（$i=2$，3，4，5，6）的结果。附录 1 为 $\mu=0\sim5$ 时，程序生成的机构的关联杆组。

表 3-2 不同复杂度的闭环机构的关联杆组（μ=6 ~10）

序号	μ	n_2	n_3	n_4	n_5	n_6
6. 1		$F+\zeta-\nu+24$	12	0	0	0
6. 2		$F+\zeta-\nu+25$	10	1	0	0
⋮		⋮	⋮	⋮	⋮	
6. 16		$F+\zeta-\nu+29$	3	3	1	0
6. 17		$F+\zeta-\nu+30$	3	1	1	1
6. 18		$F+\zeta-\nu+30$	3	0	3	0
6. 19		$F+\zeta-\nu+29$	2	5	0	0
6. 20		$F+\zeta-\nu+30$	2	3	0	1
6. 21		$F+\zeta-\nu+30$	2	2	2	0
6. 22	6	$F+\zeta-\nu+31$	2	1	0	2
⋮		⋮	⋮	⋮	⋮	⋮
6. 26		$F+\zeta-\nu+31$	1	1	3	0
⋮		⋮	⋮	⋮	⋮	⋮
6. 31		$F+\zeta-\nu+32$	0	2	0	2
6. 32		$F+\zeta-\nu+32$	0	1	2	1
6. 33		$F+\zeta-\nu+32$	0	0	4	0
6. 34		$F+\zeta-\nu+33$	0	0	0	3
7. 1		$F+\zeta-\upsilon+37$	0	0	2	2
7. 2		$F+\zeta-\upsilon+37$	0	1	0	3
7. 3		$F+\zeta-\upsilon+36$	0	1	4	0
7. 4		$F+\zeta-\upsilon+36$	0	2	2	1
7. 5		$F+\zeta-\upsilon+36$	0	3	0	2
7. 6	7	$F+\zeta-\upsilon+35$	0	4	2	0
7. 7		$F+\zeta-\upsilon+35$	0	5	0	1
7. 8		$F+\zeta-\upsilon+34$	0	7	0	0
7. 9		$F+\zeta-\upsilon+36$	1	0	3	1
7. 10		$F+\zeta-\upsilon+36$	1	1	1	2
7. 11		$F+\zeta-\upsilon+35$	1	2	3	0
7. 12		$F+\zeta-\upsilon+35$	1	3	1	1
7. 13		$F+\zeta-\upsilon+34$	1	5	1	0
7. 14		$F+\zeta-\upsilon+36$	2	0	0	3

续表

序号	μ	n_2	n_3	n_4	n_5	n_6
7.15		$F+\zeta-\upsilon+35$	2	0	4	0
7.16		$F+\zeta-\upsilon+35$	2	1	2	1
7.17		$F+\zeta-\upsilon+35$	2	2	0	2
7.18		$F+\zeta-\upsilon+34$	2	3	2	0
7.19		$F+\zeta-\upsilon+34$	2	4	0	1
7.20		$F+\zeta-\upsilon+33$	2	6	0	0
7.21		$F+\zeta-\upsilon+35$	3	0	1	2
7.22		$F+\zeta-\upsilon+34$	3	1	3	0
7.23		$F+\zeta-\upsilon+34$	3	2	1	1
7.24		$F+\zeta-\upsilon+33$	3	4	1	0
7.25		$F+\zeta-\upsilon+34$	4	0	2	1
7.26		$F+\zeta-\upsilon+34$	4	1	0	2
7.27		$F+\zeta-\upsilon+33$	4	2	2	0
7.28	7	$F+\zeta-\upsilon+33$	4	3	0	1
7.29		$F+\zeta-\upsilon+32$	4	5	0	0
7.30		$F+\zeta-\upsilon+33$	5	0	3	0
7.31		$F+\zeta-\upsilon+33$	5	1	1	1
7.32		$F+\zeta-\upsilon+32$	5	3	1	0
7.33		$F+\zeta-\upsilon+33$	6	0	0	2
7.34		$F+\zeta-\upsilon+32$	6	1	2	0
7.35		$F+\zeta-\upsilon+32$	6	2	0	1
7.36		$F+\zeta-\upsilon+31$	6	4	0	0
7.37		$F+\zeta-\upsilon+32$	7	0	1	1
7.38		$F+\zeta-\upsilon+31$	7	2	1	0
7.39		$F+\zeta-\upsilon+31$	8	0	2	0
7.40		$F+\zeta-\upsilon+31$	8	1	0	1
7.41		$F+\zeta-\upsilon+30$	8	3	0	0
7.42		$F+\zeta-\upsilon+30$	9	1	1	0
7.43		$F+\zeta-\upsilon+30$	10	0	0	1
7.44		$F+\zeta-\upsilon+29$	10	2	0	0
7.45		$F+\zeta-\upsilon+29$	11	0	1	0

续表

序号	μ	n_2	n_3	n_4	n_5	n_6
7.46		$F+\zeta-\upsilon+28$	12	1	0	0
7.47		$F+\zeta-\upsilon+27$	14	0	0	0
8.1		$F+\zeta-\upsilon+42$	0	0	0	4
8.2		$F+\zeta-\upsilon+41$	0	0	4	1
8.3		$F+\zeta-\upsilon+41$	0	1	2	2
8.4		$F+\zeta-\upsilon+41$	0	2	0	3
8.5		$F+\zeta-\upsilon+40$	0	2	4	0
8.6		$F+\zeta-\upsilon+40$	0	3	2	1
8.7		$F+\zeta-\upsilon+40$	0	4	0	2
8.8		$F+\zeta-\upsilon+39$	0	5	2	0
8.9		$F+\zeta-\upsilon+39$	0	6	0	1
8.10		$F+\zeta-\upsilon+38$	0	8	8	8
8.11		$F+\zeta-\upsilon+41$	1	0	1	3
8.12		$F+\zeta-\upsilon+40$	1	0	5	0
8.13	8	$F+\zeta-\upsilon+40$	1	1	3	1
8.14		$F+\zeta-\upsilon+40$	1	2	1	2
⋮		⋮	⋮	⋮	⋮	⋮
8.32		$F+\zeta-\upsilon+38$	4	0	4	0
8.33		$F+\zeta-\upsilon+38$	4	1	2	1
8.34		$F+\zeta-\upsilon+38$	4	2	0	2
8.35		$F+\zeta-\upsilon+37$	4	3	2	0
8.36		$F+\zeta-\upsilon+37$	4	4	0	1
⋮		⋮	⋮	⋮	⋮	⋮
8.62		$F+\zeta-\upsilon+32$	13	0	1	0
8.63		$F+\zeta-\upsilon+31$	14	1	0	0
8.64		$F+\zeta-\upsilon+30$	16	0	0	0
9.1		$F+\zeta-\upsilon+46$	0	0	2	3
9.2		$F+\zeta-\upsilon+45$	0	0	6	0
9.3	9	$F+\zeta-\upsilon+46$	0	1	0	4
⋮		⋮	⋮	⋮	⋮	⋮
9.82		$F+\zeta-\upsilon+35$	15	0	1	0
9.83		$F+\zeta-\upsilon+34$	16	1	0	0
9.84		$F+\zeta-\upsilon+33$	18	0	0	0

续表

序号	μ	n_2	n_3	n_4	n_5	n_6
10. 1	10	$F+\zeta-v+51$	0	0	0	5
10. 2		$F+\zeta-v+50$	0	0	4	2
10. 3		$F+\zeta-v+50$	0	1	2	3
⋮		⋮	⋮	⋮	⋮	⋮
10. 83		$F+\zeta-v+43$	9	1	3	0
⋮		⋮	⋮	⋮	⋮	⋮
10. 107		$F+\zeta-v+37$	18	1	0	0
10. 108		$F+\zeta-v+36$	20	0	0	0

表 3-1 为采用决策树方法求得的机构复杂度系数μ为 0~6 时，含冗余约束ν和被动自由度ζ的闭环机构的关联杆组中基本连杆的合理组合，表 3-2 为采用程序法求得的机构复杂度系数μ为 6~10 时，含冗余约束ν和被动自由度ζ的闭环机构的关联杆组中基本连杆的合理组合。由表 3-1 和表 3-2 比较，可以得出以下结论：

（1）采用程序法，当复杂度系数$\mu \leqslant 6$时，可推导出 1+2+5+9+15+23+34=89 个不同的关联杆组。通过与决策树逻辑法求得的结果比较，发现当μ=0，1，2，3，4，5 时，结果一致；当μ=6 时，决策树方法中一共有 29 组关联杆组，而通过程序方法得到的结果是 34 组。可见，决策树方法中存在一些遗漏的结果，为表 3-2 中序号 6. 16、6. 18、6. 20、6. 22、6. 26 的五组关联杆组。

（2）在推导出的关联杆组中的任意一组，三元杆 T、四元杆 Q、五元杆 P 和六元杆 H 的数量是唯一确定的。因为机构拓扑胚图不含有二元杆，只含有三元以上的杆件，确定了关联杆组就确定了机构拓扑胚图的基本连杆组成。

（3）二元杆的数量与机构自由度 F，机构复杂度系数μ，冗余约束ν和被动自由度ζ有关。复杂度系数确定的前提下，机构自由度或被动自由度增加，二元杆的数量增加，机构越复杂；而冗余约束增加，可以减少二元杆的数量，从而简化机构。确定了二元杆的数量，将其分布到机构拓扑胚图的各个分支上，就可以综合出机构的拓扑图。

调整图 3-3 中变量 u_1 和 u_2 的数值，就可以求得更多不同复杂度系数，关联杆组中基本连杆的组合。这样，根据机构设计要求，选出不同的关联杆组，可综合出许多新型的含冗余约束ν和被动自由度ζ的闭环机构。

3. 4 关联杆组中基本连杆排列方式的确定

通过上述方法，确定了关联杆组中基本连杆的组合方式，它是后续进行拓扑胚图综合的前提和依据。以表 3-2 中序号为 6. 31 的关联杆组为例，图 3-4 为其对应的 4 个拓扑胚图（CGs）。

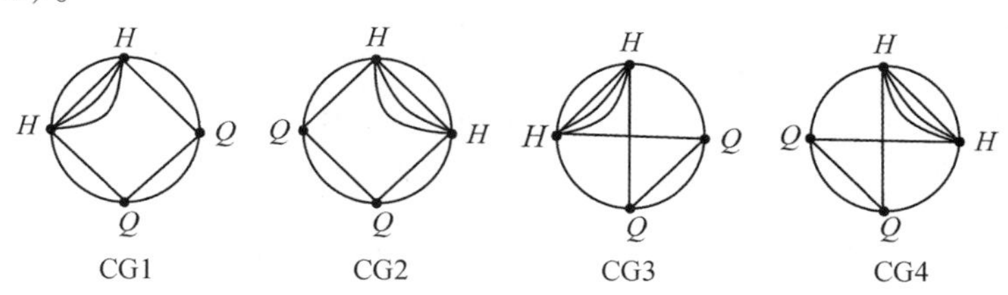

图 3-4 对应 2*H*2*Q* 的 4 个拓扑胚图

因为拓扑胚图不含有二元杆 *B*，所以其关联杆组表示为 2*H*2*Q*。该关联杆组含有 4 个构件，即 2 个六元杆 *H* 和 2 个四元杆 *Q*。

闭环机构拓扑胚图是由一个基圆和数个表示基本连杆的点以及表示各点间连接关系的曲线组成的。但其中，表示基本连杆的点如何分布于基圆的圆周上，也就是基本连杆的顶点的相对位置是很有讲究的，必须按照一定的顺序，否则就会出现同构的拓扑胚图。在闭环机构关联杆组理论中这就是基本连杆的排列问题。

为便于描述拓扑胚图，规定基圆最上边的点作为起始点（图 3-4 中均为 *H*），逆时针对基本连杆进行排列，则图 3-4 中的 4 个拓扑胚图，其基本连杆的排列方式分别为 *HHQQ*、*HQQH*、*HHQQ* 和 *HQQH*。根据图论中有关图的同构的定义，发现对于基本连杆组合 2*H*2*Q*，*HQQH* 排列方式下所对应的拓扑胚图和 *HHQQ* 排列方式下的拓扑胚图同构（图 3-4 中 *CG*1 和 *CG*2 镜像同构，*CG*3 和 *CG*4 镜像同构），可以认为基本连杆排列方式 *HQQH* 是 *HHQQ* 的同构排列。同理，*QQHH*、*QHHQ* 也是 *HHQQ* 的同构排列。

像这种基本连杆同构排列的规律是将各个代表基本连杆的杆件符号从头到尾构成一个封闭的字符串环，按同一方向（比如逆时针方向）它们之间的位置顺序不变。最简单的方法就是将关联杆组某一个基本连杆排列方式下，最左边位置的基本连杆移动到最右边的位置，就得到了该排列方式下的同构排列。这种同构的基本连杆排列方式，我们称之为循环同构的基本连杆排列方式。在这种情况下，由循环同构的基本连杆排列方式所推导出的拓扑胚图一定是同构的。

表 3-3 所示为几个闭环机构关联杆组的循环同构的基本连杆排列方式。

表 3-3 关联杆组的同构基本连杆排列方式

关联杆组	基本连杆排列	循环同构排列方式	同构的数目
1*Q*2*T*	*TTQ*	*TQT*、*QTT*	2
2*Q*2*T*	*TTQQ*	*TQQT*、*QQTT*、*QTTQ*	3
	TQTQ	*QTQT*	1
2*Q*4*T*	*TTTTQQ*	*TTTQQT*、*TTQQTT*、*TQQTTT*、*QQTTTT*、*QTTTTQ*	5
	TTTQTQ	*TTQTQT*、*TQTQTT*、*QTQTTT*、*TQTTTQ*、*QTTTQT*	5
	TTQTTQ	*TQTTQT*、*QTTQTT*	2

续表

关联杆组	基本连杆排列	循环同构排列方式	同构的数目
2Q6T	TTTTTTQQ	TTTTTQQT、TTTTQQTT、TTTQQTTT、TTQQTTTT、TQQTTTTT、QQTTTTTT、QTTTTTTQ	7
	TTTTTQTQ	TTTTQTQT、TTTQTQTT、TTQTQTTT、TQTQTTTT、QTQTTTTT、TQTTTTTQ、QTTTTTQT	7
	TTTTQTTQ	TTTQTTQT、TTQTTQTT、TQTTQTTT、QTTQTTTT、TTQTTTTQ、TQTTTTQT、QTTTTQTT	7
	TTTQTTTQ	TTQTTTQT、TQTTTQTT、QTTTQTTT	3
1P2Q3T	TTTQQP	TTQQPT、TQQPTT、QQPTTT、QPTTTQ、PTTTQQ	5
	TTQTQP	TQTQPT、QTQPTT、TQPTTQ、QPTTQT、PTTQTQ	5
	TTQQTP	TQQTPT、QQTPTT、QTPTTQ、TPTTQQ、PTTQQT	5
	TQTTQP	QTTQPT、TTQPTQ、TQPTQT、QPTQTT、PTQTTQ	5
	TQTQTP	QTQTPT、TQTPTQ、QTPTQT、TPTQTQ、PTQTQT	5
	QTTTQP	TTTQPQ、TTQPQT、TQPQTT、QPQTTT、PQTTTQ	5

由表中可见，关联杆组 1*Q*2*T* 共有 3 种不同的基本连杆排列方式，但其中有 2 种是同构的。其中，*TTQ* 为关联杆组 1*Q*2*T* 的一种基本连杆排列方式，将左侧第一个基本连杆 *T* 移动到最右边位置，就生成了一个与之循环同构的排列方式 *TQT*。同理，采用相同的方法，将 *TQT* 的左侧第一个基本连杆 *T* 移动到最右边位置，就生成了另一个循环同构的排列方式 *QTT*。

而关联杆组 2*Q*2*T* 共有 6 种不同的基本连杆排列方式，但其中只有 *TTQQ* 和 *TQTQ* 2 种是非同构，其他都是和它们分别同构的。

同样的，关联杆组 2*Q*4*T*、2*Q*6*T* 和 1*P*2*Q*3*T* 分别有 15、28 和 36 种不同的基本连杆排列方式，但其中只有 3、4 和 6 种非同构的基本连杆排列方式。可见，在进行拓扑胚图综合之前，确定有效的非同构的基本连杆排列方式可以大大地减轻后续对拓扑胚图同构判断的工作量。

3.4.1 确定有效基本连杆排列方式的方法

在一组关联杆组中可以得出很多种基本连杆排列方式，在进行拓扑胚图推导时，并不是每一种排列方式都是有效的。而有效的排列方式下也可以得出不同的拓扑胚图（图 3-4 中的 CG1 和 CG3），它们一定是非同构的。为此，在进行拓扑胚图推导前，对同组关联杆组的基本连杆排列方式进行同构判别，确定所有有效的基本连杆排列方式是非常重要的。

最直接的方法就是对关联杆组中基本连杆组合进行全排列，然后再清除重复和同构的排列方式。目前，采用计算机语言，进行全排列计算的程序开发已经很纯熟。对于2*H*2*Q* 的基本连杆组合，有 4 个基本连杆，共有 4！ =24 组全排列方式，求全排列显然是可行的。但面对复杂的闭环机构，即机构复杂度系数 μ 增大时，一组关联杆组中基本连杆的数量较多，其全排列方式增多，比如，以关联杆组 3*P*1*Q*9*T* 为例，该基本连杆组合中含有 13 个基本连杆，共有 13！ $=6.227\times10^9$ 组全排列方式。这时计算机的计算量剧增，对计算机配置的要求比较高，甚至会出现计算不出结果的情况。

为了解决这个问题，采用先进的数学软件进行了算法开发。以图 3-4 中的基本连杆组合为例，一共有 4 个字符，2 个 *H* 和 2 个 *Q*，采用选择性插入法构造基本连杆排列，具体过程如下：

第 1 步：取出第一个字符 *H*，存在元胞数组中。

第 2 步：取出第二个字符 *H*，插入在第一个字符的前面一位，元胞数组中的字符串就变成了两位，为 *HH*。

第 3 步：取第三个字符 *Q*，如果和前两个字符不同，就分别插入第二和第一个字符的前面，如果和哪个字符相同，则它后边字符之前就不要再插入了。因为 *Q* 和第一个字符 *H*、第二个字符 *H* 不同，这样就得到两种情况：*QHH* 和 *HQH*。

第 4 步：取出第四个字符 *Q*，按第 3 步的规律顺次插入，得第一种情况：首先插入 *QHH* 中第三个字符 *Q* 的前面，得到 *QQHH*；然后再插入第二个字符 *H* 之前时，发现所插入字符和第三个字符 *Q* 相同，不插入，因为如果插入仍然得到 *QQHH*，和前边的排列重复；最后插入第一个字符 *H* 之前，得到 *QHQH*。

同理，对于第二种情况得到 *QHQH*、*HQQH*。该方法与全排列方法进行对比，结果如表 3-4 所示。

表 3-4　选择性插入法与全排列方法的对比

字符	选择性插入法		全排列方法					
H	*H*				*H*			
H	*HH*			*HH*			*HH*	
Q	*QHH*	*HQH*	*QHH*	*HQH*	*HHQ*	*QHH*	*HQH*	*HHQ*
			QQHH	*QHQH*	*QHHQ*	*QQHH*	*QHQH*	*QHHQ*
	QQHH	*QHQH*	*QQHH*	*HQQH*	*HQHQ*	*QQHH*	*HQQH*	*HQHQ*
Q	*QHQH*	*HQQH*	*QHQH*	*HQQH*	*HHQQ*	*QHQH*	*HQQH*	*HHQQ*
			QHHQ	*HQHQ*	*HHQQ*	*QHHQ*	*HQHQ*	*HHQQ*

如表 3-4 所示，全排列方法在进行第二个字符 *H* 的插入时就形成了重复的排列，即出现两个 *HH* 的排列方式，造成后边出现 *QHH*、*HQH* 和 *HHQ* 3 组三位字符串重复排

列以及最后的 *QQHH*、*QQHH*、*QHQH*、*QHHQ*、*QHQH*、*HQQH*、*HQQH*、*HQHQ*、*QH-HQ*、*HQHQ*、*HHQQ* 和 *HHQQ* 12 组重复排列方式。同时，全排列方法在进行第三个字符 *Q* 的插入时，生成了排列方式 *QHH* 的一个同构排列 *HHQ*，造成最后生成 *QHHQ*、*HQHQ*、*HHQQ* 和 *HHQQ* 4 组同构排列方式。同理，全排列方法在进行第四个字符 *Q* 的插入时，又生成了一些重复及同构的排列方式。很显然，选择性插入法能在生成基本连杆排列过程中，清除大部分的重复排列方式和同构排列方式，最后只生成 4 种排列方式。大大减少了计算机的运算量，提高了运算速度。最后，通过编程清除重复（*QHQH*）和循环同构（*HQQH*）的排列方式，就得到 *QQHH* 和 *QHQH* 两组有效的基本连杆排列方式。

3.4.2 自动生成基本连杆排列方式的实例

3.4.2.1 实例 1

以表 3-2 中序号为 6.17 的关联杆组为例，其基本连杆组合为 1*H*1*P*1*Q*3*T*，共含有 6 个基本连杆。如果先计算全排列，有 6! =720 组排列方式，而采用选择性插入法进行计算，只得出 54 组结果，如表 3-5 所示。

表 3-5 关联杆组 1*H*1*P*1*Q*3*T* 的排列方式

结果	排列方式	组数
选择性插入法	*TTTQPH*、*TTQTPH*、*TTQPTH*、*TTQTPH*、*TQTTPH*、*TQTPTH*、*TTQPTH*、*TQTPTH*、*TQPTTH*、*TTQTPH*、*TQTTPH*、*TQTPTH*、*TQTTPH*、*QTTTPH*、*QTTPTH*、*TQTPTH*、*QTTPTH*、*QTPTTH*、*TTQPTH*、*TQTPTH*、*TQPTTH*、*TQTPTH*、*QTTPTH*、*QTPTTH*、*TQPTTH*、*QTPTTH*、*QPTTTH*、*TTTPQH*、*TTPTQH*、*TTPQTH*、*TTPTQH*、*TPTTQH*、*TPTQTH*、*TTPQTH*、*TPTQTH*、*TPQTTH*、*TTPTQH*、*TPTTQH*、*TPTQTH*、*TPTTQH*、*PTTTQH*、*PTTQTH*、*TPTQTH*、*PTTQTH*、*PTQTTH*、*TTPQTH*、*TPTQTH*、*TPQTTH*、*TPTQTH*、*PTTQTH*、*PTQTTH*、*TPQTTH*、*PTQTTH*、*PQTTTH*	54
有效排列	*TTTQPH*、*TTQTPH*、*TTQPTH*、*TQTTPH*、*TQTPTH*、*TQPTTH*、*QTTTPH*、*QTTPTH*、*QTPTTH*、*QPTTTH*	10

因为选择性插入法并不能删除全部重复及同构的基本连杆排列方式，所以在得出的 54 组结果中，存在一定数目的重复及循环同构的排列方式，需要进行清除。最后，得到 10 组有效的基本连杆排列方式，分别为 *TTTQPH*、*TTQTPH*、*TTQPTH*、*TQTTPH*、*TQTPTH*、*TQPTTH*、*QTTTPH*、*QTTPTH*、*QTPTTH* 和 *QPTTTH*，列于表 2-4 中。

3.4.2.2 实例 2

以表 3-2 中序号为 6.5 的关联杆组为例，其基本连杆组合为 1*H*8*T*。如果先计算全排列，有 9! =362880 组排列方式，采用选择性插入法计算，可以直接得出结果为一组有效的基本连杆排列 *TTTTTTTTH*。经分析，因为组成关联杆组的 9 个基本连杆有 8

个均为三元杆 *T*，所以形成的全排列中有很大一部分是 *TTTTTTTTH* 的重复排列，而其他一部分是它的循环同构排列。当然，机构学专家如果凭借经验，可以直接得到结果是一组有效排列，不用进行基本连杆的排列计算。

3.4.2.3 实例 3

表 3-6 是计算表 3-2 中序号为 10.83 的关联杆组 3*P*1*Q*9*T* 的有效排列方式的结果，因为数据量较大，表中只列出了部分有效的排列方式。对于该关联杆组，因为含有 13 个杆件，如果先计算全排列，有 13！ $=6.227\times10^9$ 组排列方式，采用选择性插入法计算，只有 9000 组结果，再清除重复和循环同构的排列方式，得到 990 组有效的基本连杆排列方式。

表 3-6 关联杆组 3*P*1*Q*9*T* 的部分有效排列方式

有效的排列方式	组数
PPPQTTTTTTTTT、*PPQPTTTTTTTTT*、*PPQTPTTTTTTTT*、*PPQTTPTTTTTTT*、*PPQTTTPTTTTTT*、 *PPQTTTTPTTTTT*、*PPQTTTTTPTTTT*、*PPQTTTTTTPTTT*、*PPQTTTTTTTPTT*、*PPQTTTTTTTTPT*、 *PQPTPTTTTTTTT*、*PQPTTPTTTTTTT*、*PQPTTTPTTTTTT*、*PQPTTTTPTTTTT*、*PQTPPTTTTTTTT*、 *PQTPTPTTTTTTT*、*PQTPTTPTTTTTT*、*PQTPTTTPTTTTT*、*PQTPTTTTPTTTT*、*PQTPTTTTTPTTT*、 … *TTTPTTTPTTPQT*、*TTTPTTTTPTPQT*、*TTTPTTTTTPPQT*、*TTTPTTTTTPQPT*、*TTTTPPTTTTPQT*、 *TTTTPTPTTTPQT*、*TTTTPTTPTTPQT*、*TTTTPTTTPTPQT*、*TTTTPTTTTPPQT*、*TTTTTPPTTTPQT*、 *TTTTTPTPTTPQT*、*TTTTTPTTPTPQT*、*TTTTTPTTTPPQT*、*TTTTTTPPTTPQT*、*TTTTTTPTPTPQT*、 *TTTTTTPTTPPQT*、*TTTTTTTPPTPQT*、*TTTTTTTPTPPQT*、*TTTTTTTTPPPQT*、*TTTTTTTTPPQPT*	990

3.4.3 时间复杂度分析

该方法完全由计算机来实现。整个同构判断算法的时间主要由关联杆组中基本连杆的数目和组合方式决定。图 3-5 为基本连杆组合 3*P*1*Q*9*T* 在计算机程序软件中的计算界面。

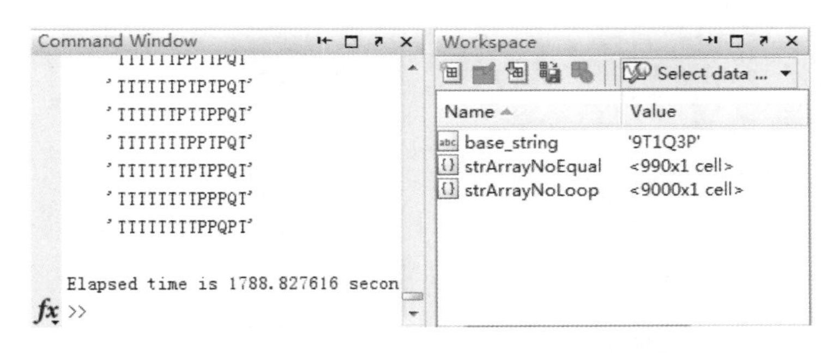

图 3-5 3*P*1*Q*9*T* 在计算机程序软件中的计算界面

在图 3-5 右侧工作空间里可以看到，程序中元胞数组 strArrayNoLoop 用来存放选择性插入法的计算结果，一共有 9000 个元素。而元胞数组 strArrayNoEqual 中存放 990 个有效的排列方式。在计算机软件中通过“tic/toc”语句，计算程序运行的时间。由命令窗口中看到时间为 1788. 827616 秒。

改变程序中“base-string”中的字符串，可以得到实例 1 的计算时间为 0. 116026 秒，实例 2 的计算时间为 0. 040703 秒。由此可见，基本连杆的数目少，对应的计算时间就会短；在基本连杆总数相同的情况下，相同的基本连杆数目多，能一定程度地提高计算速度。本方法在实际应用中方便、省时。

3.5 不同复杂度闭环机构的基本连杆排列方式

关联杆组中 n 个基本连杆的一个排列称为关联杆组中基本连杆的一种排列方式。将一种排列方式的最左侧的一个或几个基本连杆在不改变它们排列次序的前提下移动到最右侧，得到一种新的排列方式。因为基本连杆在拓扑胚图上是环排列的，通过这种方法得到的新的排列方式与原排列是同构的，所描述的拓扑胚图可以通过原排列描述的拓扑胚图旋转一定角度而得。所以，在进行拓扑胚图综合前，先确定关联杆组中基本连杆的排列方式，清除同构的排列方式可以省去后续对旋转同构拓扑胚图的识别。采用选择性插入法对不同复杂度的闭环机构的关联杆组进行计算，可以求得基本连杆的排列方式。表 3-7 所示为复杂度 $\mu=0\sim6$ 时不同关联杆组中基本连杆的排列方式。附录 2 为 $\mu=7\sim10$ 时的结果。

表 3-7 不同复杂度闭环机构的基本连杆排列方式

序号	μ	关联杆组	基本连杆排列方式	组数
1. 1	1	$2T$	TT	1
2. 1		$4T$	$TTTT$	1
2. 2	2	$1Q2T$	TTQ	1
2. 3		$2Q$	QQ	1
3. 1		$6T$	$TTTTTT$	1
3. 2		$1Q4T$	$TTTTQ$	1
3. 3		$2Q2T$	$TTQQ$、$TQTQ$	2
3. 4	3	$3Q$	QQQ	1
3. 5		$1P3T$	$TTTP$	1
3. 6		$1P1Q1T$	TQP	1
3. 7		$2P$	PP	1
3. 8		$1H2T$	TTH	1

续表

序号	μ	关联杆组	基本连杆排列方式	组数
4. 1		8*T*	*TTTTTTTT*	1
4. 2		1*Q*6*T*	*TTTTTTQ*	1
4. 3		2*Q*4*T*	*TTTTQQ*、*TTTQTQ*、*TTQTTQ*	3
4. 4		3*Q*2*T*	*TTQQQ*、*TQTQQ*	2
4. 5		4*Q*	*QQQQ*	1
4. 6		1*H*4*T*	*TTTTH*	1
4. 7		1*H*1*Q*2*T*	*TTQH*、*TQTH*	2
4. 8	4	1*H*2*Q*	*QQH*	1
4. 9		1*H*1*P*1*T*	*TPH*	1
4. 10		2*H*	*HH*	1
4. 11		1*P*5*T*	*TTTTTP*	1
4. 12		1*P*1*Q*3*T*	*TTTQP*、*TTQTP*	2
4. 13		1*P*2*Q*1*T*	*TQQP*、*QTQP*	2
4. 14		2*P*2*T*	*TTPP*、*TPTP*	2
4. 15		2*P*1*Q*	*QPP*	1
5. 1		10*T*	*TTTTTTTTTT*	1
5. 2		1*Q*8*T*	*TTTTTTTTQ*	1
5. 3		2*Q*6*T*	*TTTTTTQQ*、*TTTTTQTQ*、*TTTTQTTQ*、*TTTQTTTQ*	4
5. 4		3*Q*4*T*	*TTTTQQQ*、*TTTQTQQ*、*TTQTTQQ*、*TTQTQTQ*	4
5. 5		2*T*4*Q*	*QQQQTT*、*QQQTQT*、*QQTQQT*	3
5. 6		5*Q*	*QQQQQ*	1
5. 7		1*P*7*T*	*TTTTTTTP*	1
5. 8	5	1*P*1*Q*5*T*	*TTTTTQP*、*TTTTQTP*、*TTTQTTP*	3
5. 9		1*P*2*Q*3*T*	*TTTQQP*、*TTQTQP*、*TTQQTP*、*TQTTQP*、*TQTQTP*、*QTTTQP*	6
5. 10		1*P*3*Q*1*T*	*TQQQP*、*QTQQP*	2
5. 11		2*P*4*T*	*TTTTPP*、*TTTPTP*、*TTPTTP*	3
5. 12		1*Q*2*P*2*T*	*TTPPQ*、*TPTPQ*、*TPPTQ*、*PTTPQ*	4
5. 13		2*P*2*Q*	*QQPP*、*QPQP*	2
5. 14		1*T*3*P*	*PPPT*	1
5. 15		1*H*6*T*	*TTTTTTH*	1
5. 16		1*H*1*Q*4*T*	*TTTTQH*、*TTTQTH*、*TTQTTH*	3

续表

序号	μ	关联杆组	基本连杆排列方式	组数
5.17		1H2Q2T	TTQQH、TQTQH、TQQTH、QTTQH	4
5.18		1H3Q	QQQH	1
5.19		1H1P3T	TTTPH、TTPTH	2
5.20		1H1P1Q1T	TQPH、QTPH、QPTH	3
5.21		2H2T	TTHH、THTH	2
5.22		2H1Q	HHQ	1
5.23		1H2P	PPH	1
6.1		12T	TTTTTTTTTTTT	1
6.2		1Q10T	TTTTTTTTTTQ	1
6.3		1P9T	TTTTTTTTTP	1
6.4		2Q8T	TTTTTTTTQQ、TTTTTTTQTQ、TTTTTTQTTQ、TTTTTQTTTQ、TTTTQTTTTQ	5
6.5		1H8T	TTTTTTTTH	1
6.6		1P1Q7T	TTTTTTTQP、TTTTTTQTP、TTTTTQTTP、TTTTQTTTP	4
6.7		3Q6T	TTTTTTQQQ、TTTTTQTQQ、TTTTQTTQQ、TTTTQTQTQ、TTTQTTTQQ、TTTQTTQTQ、TTQTTQTTQ	7
6.8		2P6T	TTTTTTPP、TTTTTPTP、TTTTPTTP、TTTPTTTP	4
6.9	6	1H1Q6T	TTTTTTQH、TTTTTQTH、TTTTQTTH、TTTQTTTH	4
6.10		1P2Q5T	TTTTTQQP、TTTTQTQP、TTTTQQTP、TTTQTTQP、TTTQTQTP、TTTQQTTP、TTQTTTQP、TTQTTQTP、TTQTQTTP、TQTTTTQP、TQTTTQTP、QTTTTTQP	12
6.11		1H1P5T	TTTTTPH、TTTTPTH、TTTPTTH	3
6.12		4Q4T	TTTTQQQQ、TTTQTQQQ、TTTQQTQQ、TTQTTQQQ、TTQTQTQQ、TTQTQQTQ、TTQQTTQQ、TQTQTQTQ、QTTTQTQQ	9
6.13		1H2Q4T	TTTTQQH、TTTQTQH、TTTQQTH、TTQTTQH、TTQTQTH、TTQQTTH、TQTTTQH、TQTTQTH、QTTTTQH	9
6.14		1Q2P4T	TTTTPPQ、TTTPTPQ、TTTPPTQ、TTPTTPQ、TTPTPTQ、TTPPTTQ、TPTTTPQ、TPTTPTQ、PTTTTPQ	9
6.15		2H4T	TTTTHH、TTTHTH、TTHTTH	3
6.16		1P3Q3T	TTTQQQP、TTQTQQP、TTQQTQP、TTQQQTP、TQTTQQP、TQTQTQP、TQTQQTP、TQQTTQP、QTTTQQP、QTTQTQP	10

续表

序号	μ	关联杆组	基本连杆排列方式	组数
6.17		$1H1P1Q3T$	$TTTQPH$、$TTQTPH$、$TTQPTH$、$TQTTPH$、$TQTPTH$、$TQPTTH$、$QTTTPH$、$QTTPTH$、$QTPTTH$、$QPTTTH$	10
6.18		$3P3T$	$TTTPPP$、$TTPTPP$、$TPTPTP$、$PTTPTP$	4
6.19		$2T5Q$	$QQQQQTT$、$QQQQTQT$、$QQQTQQT$	
6.20		$1H2T3Q$	$QQQTTH$、$QQTQTH$、$QQTTQH$、$QTQQTH$、$QTQTQH$、$TQQQTH$	6
6.21		$2P2Q2T$	$TTQQPP$、$TQTQPP$、$TQQTPP$、$TQQPTP$、$QTTQPP$、$QTQPTP$、$QQPTTP$、$TTQPQP$、$TQTPQP$、$TQPTQP$、$TQPQTP$、$QPTTQP$、$TPTQQP$、$PTTQQP$、$PTQTQP$	15
6.22		$1Q2H2T$	$TTHHQ$、$THTHQ$、$THHTQ$、$HTTHQ$	4
6.23		$1H2P2T$	$TTPPH$、$TPTPH$、$TPPTH$、$PTTPH$	4
6.24	6	$1P1T4Q$	$QQQQTP$、$QQQTQP$、$QQTQQP$	3
6.25		$1H1P2Q1T$	$TQQPH$、$QTQPH$、$QQTPH$、$QQPTH$、$TQPQH$、$QTPQH$	6
6.26		$1T1Q3P$	$PPPQT$、$PPQPT$	2
6.27		$1T1P2H$	$HHPT$、$HPHT$	2
6.28		$6Q$	QQ	1
6.29		$1H4Q$	$QQQQH$	1
6.30		$2P3Q$	$QQQPP$、$QQPQP$	2
6.31		$2H2Q$	$QQHH$、$QHQH$	2
6.32		$1H2P1Q$	$QPPH$、$PQPH$	2
6.33		$4P$	$PPPP$	1
6.34		$3H$	HHH	1

3.6 本章小结

闭环机构关联杆组的推导是综合机构拓扑胚图和拓扑图的前提和基础。本章采用计算机程序实现不同复杂度闭环机构关联杆组的推导，能避免数据的遗漏，扩大满足要求的拓扑结构类型可选择的空间，减少筛选的盲目性。因为同组关联杆组中基本连杆排列方式同构，可以得出拓扑胚图同构的结论。在进行拓扑胚图综合之前，清除同构的基本连杆排列方式，减轻后续拓扑胚图同构判断的工作量。采用选择性插入的方法建立有效的基本连杆排列方式，从时间复杂度分析可以看出，该方法省时、有效。该研究结果对含冗余约束和被动自由度的闭环机构关联杆组，尤其是在复杂度系数增大时确定基本连杆的有效排列方式具有重要的指导意义和参考价值。

4　闭环机构拓扑胚图的综合

4.1　引言

运动链拓扑胚图是构建拓扑图和运动链的基本框架和有效工具。1988 年，Yan 最早提出运动链拓扑胚图的概念。目前，国内外学者对拓扑胚图的研究比较少，国内丁玲对拓扑胚图同构判断的方法进行了研究。提出可利用路径数组进行同构判断，但该方法在进行判断前，需先计算图的任意顶点之间的路径数矩阵，数学模型结构相对复杂。丁华锋等建立了平面机构统一的拓扑描述模型，实现了运动链特征描述代码和运动链的拓扑图之间的一一对应关系。并对平面单铰运动链、复铰运动链拓扑胚图及拓扑图的同构判断问题进行了研究，建立了单副平面运动链拓扑图的图谱库系统软件。路懿等在对运动链拓扑胚图基本结构分析的基础上，提出字符串数组的概念，并定义了由数组表示拓扑胚图及判别同构拓扑胚图的相关准则，解决了运动链拓扑胚图的同构判断问题，从而有效避免了后续拓扑图综合中不必要的大量同构识别。基于推导出的运动链拓扑胚图，研究了数组构造拓扑图的相关准则和同构拓扑图的识别方法，推导出大量用于综合平面 1、2、3、4 自由度机构的数字拓扑图。但该方法中有一个比较重要的问题没能很好解决，就是在用字符串数组进行运动链拓扑胚图综合时，字符串数组与拓扑胚图之间并不是一对一的对应关系，而是存在一对多的情况，这样就容易在拓扑胚图综合过程中出现图的遗漏现象。本章在对闭环机构拓扑胚图的基本结构进行分析的基础上，基于字符串数组的概念，提出一种新的描述闭环机构拓扑胚图基本特征的方法。通过该方法来描述闭环机构拓扑胚图，能够实现闭环机构拓扑胚图与其特征描述的一一对应关系。

4.2　拓扑胚图的相关参数及基本概念

4.2.1　拓扑胚图的结构

图 4-1 所示为对应关联杆组 $1H1P1Q1T$ 的几个拓扑胚图。由此可见，拓扑胚图的结构可描述如下：

（1）一个基圆 C；

（2）对应于关联杆组中各基本连杆的 n 个顶点；

（3）连接 n 个顶点的 n_e 条曲线。

一般在构造拓扑胚图时，尽量将 n 个顶点分布到基圆的圆周上。便于构造拓扑胚图，也易于识别同构的拓扑胚图。

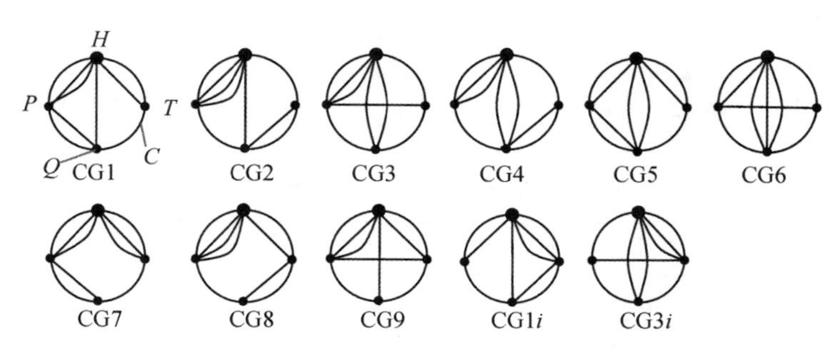

图 4-1　对应关联杆组 1*H*1*P*1*Q*1*T* 的拓扑胚图

4.2.2　拓扑胚图的相关参数

由第 3 章已知，关联杆组是基本连杆的组合，用 $n_6Hn_5Pn_4Qn_3Tn_2B$ 来表示，而 n 个顶点中表示不同杆件元数的基本连杆的顶点所能连接的曲线的数目不同，分别与相应的杆件元数相同。即，六元杆 H、五元杆 P、四元杆 Q 和三元杆 T 的顶点和其他顶点必须总共连接 6、5、4 和 3 条曲线。因此，描述拓扑胚图的两个参数 n 和 n_e 满足以下公式：

$$n=n_3+n_4+n_5+n_6,\quad n_e=(3n_3+4n_4+5n_5+6n_6)/2 \tag{4-1}$$

观察图 4-1 中的 CG1～CG9，CG1*i* 和 CG3*i*，发现它们都符合拓扑胚图的结构要求，都是附录 1 的表 1 中序号为 5.20 关联杆组 1*H*1*P*1*Q*1*T* 推导出的拓扑胚图，区别在于 4 个顶点在基圆上的排列方式以及顶点之间的连接方式不同。

一般在构造拓扑胚图时，按照基本连杆的排列方式，只需要以基圆的顶部顶点为起点，以一定的方向将其他顶点均布到基圆的圆周上。然后再按照各个顶点的连接方式将各顶点进行连接就可以得到闭环机构拓扑胚图。当然，方向可以是顺时针也可以是逆时针，为了便于讨论，本章统一选择逆时针方向布置顶点。

上一章对构建拓扑胚图的关联杆组中基本连杆的排列问题进行了研究，删除了重复和循环同构的基本连杆排列方式，获得了有效的排列方式。基于求得的有效排列方式，很容易确定各杆件所能连接的曲线数目。

4.3　闭环机构拓扑胚图的特征描述

为了能够准确描述闭环机构拓扑胚图的基本特征，首先提出两个基本概念。

4.3.1 特征字符串的概念

特征字符串是由 n 个字符串组成的数组。每个字符串对应拓扑胚图的一个顶点，并包括一串数字，用来表示所代表的基本连杆的连接方式，称为基本连杆的连接方式字符串。而基本连杆的连接方式字符串又是由一个或几个数字组成的，其中每个数字表示两个顶点连接的曲线数目。规定按顶点在基圆上分布的逆时针方向，从基圆圆周顶部的顶点开始，将描述各个顶点连接方式的字符串依次列出，就可以得到描述拓扑胚图的特征字符串。表 4-1 为描述图 4-1 中的拓扑胚图的特征字符串。

表 4-1 描述图 4-1 的拓扑胚图的特征字符串

CG	基本连杆排列	特征字符串
1	*HPQT*	{213，32，211，12}
2	*HPQT*	{114，41，112，21}
3	*HPQT*	{123，311，121，111}
4	*HQPT*	{123，31，122，21}
5	*HQPT*	{222，22，221，12}
6	*HQPT*	{132，211，131，111}
7	*HPTQ*	{33，32，21，13}
8	*HPTQ*	{24，41，12，22}
9	*HPTQ*	{213，311，111，112}
1*i*	*HTQP*	{312，21，112，23}
3*i*	*HTQP*	{321，111，121，113}

例如，特征字符串 {213，32，211，12} 可用来表示图 4-1 中的 CG1，它是由 4 个字符串组成的数组。其中，第 1 个字符串包括一串数字 213，对应于 CG1 中的 H 顶点，表示基本连杆 H 与 T、Q、P 分别由 2、1、3 条曲线相互连接；同样，第 2 个字符串包括一串数字 32，对应于 CG1 中的 P 顶点，表示基本连杆 P 与 H、T、Q 分别由 3、0、2 条曲线相互连接；第 3 个字符串包括一串数字 211，对应于 CG1 中的 Q 顶点，表示基本连杆 Q 与 P、H、T 分别由 2、1、1 条曲线相互连接；第 4 个字符串包括一串数字 12，对应于 CG1 中的 T 顶点，表示基本连杆 T 与杆件 Q、P、H 分别通过 1、0、2 条曲线相互连接。

对于每个闭环机构拓扑胚图，都可以用一个特征字符串来描述，且特征字符串具有以下性质：

①每个特征字符串所包含的字符串的个数与拓扑胚图中顶点的数目相同，与对应的关联杆组的基本连杆数目相同，都为 n。

②拓扑胚图上基本连杆的分布具有一定的方向性，以基圆逆时针（或顺时针）方

向为准，可以确定其基本连杆排列方式，而特征字符串中每个基本连杆连接方式字符串的排列与基本连杆的排列方式相对应，依次从左到右排列。

③特征字符串中每个基本连杆连接方式字符串对应拓扑胚图的一个顶点，胚图中相互连接的两个顶点所连接的曲线数目用一位数字表示。每个连接方式字符串所含各数字之和等于该顶点所需连接曲线的总数，与对应杆件的元数相同。

④在特征字符串中，第 i（$i<n$）个字符串的最后一个数字和第 $i+1$ 个字符串的第一个数字相同，第 1 个字符串的第一个数字和第 n 个字符串的最后一个数字相同。

⑤特征字符串中 n 个字符串的所有数字之和等于 $2n_e$。

⑥特征字符串中各字符串的相同的数字之和一定为偶数。

⑦特征字符串中任何一个字符串的位数小于关联杆组中基本连杆的数目 n。

显然，特征字符串中的每个字符串的位数表示除自身代表的基本连杆外，可与其他连杆连接的基本连杆数目。比如，字符串的位数为两位，表明该字符串所代表的基本连杆可以与其他两个基本连杆连接；字符串的位数为三位，表明该字符串所代表的基本连杆可以与其他 3 个基本连杆连接；位数为四位，表明该字符串所代表的基本连杆可以与其他 4 个基本连杆连接；位数为一位的字符串，表示只能与其他 1 个基本连杆连接。因为拓扑胚图中每个基本连杆最多能与除自身外的 $n-1$ 个杆件相连。所以，特征字符串中每个基本连杆的连接方式字符串的位数最大为 $n-1$。

特征字符串中，不同位数的基本连杆连接方式字符串的各个数字具体如何进行连接，需要满足以下规则：

①在特征字符串中，字符串位数为一位的，表示该基本连杆只与另一个基本连杆连接，所连接的曲线数目等于该一位数字的数值大小。例如，附录 1 的表 1 中序号为 1.1 的 2T，序号为 2.3 的 2Q，序号为 3.7 的 2P，序号为 4.10 的 2H。这四种情况下，所对应特征字符串分别为 {3，3}、{4，4}、{5，5} 和 {6，6}，分别表示关联杆组 2T 所对应的拓扑胚图中，两个 T 由 3 条曲线相互连接；关联杆组 2Q 所对应的拓扑胚图中，两个 Q 由 4 条曲线相互连接；关联杆组 2P 所对应的拓扑胚图中，两个 P 由 5 条曲线相互连接；关联杆组 2H 所对应的拓扑胚图中，两个 H 由 6 条曲线相互连接。显然，只有在关联杆组中基本连杆数目 n 为 2，且该两个基本连杆杆件类型相同的情况下，才会出现位数为一的字符串。

②在特征字符串中，字符串位数为二位的，表示该基本连杆分别与和它相邻的两个基本连杆连接，所连接的曲线数目分别等于对应每位数字的数值大小。以特征字符串 {213，32，211，12} 为例，其对应的关联杆组是附录 1 的表 1 中序号为 5.20 的 1H1P1Q1T。其含有两个位数为两位的字符串，分别为 {32} 和 {12}，{32} 表示基本连杆 P 与和它相邻的连杆 H 和 Q 分别连接 3 条和 2 条曲线；同理，{12} 表示基本连杆 T 与和它相邻的连杆 Q 和 H 分别连接 1 条和 2 条曲线。

③在特征字符串中，字符串位数大于或等于三位的，字符串第一位和最后一位表

示该基本连杆与和它相邻的其他两个基本连杆连接，所连接的曲线数目分别等于对应每位数字的数值大小。除了第一位和最后一位，字符串的中间位不能与和它相邻的连杆再连接，具体会和哪个杆件连接就要视具体情况而定。

仍以特征字符串｛213，32，211，12｝为例，其含有两个位数为三位的字符串，分别为｛213｝和｛211｝，｛213｝中的数字 2 和 3 表示基本连杆 H 与和它相邻的连杆 T 和 P 分别连接 2 条和 3 条曲线，中间的数字 1 与和它不相邻的连杆连接，因为只有 Q 杆与它不相邻，所以基本连杆 H 与 Q 连接 1 条曲线；同理，｛211｝中的数字 2 和第 3 个数字 1 表示基本连杆 Q 与和它相邻的连杆 P 和 T 分别连接 2 条和 1 条曲线，中间的数字 1 与和它不相邻的连杆连接，因为只有 H 杆与它不相邻，所以基本连杆 Q 与 H 连接 1 条曲线。这是比较简单的一种情况。

在进行闭环机构拓扑胚图综合过程中，会出现一些比较复杂的情况，比如图 4-2 是附录 1 中序号为 4.6 的关联杆组 1*H*6*T* 在基本连杆排列方式 *HTTTTTT* 下所对应的 10 个拓扑胚图。

通过观察，发现除了 CG3/2*i* 和 CG3/2 是镜像同构的，其他 8 个彼此不同且非同构。为了方便区分，规定将与 CG*x* 同构的拓扑胚图用 CG*xi* 表示。

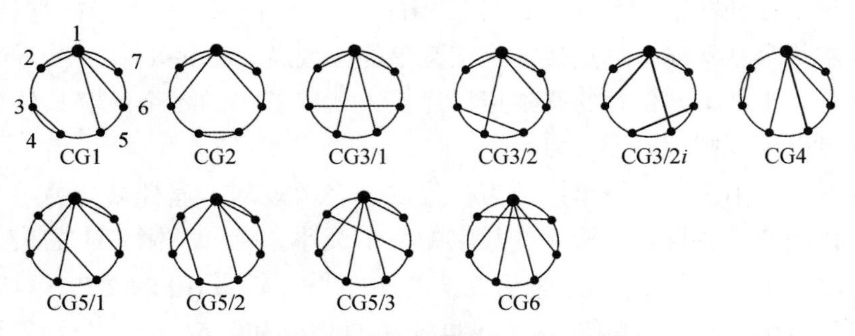

图 4-2 对应于关联杆组 1*H*6*T* 的拓扑胚图

表 4-2 是关联杆组 1*H*6*T* 在基本连杆排列方式为 *HTTTTTT* 时所对应的特征字符串。

表 4-2 描述关联杆组 1*H*6*T* 拓扑胚图的特征字符串

序号	*H*	*T*	*T*	*T*	*T*	*T*	*T*
1	2112	21	12	21	111	111	12
2	2112	21	111	12	21	111	12
3	2112	21	111	111	111	111	12
4	21111	12	21	111	111	111	12
5	21111	111	111	111	111	111	12
6	111111	111	111	111	111	111	111

通过观察发现，序号为 3 的特征字符串｛2112，21，111，111，111，111，12｝可以同时描述拓扑胚图 CG3/1、CG3/2 和 CG3/2i，序号为 5 的特征字符串｛21111，111，111，111，111，111，111｝可以同时描述 CG5/1、CG5/2 和 CG5/3，出现了一个特征字符串对应多个拓扑胚图的情况。为了方便区分，将能由同一特征字符串描述的不同拓扑胚图分别用 CGx/1，CGx/2，…，CGx/j 表示。其中，j 为由同一特征字符串所能描述的拓扑胚图的个数。

出现这一现象的原因主要是因为特征字符串｛2112，21，111，111，111，111，12｝和｛21111，111，111，111，111，111，12｝描述的拓扑胚图，其基本连杆的连接方式比较复杂。

在闭环机构拓扑胚图综合过程中，如果不能很好地解决不同拓扑胚图与同一个特征字符串描述的对应关系，就会出现拓扑胚图的遗漏。

以特征字符串｛2112，21，111，111，111，111，12｝为例进行说明，该特征字符串共含有 7 个字符串，包括 1 个位数为四位的字符串｛2112｝和 4 个位数为三位的字符串｛111｝。由上述规则 2 和 3 可知，每个字符串的第一和最后一位都与相邻的连杆相连，而中间位不能与和它相邻的连杆再连接。则中间位的连接可以有 3 种连接方式，如表 4-3 所示。它们分别对应图 4-2 所示的拓扑胚图 CG3/1、CG3/2 和 CG3/2i。同理，特征字符串｛21111，111，111，111，111，111，12｝所表示的基本连杆的连接方式也有三种，见表 4-3。这三种方式分别对应图 4-2 所示的拓扑胚图 CG5/1～CG5/3。

表 4-3 特征字符串中间位的连接方式

特征字符串	中间位的连接方式
｛2112，21，111，111，111，111，12｝	{2112, 21, 111, 111, 111, 111, 12} {2112, 21, 111, 111, 111, 111, 12} {2112, 21, 111, 111, 111, 111, 12}
｛21111，111，111，111，111，111，12｝	{21111, 111, 111, 111, 111, 111, 12} {21111, 111, 111, 111, 111, 111, 12} {21111, 111, 111, 111, 111, 111, 12}

可见，特征字符串可以用来描述机构拓扑胚图，但每一个拓扑胚图仅仅通过特征字符串并不能唯一确定。这是因为特征字符串对位数为三位以上的字符串的中间位的连接方式不能进行描述与说明。为保证机构拓扑胚图与其数学描述的唯一对应性，提出连接方式子串的概念，用来对特征字符串中位数大于或等于三位的字符串，其中间

位（去除首位和末位后）的数字连接方式进行描述。

4.3.2 连接方式子串的概念

由 4.3.1 节，每个拓扑胚图都可以用一个特征字符串来描述，但每个特征字符串并不是只能描述一个拓扑胚图。主要是因为仅通过特征字符串无法将所有基本连杆的连接方式精确地描述清楚。为了便于叙述，给出两个概念。

定义 4-1 构件序列字串 从拓扑胚图基圆上的一个顶点开始，顺时针或者逆时针依次给此基圆上所有顶点进行编号，从而构成的字串。其中，每个顶点的编号，称之为构件编号。

为便于与特征字符串对应，通常从基圆圆周顶部的顶点开始，逆时针进行构件编号。则描述关联杆组 1*H*6*T* 拓扑胚图的特征字符串的构件序列为 {1，2，3，4，5，6，7}，如图 4-2 中的 CG1。该构件序列字串共有 7 个构件编号，分别顺次对应特征字符串的每一个字符串。

定义 4-2 连接方式子串 由 $m(m\leqslant n)$ 个字符串组成的数组，每个字符串对应拓扑胚图中两个相互连接的不相邻顶点的构件编号，即连接方式子串中的每个字符串包括两个数字。

表 4-4 为描述图 4-2 所示关联杆组 1*H*6*T* 的拓扑胚图的连接方式子串。从图 4-2 可以看到，1*H*6*T* 拓扑胚图的特征字符串的构件序列字串为 {1，2，3，4，5，6，7}。由表 4-2 和表 4-4 可知，CG1 的特征字符串为 {2112，21，12，21，111，111，12}，CG1 的连接方式子串为 {15，16}。由此可见，能将 CG1 唯一确定。

表 4-4 描述关联杆组 1*H*6*T* 拓扑胚图的连接方式子串

序号	连接方式子串	序号	连接方式子串
CG1	{15，16}	CG4	{14，15，16}
CG2	{13，16}	CG5/1	{13，14，16，25}
CG3/1	{14，15，36}	CG5/2	{13，15，16，24}
CG3/2	{14，16，35}	CG5/3	{13，14，15，26}
CG3/2i	{13，15，46}	CG6	{13，14，15，16，27}

特征字符串可以描述构件的类型和数量，以及它们之间相互的位置关系。而对于拓扑胚图中各个杆件的连接关系，它只能描述相邻两个杆件之间的连接关系，而连接方式子串描述了拓扑胚图中两个不相邻杆件的相互连接关系。由此可见，引入连接方式子串的概念，用特征字符串和连接方式子串共同描述一个闭环机构拓扑胚图，可以准确描述出拓扑胚图的所有基本特征，包括基本连杆的类型、数目和各杆件之间的连接方式。

4.4　确定特征描述的方法及过程

4.4.1　描述拓扑胚图的特征字符串的确定

4.4.1.1　确定不同类型的基本连杆所能连接曲线的不同方式的数学描述，即确定基本连杆的连接方式字符串

（1）用字符串表示连接方式

根据基本连杆所能连接的支链数量的不同，基本连杆可以分为二元杆 *B*、三元杆 *T*、四元杆 *Q*、五元杆 *P* 和六元杆 *H* 等不同类型。此处不考虑六元以上的基本连杆，又因为机构拓扑胚图不含有二元杆，则绘制机构拓扑胚图的基本连杆分为三元杆、四元杆、五元杆和六元杆四种类型。表 4-5 给出了不同类型基本连杆的连接方式字符串，如表所示。

表 4-5　基本连杆 *H*，*P*，*Q*，*T* 的连接方式字符串

基本连杆	连接方式字符串	数目
T	{3}、{12}、{21}、{111}	4
Q	{4}、{13}、{31}、{22}、{112}、{121}、{211}、{1111}	8
P	{5}、{14}、{41}、{23}、{32}、{113}、{131}、{311}、{122}、{212}、{221}、{1112}、{1121}、{1211}、{2111}、{11111}	16
H	{6}、{15}、{51}、{24}、{42}、{33}、{114}、{141}、{411}、{123}、{132}、{213}、{231}、{312}、{321}、{222}、{1122}、{1212}、{1221}、{2112}、{2121}、{2211}、{3111}、{1311}、{1131}、{1113}、{11112}、{11121}、{11211}、{12111}、{21111}、{111111}	32

由表 4-5，描述每种类型基本连杆连接方式的字符串的位数有所不同，位数不同表明所能连接的基本连杆的个数不同。比如三元杆 *T* 可以连接 3 条曲线，它的连接方式字符串中有一个位数为一位的 {3}，表明三元杆 *T* 只和其他一个基本连杆连接，且连接的曲线数目为 3。同样，如果三元杆 *T* 可以和除自身之外的其他两个基本连杆相互连接，则字符串位数为两位，有 {12}、{21} 两种情况，表示分别和其他两个基本连杆连接 1 条和 2 条曲线，总共仍然是 3 条曲线。如果三元杆 *T* 可以和除自身之外的其他三个基本连杆相连，则描述连接方式的字符串是位数为三位的 {111}，表示 *T* 分别与其他三个基本连杆以 1 条曲线相互连接。

图 4-3 所示为几个含有三元杆 *T* 的关联杆组所对应的拓扑胚图，表示了基本连杆 *T* 的所有不同连接方式。其中，CG1 为关联杆组 2*T* 对应的拓扑胚图，基本连杆分别用

T_1 和 T_2 表示，则两个三元杆 T_1 和 T_2 只有一种连接方式，用位数为一位的字符串 {3} 来表示。CG2 为关联杆组 1*Q*2*T* 对应的拓扑胚图，基本连杆分别用 *Q*、T_1 和 T_2 表示，两个三元杆 T_1 和 T_2 的连接方式字符串分别为 {21} 和 {12}。CG3 为关联杆组 1*T*1*Q*3*P* 对应的拓扑胚图，基本连杆分别用 P_1、P_2、P_3、*T* 和 *Q* 表示，其中含有的一个三元杆 *T* 的连接方式字符串为 {111}。

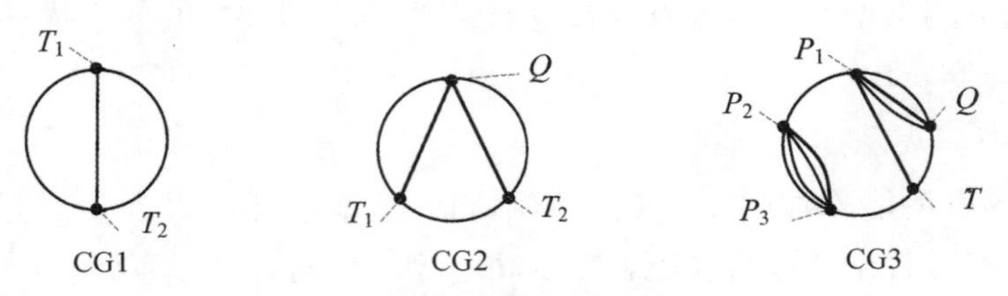

图 4-3 基本连杆 *T* 的不同连接方式

图 4-4 为关联杆组 1*Q*1*T*3*P*、1*H*2*Q*4*T* 和 1*H*1*T*1*P*2*Q* 的 9 个拓扑胚图。按照 4.3 节特征字符串的概念，可以很容易地写出它们的特征字符串。

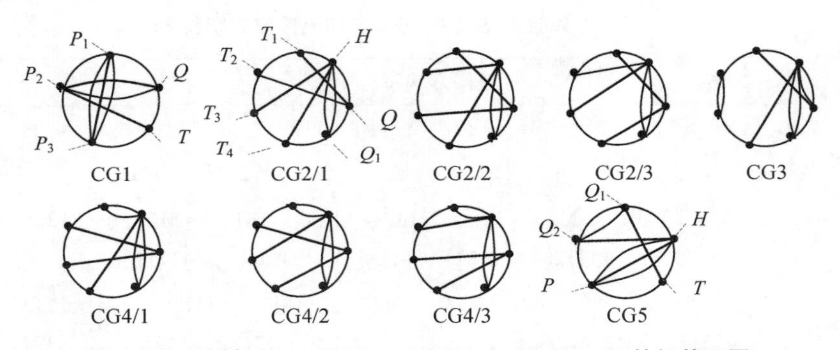

图 4-4 关联杆组 1*Q*1*T*3*P*、1*H*2*Q*4*T* 和 1*H*1*T*1*P*2*Q* 的拓扑胚图

图 4-4 中 CG1 含有 P_1、P_2、P_3、*T* 和 *Q* 共 5 个基本连杆，其中表示 P_1、P_3、*T* 和 *Q* 连接方式的字符串分别为 {131}、{131}、{111} 和 {121}。杆件 P_2 分别与 P_1、P_3、*T* 和 *Q* 连接 1、1、1 和 2 条曲线，所以表示 P_2 连接方式的字符串位数为 4 位。在特征字符串中，第 i（$i<n$）个字符串的最后一个数字和第 $i+1$ 个字符串的第一个数字相同，杆件 P_2 与 P_1、P_3 的连接曲线数目在字符串中的位置可以直接确定，分别为第 1 位和第 4 位。但杆件 P_2 与 *T* 和 *Q* 的连接方式可以是字符串的第 2 和第 3 位，也可以是第 3 和第 2 位。所以，表示 P_2 连接方式的字符串可以是 {1211}，也可以是 {1121}。即 CG1 的特征字符串描述可以是 {131，1211，131，111，121}，也可以是 {131，1121，131，111，121}。换句话说，基本连杆 *P* 的连接方式字符串 {1211} 和 {1121} 在描述机构拓扑胚图时是等价的。同样的，可以写出图 4-4 所示的其他拓扑胚图的特征字符串，如表 4-6 所示。其中，等价的基本连杆连接方式字符串用“_”标记。

表 4-6　图 4-4 的拓扑胚图的特征字符串

序号	关联杆组	基本连杆排列方式	特征字符串描述
CG1	1*Q*1*T*3*P*	*PPPTQ*	{131，1211，131，111，121} {131，1121，131，111，121}
CG2/1 CG2/2 CG2/3	1*H*2*Q*4*T*	*TTTTQQH*	{111，111，111，111，121，1111，12111} {111，111，111，111，121，1111，11121} {111，111，111，111，121，1111，11211}
CG3	1*H*2*Q*4*T*	*TTTTQQH*	{111，12，21，111，121，112，2121} {111，12，21，111，121，112，2211}
CG4/1 CG4/2 CG4/3	1*H*2*Q*4*T*	*TTTTQQH*	{21，111，111，111，121，1111，1212} {21，111，111，111，121，1111，1122}
CG5	1*H*1*T*1*P*2*Q*	*QQPTH*	{112，211，131，111，1131} {112，211，131，111，1311}

由表可见，对于两个特征字符串，出现以下几种情况中的任意一种，该两个特征字符串所描述的拓扑胚图是相同的。

①在其他字符串相同的情况下，两个特征字符串同一位置的五元杆 *P* 的连接方式字符串为 {1121} 和 {1211}；

②在其他字符串相同的情况下，两个特征字符串同一位置的六元杆 *H* 的连接方式字符串为 {11121}、{11211} 和 {12111}；

③在其他字符串相同的情况下，两个特征字符串同一位置的六元杆 *H* 的连接方式字符串为 {2211} 和 {2121}；

④在其他字符串相同的情况下，两个特征字符串同一位置的六元杆 *H* 的连接方式字符串为 {1122} 和 {1212}；

⑤在其他字符串相同的情况下，两个特征字符串同一位置的六元杆 *H* 的连接方式字符串为 {1311} 和 {1131}。

进行机构拓扑胚图综合，在求解基本连杆的连接方式字符串时，对于以上五种情况，每种情况下只能保留一个连接方式字符串，以免产生相同的拓扑胚图。

（2）将不同基本连杆的连接方式字符串按位数进行分组

因为基本连杆连接方式字符串的位数表明该基本连杆所能连接的其他杆件的个数。为了便于由机构的关联杆组确定机构拓扑胚图的特征字符串，需要将不同类型的基本连杆连接方式字符串按位数进行分组，如表 4-7 所示。

表 4-7　不同基本连杆连接方式字符串的分组结果

位数	T	组数	Q	组数	P	组数	H	组数
一位	{3}	1	{4}	1	{5}	1	{6}	1
二位	{12}、{21}	2	{13}、{31} {22}	3	{14}、{41} {23}、{32}	4	{15}、{51} {24}、{42} {33}	5
三位	{111}	1	{112}、{121} {211}	3	{113}、{131} {311}、{122} {212}、{221}	6	{114}、{141} {411}、{123} {132}、{213} {231}、{312} {321}、{222}	10
四位	—	0	{1111}	1	{1112}、{1211}、 {2111}	3	{1212}、{1221} {2112}、{2121} {3111}、{1131} {1113}	7
五位	—	0	—	0	{11111}	1	{11112}、{12111} {21111}	3
六位	—	0	—	0	—	0	{111111}	1

由表 4-7，显然，i 元杆所能连接曲线的最大位数为 i 位。通过与表 4-5 的结果比较，发现五元杆 P 的连接方式经过分组后有 1+4+6+3+1=15 种，比表 4-5 的结果少了 1 个四位的 {1121}；六元杆 H 的连接方式经过分组后有 1+5+10+7+3+1=27 种，比表 4-5 的结果少了 2 个位数为五位的 {11211} 和 {11121}，3 个位数为四位的 {2211}、{1122} 和 {1131}，从而减轻了后续剔除相同的拓扑胚图的工作。

4.4.1.2　以第 3 章生成的基本连杆的排列方式为基础，获得有效的基本连杆连接方式字符串的位数组合方式

字符串位数表示该字符串所描述的基本连杆与除自身外的其他基本连杆所能进行连接的个数，具体连接几条曲线由字符串每位所对应的数字决定。

有效的基本连杆连接方式字符串的位数组合方式满足以下条件：

①特征字符串所含的 n 个字符串的位数之和必须是偶数。

因为在有效的拓扑胚图中，相互连接的基本连杆是成对出现的，且连接的曲线的数目相同，在它们的连接方式字符串中都占有一位。所以，特征字符串所含的 n 个字符串的位数之和一定是 2 的倍数，即为偶数。

②对于关联杆组中基本连杆数 n 等于 2 的情况，这两个基本连杆必须相同，且连接方式的位数必须为 1；比如 $2T$ 和 $2Q$。

相反，如果杆件不同的话，例如，关联杆组 $1P1T$，P 需要连接 5 条曲线，T 需要

连接 3 条曲线，显然不能构造胚图。

③对于关联杆组中基本连杆数 n 大于 2 的情况，每个基本连杆的连接方式字符串的位数最小为 2。

因为每个基本连杆连接方式字符串的位数表示其可与其他基本连杆连接的杆件个数。同时，为了保证机构拓扑胚图的封闭性，对于基本连杆数 n 大于 2 的关联杆组，每两个基本连杆之间必须相互连接，即每个基本连杆的连接方式字符串位数最小为两位。

④对于关联杆组中基本连杆数 n 大于 2 的情况，每个基本连杆的连接方式字符串的最大位数必须小于关联杆组中基本连杆数目 n。

当 n 为偶数时，每个基本连杆连接方式字符串的位数最大为 $n-2$；当 n 为奇数时，每个基本连杆连接方式字符串的位数最大为 $n-1$。

4.4.1.3 生成所有有效的特征字符串

所谓有效的特征字符串，即满足 4.3.1 节所述特征字符串的 6 条性质，能够绘制出闭环机构的拓扑胚图的特征字符串。

以确定关联杆组 1*Q*1*T*3*P* 在基本连杆排列方式 *PPPTQ* 下的特征字符串为例，因关联杆组中含有的杆件类型有三种：三元杆 *T*、四元杆 *Q* 和五元杆 *P*。而关联杆组中的构件数目一共有 1+1+3=5 个，所以由基本连杆连接方式字符串的位数确定准则③和④可知，每个基本连杆的连接方式字符串的位数大于或等于 2 且小于 5，这样可以确定该排列方式下可用的基本连杆连接方式字符串如表 4-8 所示。可见，可用的三元杆 *T*、四元杆 *Q* 和五元杆 *P* 的连接方式字符串的组数分别为 3、7 和 13。

表 4-8 关联杆组 *PPPTQ* 的基本连杆连接方式字符串

基本连杆	连接方式	组数
T	{12}、{21}、{111}	3
Q	{13}、{31}、{22}、{112}、{121}、{211}、{1111}	7
P	{14}、{41}、{23}、{32}、{113}、{131}、{311}、{122}、{212}、{221}、{1112}、{1211}、{2111}	13

利用树形结构生成所有可能的特征字符串。按照基本连杆的排列方式，在表 3-8 中顺次取出符合位数分布要求的第一个基本连杆 *P*、第二个基本连杆 *P*、第三个基本连杆 *P*、第四个基本连杆 *T* 和第五个基本连杆 *Q* 的连接方式字符串，从而得到全部的特征字符串，如表 4-9 所示。

表 4-9　树形结构生成特征字符串

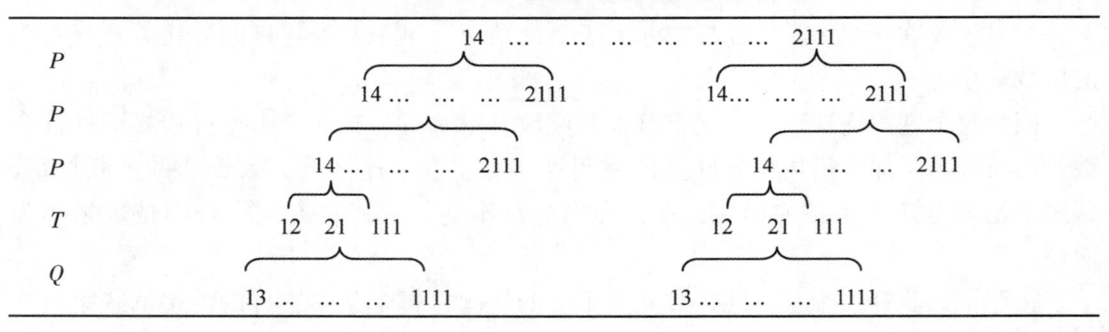

在生成的全部特征字符串中，并不是每一个都能绘制闭环机构拓扑胚图，即不是所有的特征字符串都是有效的。所以，需要删除不合格的特征字符串。表 4-10 所示为基本连杆排列方式 *PPPTQ* 下所有有效的特征字符串，一共有 28 组。

表 4-10　*PPPTQ* 的特征字符串描述

序号	特征字符串	序号	特征字符串
1	{32，23，32，21，13}	15	{221，1112，221，111，112}
2	{212，23，311，12，22}	16	{131，1211，131，111，121}
3	{311，14，41，111，13}	17	{212，212，2111，111，112}
4	{23，32，212，21，112}	18	{113，311，1211，111，121}
5	{14，41，122，21，121}	19	{113，311，1112，21，1111}
6	{311，113，311，111，13}	20	{1112，212，2111，111，1111}
7	{212，212，212，21，112}	21	{122，2111，1211，111，1111}
8	{122，221，122，21，121}	22	{14，41，1112，21，1111}
9	{122，212，221，12，211}	23	{1112，221，1112，21，121}
10	{113，32，2111，12，211}	24	{1112，212，2111，12，211}
11	{212，23，311，111，112}	25	{113，32，2111，111，1111}
12	{113，32，221，111，121}	26	{2111，1112，2111，111，112}
13	{2111，113，311，111，112}	27	{1211，1211，1211，111，121}
14	{1211，122，221，111，121}	28	{1211，1112，221，111，1111}

对于不合格的特征字符串的具体识别准则与判断步骤如下：

首先，删除基本连杆连接方式字符串的位数不满足位数准则①的，即特征字符串所含的 n 个字符串的位数之和必须是偶数。

比如，在表 4-8 中依次取基本连杆 *P*、*P*、*P*、*T* 和 *Q* 的连接方式子字符串 {113}、{311}、{1211}、{111} 和 {1111} 生成特征字符串 {113，311，1211，

111，1111}，该特征字符串中各个字符串的位数之和为 3+3+4+3+4=17。因不满足准则①，需删除。

其次，删除所生成的特征字符串不满足特征字符串的性质④和⑥的，即在生成的特征字符串中，第 i（$i<n$）个字符串的最后一个数字和第 $i+1$ 个字符串的第一个数字相同，第 1 个字符串的第一个数字和第 n 个字符串的最后一个数字相同；同时各字符串的相同的数字之和为偶数。

比如，在表 4-8 中依次取基本连杆 P、P、P、T 和 Q 的连接方式字符串 {113}、{113}、{113}、{111} 和 {112}，所生成特征字符串 {113，113，113，111，112} 因不满足性质④和⑥，需删除；再依次取 {131}、{131}、{131}、{111} 和 {1111} 生成特征字符串 {131，131，131，111，1111}，满足了性质④，但相同数字 3 的和为 9，相同数字 1 的和为 13，均不是偶数，不满足性质⑥，也要删除。

4.4.2 描述拓扑胚图的连接方式子串的确定

由前述内容可知，特征字符串中出现位数大于或等于 3 的字符串时，仅通过特征字符串不能够唯一确定机构的拓扑胚图，必须先确定该特征字符串的连接方式子串。确定连接方式子串的过程如下：

（1）顺次将特征字符串中的所有字符串进行编号，得到构件序列字串；

（2）将特征字符串的每个字符串，除去首位和末位的数字，构成新的字串。其中，原来位数为二位的用“-”表示；

（3）将第（2）步生成的新的字串中的数字进行连接，遍历所有可连接的情况。

要保证根据生成的连接方式子串可以绘制出拓扑胚图，并保证绘制的拓扑胚图相异且非同构，在确定连接方式子串时，需要满足以下几个条件：

①相互连接的两个杆件的构件编号之差大于 1；

②首尾杆件不能相互连接，即构件编号为 1 和 n 的两个杆件不能连；

③相互连接的两个杆件相互连接的曲线数对应相等，即在第（2）步生成的新的字串中相互连接的杆件所对应的数字相同，不相同的数字不能相互连接；

④所生成的连接方式子串中，在不考虑各个字符串的先后顺序的前提下，如果两个连接方式子串中的各个字符串对应相同，只保留一个，其他需删除；

⑤所生成的连接方式子串中，相连接的两个杆件的构件编号重复出现时，所生成的连接方式子串需删除，对应的特征字符串也要删除。

连接方式子串是用来描述特征字符串中位数大于或等于 3 的字符串除去首位和末位后的其他位的数字之间相互连接的方式，它用来描述机构拓扑胚图上不相邻基本杆件的连接关系，所以条件①和②需要满足。

因为连接方式子串用来描述拓扑胚图中不相邻杆件的连接关系，而杆件相互连接时，对应的连接曲线必然相同，所以条件③需要满足。

特征字符串｛131，1211，131，111，121｝是关联杆组 *PPPTQ* 的一个有效的特征字符串描述，如表 4-6 所示。其连接方式子串可以用｛13，24，25｝、｛13，25，24｝、｛24，13，25｝、｛24，25，13｝、｛25，24，13｝和｛25，13，24｝来描述，共 6 个。对比可以发现，6 个连接方式子串都包括｛13｝、｛24｝和｛25｝这三个字符串，不考虑它们在连接方式子串中的排列顺序，这三个字符串对应相同，且它们所描述的拓扑胚图都是图 4-4 的 CG1。所以，在确定连接方式子串时，条件④需要满足，否则会产生大量相同的拓扑胚图。

采用上述方法，可以确定前文通过树形结构生成的关联杆组 *PPPTQ* 的几个特征字符串的连接方式子串，如表 4-11 所示。

表 4-11 *PPPTQ* 的连接方式子串描述

序号	特征字符串	构件序列字串	连接方式	连接方式子串
26	｛2111，1112，2111，111，112｝	｛1，2，3，4，5｝	{11, 11, 11, 1, 1}	｛13，13，24，25｝
15	｛221，1112，221，111，112｝	｛1，2，3，4，5｝	{2, 11, 2, 1, 1}	｛13，24，25｝
22	｛14，41，1112，21，1111｝	｛1，2，3，4，5｝	{_, _, 11, _, 11}	｛35，35｝
5	｛14，41，122，21，121｝	｛1，2，3，4，5｝	{_, _, 2, _, 2}	｛35｝
23	｛1112，221，1112，21，121｝	｛1，2，3，4，5｝	{11, 2, 11, _, 2}	｛13，13，25｝
8	｛122，221，122，21，121｝	｛1，2，3，4，5｝	{2, 2, 2, _, 2}	｛13，25｝
24	｛1112，212，2111，12，211｝	｛1，2，3，4，5｝	{11, 1, 11, _, 1}	｛13，13，25｝
9	｛122，212，221，12，211｝	｛1，2，3，4，5｝	{2, 1, 2, _, 1}	｛13，25｝
25	｛113，32，2111，111，1111｝	｛1，2，3，4，5｝	{1, _, 11, 1, 11}	｛14，35，35｝
12	｛113，32，221，111，121｝	｛1，2，3，4，5｝	{1, _, 2, 1, 2}	｛14，35｝
27	｛1211，1211，1211，111，121｝	｛1，2，3，4，5｝	{21, 21, 21, 1, 2}	｛13，13，25，24｝
16	｛131，1211，131，111，121｝	｛1，2，3，4，5｝	{3, 21, 3, 1, 2}	｛13，25，24｝
28	｛1211，1112，221，111，1111｝	｛1，2，3，4，5｝	{21, 11, 2, 1, 11}	｛13，14，25，25｝
14	｛1211，122，221，111，121｝	｛1，2，3，4，5｝	{21, 2, 2, 1, 2}	｛13，14，25｝

对于关联杆组 *PPPTQ*，在表 4-8 中，分别取基本连杆 *P*、*P*、*P*、*T*、*Q* 的连接方式字符串为 {2111}、{1112}、{2111}、{111} 和 {112}，满足特征字符串的所有性质，构成特征字符串 {2111，1112，2111，111，112}，即为表 4-10 中序号为 26 的特征字符串。因为该特征字符串含有位数为三位及以上的基本连杆的连接方式字符串，所以需要构造连接方式子串。将特征字符串中的每个字符串除去首位和末位的数字，得到新的字串 {11，11，11，1，1}，且构件序列字串为 {1，2，3，4，5}。因为相邻杆件不能连接，所以构件编号为 1 的 {11} 只能和构件编号为 3 或 4 的构件连接，构件编号为 2 的杆件只能和构件编号为 4 或 5 的连接，因为编号为 4 和 5 的位数为一位，让其与编号为 2 的杆件连接后，杆件 1 只能和杆件 3 相互连接，得到该特征字符串所对应的连接方式子串为 {13，13，24，25}，列于表 4-11 中。

同样的，分别取杆件 *P*、*P*、*P*、*T*、*Q* 的连接方式字符串为 {221}、{1112}、{221}、{111} 和 {112}，也满足特征字符串的所有性质。由它们构成的特征字符串为 {221，1112，221，111，112}，即表 4-10 中序号为 15 的特征字符串。采用上述相同的方法进行分析和连接，可以得到其连接方式子串，已列于表 4-11 中。

在表 4-11 中，由序号为 26 的特征字符串 {2111，1112，2111，111，112} 和序号为 15 的特征字符串 {221，1112，221，111，112} 绘制的拓扑胚图完全相同，原因在于特征字符串 {2111，1112，2111，111，112} 的连接方式子串为 {13，13，24，25}，字符串 {13} 出现了两次，且对应连接的数字均为 1，表示构件编号为 1 和 3 的杆件需要连接 2 个 1 条的曲线。而特征字符串 {221，1112，221，111，112} 对应的连接方式子串 {13，24，25} 中的字符串 {13} 表示构件编号为 1 和 3 的杆件需要连接 1 个 2 条的曲线。它们所能描述的拓扑胚图是同一个拓扑胚图，如图 4-5 的 CG1 所示。在绘制拓扑胚图过程中，这两种特征描述方法是一样的。因此，两个特征字符串只能保留一个，另一个要删除。所以，条件⑤需要满足。

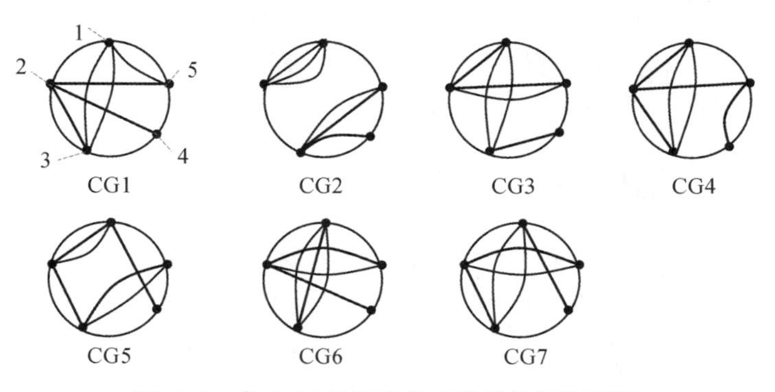

图 4-5　表 4-11 特征字符串描述的拓扑胚图

同理，表 4-10 中序号为 22、23、24、25、27、28 的特征字符串分别与序号为 5、

8、9、12、15、16 和 14 的特征字符串所描述的拓扑胚图相同，分别如图 4-5 的 CG2~CG7 所示。我们称可用来描述同一拓扑胚图的特征字符串为同构的特征字符串。所以，表 4-10 中序号为 22~28 的同构特征字符串需删除。

采用上述方法，很容易由特征字符串确定描述图 4-4 的拓扑胚图的连接方式子串，如表 4-12 所示。

表 4-12　图 4-4 的拓扑胚图的连接方式子串

序号	关联杆组	排列方式	特征字符串描述	连接方式子串描述
CG1	*1Q1T3P*	*PPPTQ*	{131，1211，131，111，121}	{13，25，24}
CG2/1				{16，26，37，47，57}
CG2/2	*1H2Q4T*	*TTTTQQH*	{111，111，111，111，121，1111，12111}	{16，27，36，47，57}
CG2/3				{16，27，37，46，57}
CG3	*1H2Q4T*	*TTTTQQH*	{111，12，21，111，121，112，2121}	{16，47，57}
CG4/1				{26，36，47，57}
CG4/2	*1H2Q4T*	*TTTTQQH*	{21，111，111，111，121，1111，1212}	{26，37，46，57}
CG4/3				{27，36，46，57}
CG5	*1H1T1P2Q*	*QQPTH*	{112，211，131，111，1131}	{14，25，35}

比如，关联杆组 *1H2Q4T* 在 *TTTTQQH* 排列下的特征字符串{111，111，111，111，121，1111，12111}，含有 7 个字符串且每个字符串的位数都大于或等于 3，仅通过特征字符串不能准确描述机构拓扑胚图，所以需要确定其连接方式子串。显然，其构件序列字串为{1，2，3，4，5，6，7}，将特征字符串中的每个字符串去掉首、末位的数字，得到新的字串{1，1，1，1，2，11，2111}。观察新的字串，编号为 5 的构件上的数字为 2，由条件③可知，只能和编号为 7 的构件相连，剩下编号为 1、2、3、4、6 和 7 的杆件按照步骤（1）~（3），很容易确定连接方式子串为{16，26，37，47，57}、{16，27，36，47，57}和{16，27，37，46，57}。同理，可确定图 4-4的其他拓扑胚图的连接方式子串，见表 4-12。

4.4.3　*1Q1T3P* 的拓扑胚图的综合实例

杆件的类型和数目，以及各个杆件之间的连接方式，即连接曲线数目是构造闭环机构拓扑胚图的基本参数。由关联杆组理论，给定一个机构的关联杆组，就确定了组成机构的基本杆件的类型和数目。而基本连杆在闭环机构基圆上的排列方式通过选择性插入法，可以进行确定。由 4.3 节特征字符串和连接方式子串的概念可知，特征字符串描述了基本连杆的相对位置和相邻基本连杆的连接方式，而连接方式子串能够描述不相邻基本连杆的连接方式。由此，综合运用特征字符串和连接方式子串，能对闭环机构拓扑胚图进行综合。

以由关联杆组 1*Q*1*T*3*P* 进行并联机构拓扑胚图综合为例，其综合过程主要分为以下三步：

第一步：确定关联杆组中基本连杆的排列方式，能够避免生成大量的同构特征字符串数组，省去后续对重复拓扑胚图和循环同构拓扑胚图的识别。

具体过程是采用第 3 章所述的选择性插入方法进行计算，再删除重复和循环同构的基本连杆排列方式，最后得到两种有效的排列方式，分别为 *PPPTQ* 和 *PPTPQ*，如表 4-13 所示。

第二步：分别确定由第一步得到的 *PPPTQ* 和 *PPTPQ* 两种不同的基本连杆排列方式下的特征字符串和连接方式子串。

这一步的关键在于，按照 4.4.1 节和 4.4.2 节的判断准则识别和删除无效及同构的特征字符串和连接方式子串。其中基本连杆排列方式 *PPPTQ* 和 *PPTPQ* 的特征字符串均各有 21 组，分别列于表 4-13 中。

第三步：由第二步已经确定的有效特征字符串和连接方式子串绘制机构的拓扑胚图。

绘制拓扑胚图，主要分为以下三步进行：

首先，绘制基圆；

然后，在基圆上按照基本连杆排列方式，按逆时针方向均匀布置关联杆组所含的 5 个基本连杆；

最后，按照特征字符串及连接方式子串所描述的基本连杆的连接方式，以曲线对基本连杆进行连接，得到拓扑胚图。

表 4-13 关联杆组 1*Q*1*T*3*P* 的拓扑胚图的特征描述

排列方式	序号	特征字符串	连接方式子串
PPPTQ	1	{32, 23, 32, 21, 13}	—
	2	{212, 23, 311, 12, 22}	{13}
	3	{311, 14, 41, 111, 13}	{14}
	4	{23, 32, 212, 21, 112}	{35}
	5	{14, 41, 122, 21, 121}	{35}
	6	{311, 113, 311, 111, 13}	{13, 24}
	7	{212, 212, 212, 21, 112}	{13, 25}
	8	{122, 221, 122, 21, 121}	{13, 25}
	9	{122, 212, 221, 12, 211}	{13, 25}
	10	{113, 32, 2111, 12, 211}	{13, 35}
	11	{212, 23, 311, 111, 112}	{14, 35}
	12	{113, 32, 221, 111, 121}	{14, 35}

续表

排列方式	序号	特征字符串	连接方式子串
PPPTQ	13	{2111，113，311，111，112}	{13，14，25}
	14	{1211，122，221，111，121}	{13，14，25}
	15	{221，1112，221，111，112}	{13，24，25}
	16	{131，1211，131，111，121}	{13，25，24}
	17	{212，212，2111，111，112}	{13，24，35}
	18	{113，311，1211，111，121}	{13，24，35}
	19	{113，311，1112，21，1111}	{13，25，35}
	20	{1112，212，2111，111，1111}	{13，14，25，35}
	21	{122，2111，1211，111，1111}	{13，24，25，35}
PPTPQ	22	{14，41，12，23，31}	—
	23	{113，32，21，113，31}	{14}
	24	{32，221，12，221，13}	{24}
	25	{23，311，12，212，22}	{24}
	26	{311，131，111，131，13}	{13，24}
	27	{212，221，111，122，22}	{13，24}
	28	{113，311，111，113，31}	{13，24}
	29	{311，122，21，1211，13}	{14，24}
	30	{212，212，21，1112，22}	{14，24}
	31	{131，122，21，131，121}	{14，25}
	32	{122，221，12，221，121}	{14，25}
	33	{122，212，21，122，211}	{14，25}
	34	{113，311，12，212，211}	{14，25}
	35	{221，1112，21，1211，112}	{14，24，25}
	36	{212，2111，12，2111，112}	{14，24，25}
	37	{212，221，111，1211，112}	{14，24，35}
	38	{113，311，111，1112，211}	{14，24，35}
	39	{2111，1211，111，1211，112}	{13，14，24，25}
	40	{1211，1211，111，1211，121}	{14，13，25，24}
	41	{1112，2111，111，1112，211}	{13，14，24，25}
	42	{122，2111，111，1211，1111}	{14，24，25，35}

按照上述步骤，很容易确定关联杆组 1*Q*1*T*3*P* 的其他的机构拓扑胚图，如图 4-6 所示，一共有 42 个。

由此可见，由于闭环机构拓扑胚图不含有二度点，对于给定的关联杆组，求出其所有有效的特征字符串及连接方式子串，就能综合出其所有有效的拓扑胚图。

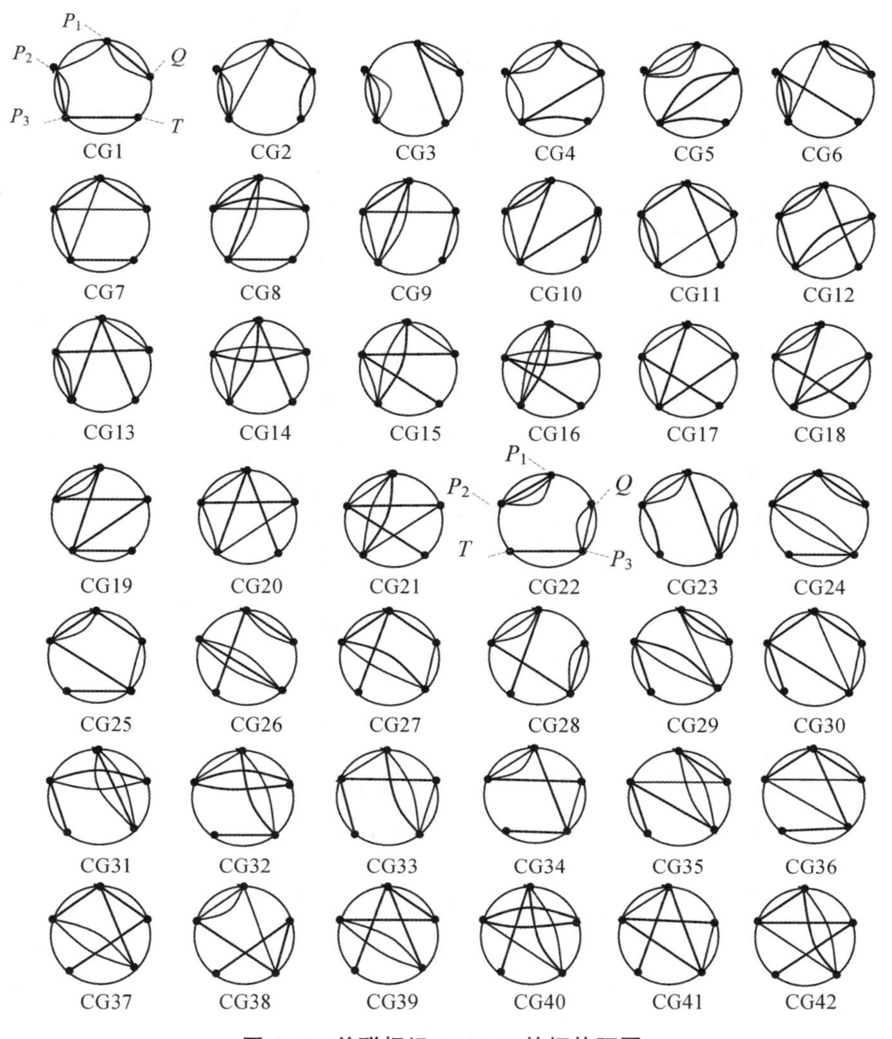

图 4-6　关联杆组 1*Q*1*T*3*P* 的拓扑胚图

4.4.4　1*Q*2*H*2*T* 的拓扑胚图的综合实例

综合表 3-2 中序号为 6.22 的关联杆组 1*Q*2*H*2*T* 的拓扑胚图，采用上述方法确定关联杆组中基本连杆的排列方式，得到 *TTHHQ*、*THTHQ*、*THHTQ* 和 *HTTHQ* 四种有效的排列方式，如表 4-14 所示。

由表 4-14 可见，关联杆组 1*Q*2*H*2*T* 在基本连杆排列方式为 *TTHHQ* 时，有效的特征字符串有 10 组；在基本连杆排列方式为 *THTHQ* 时，有效的特征字符串有 10 组；在基本连杆排列方式为 *THHTQ* 时，有效的特征字符串有 7 组；在基本连杆排列方式为 *HTTHQ* 时，有效的特征字符串有 8 组。图 4-7 所示为综合出的对应关联杆组 1*Q*2*H*2*T* 的 35 个拓扑胚图。

表 4-14 关联杆组 $1Q2H2T$ 的拓扑胚图的特征描述

排列方式	序号	特征字符串	连接方式子串
TTHHQ	1	{21, 12, 24, 42, 22}	—
	2	{111, 12, 213, 33, 31}	{13}
	3	{21, 111, 15, 51, 112}	{25}
	4	{12, 21, 114, 42, 211}	{35}
	5	{111, 111, 114, 42, 211}	{13, 25}
	6	{111, 12, 213, 312, 211}	{14, 35}
	7	{21, 111, 114, 411, 112}	{24, 35}
	8	{111, 111, 1113, 312, 211}	{13, 24, 35}
	9	{111, 111, 123, 3111, 121}	{12, 24, 35}
	10	{111, 111, 114, 411, 1111}	{14, 25, 35}
THTHQ	11	{21, 132, 21, 132, 22}	{24}
	12	{12, 222, 21, 123, 31}	{24}
	13	{21, 1131, 12, 231, 112}	{24, 25}
	14	{12, 2121, 12, 222, 211}	{24, 25}
	15	{21, 141, 111, 141, 112}	{24, 35}
	16	{12, 231, 111, 132, 211}	{24, 35}
	17	{111, 1131, 111, 132, 211}	{13, 25, 24}
	18	{111, 1221, 12, 2121, 121}	{14, 24, 25}
	19	{111, 1212, 21, 1212, 211}	{14, 24, 25}
	20	{111, 1131, 111, 1131, 1111}	{14, 25, 24, 35}
THHTQ	21	{21, 15, 51, 12, 22}	—
	22	{21, 114, 42, 21, 112}	{25}
	23	{111, 123, 312, 21, 121}	{13, 25}
	24	{111, 114, 411, 12, 211}	{13, 25}
	25	{12, 213, 312, 21, 1111}	{25, 35}
	26	{111, 114, 411, 111, 1111}	{14, 25, 35}
	27	{111, 1113, 3111, 111, 1111}	{13, 24, 25, 35}
HTTHQ	28	{231, 12, 21, 132, 22}	{14}
	29	{222, 21, 12, 222, 22}	{14}
	30	{1212, 21, 111, 123, 31}	{13, 14}
	31	{231, 111, 12, 231, 112}	{14, 25}
	32	{2121, 111, 111, 1212, 22}	{13, 14, 24}
	33	{1131, 111, 111, 132, 211}	{13, 14, 25}
	34	{231, 111, 111, 1131, 112}	{14, 24, 35}
	35	{141, 111, 111, 141, 1111}	{14, 25, 35}

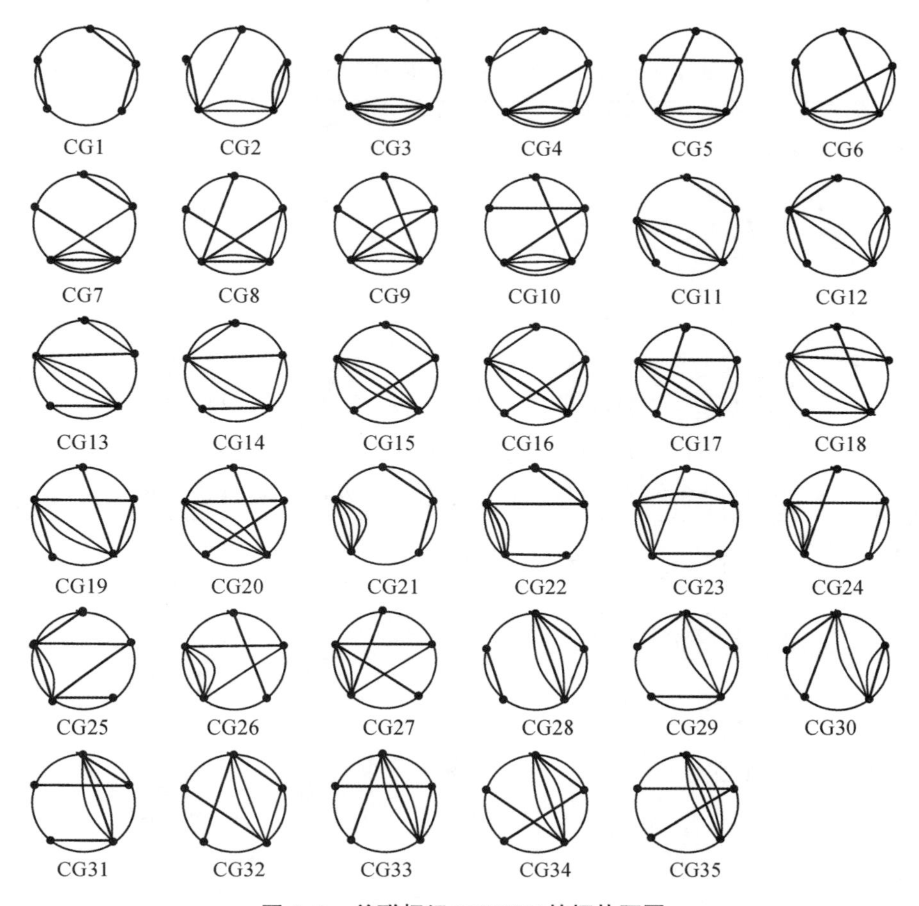

图 4-7 关联杆组 1*Q*2*H*2*T* 的拓扑胚图

4.4.5 1*Q*6*T* 的拓扑胚图的综合实例

同样的，要求导关联杆组 1*Q*6*T* 的拓扑胚图，先确定其有效的基本连杆排列方式，只有一种为 *TTTTTTQ*，再计算该排列方式下，关联杆组的特征字符串和连接方式子串，如表 4-15 所示。

由表 4-15 可见，关联杆组 1*Q*6*T* 一共有 15 组有效的特征字符串，其中对应特征字符串 {111，12，21，111，111，12，211} 和 {111，111，111，111，12，21，1111} 的连接方式子串各有 2 组，对应特征字符串 {111，111，111，111，111，12，211} 的连接方式子串有 5 组，对应特征字符串 {111，111，111，111，111，111，1111} 的连接方式子串有 10 组，其他特征字符串的连接方式子串各 1 组。

最后，由确定的特征字符串和对应的连接方式子串绘制机构拓扑胚图，一共有 30 个，如图 4-8 所示。观察发现，CG15/1*i* 旋转后和 CG15/1 镜像同构，CG15/3*i* 旋转后和 CG15/3 镜像同构，CG15/6*i* 旋转后和 CG15/6 镜像同构。则 CG15/1*i*、CG15/3*i* 和 CG15/6*i* 这 3 个拓扑胚图需要删除。所以由关联杆组 1*Q*6*T* 所综合出的有效拓扑胚图一共有 27 个。

表 4-15 关联杆组 *1Q6T* 的拓扑胚图的特征描述

排列方式	序号	特征字符串	连接方式子串	胚图个数
TTTTTTQ	1	{21，12，21，12，21，12，22}	—	1
	2	{21，111，12，21，111，12，22}	{25}	1
	3	{21，111，12，21，12，21，112}	{27}	1
	4	{12，21，111，12，21，12，211}	{37}	1
	5	{21，111，111，111，111，12，22}	{24，35}	1
	6	{111，111，111，12，21，12，211}	{13，27}	1
	7	{21，111，111，111，12，21，112}	{24，37}	1
	8	{111，111，12，21，111，12，211}	{15，27}	1
	9/1	{111，12，21，111，111，12，211}	{14，57}	2
	9/2		{15，47}	
	10	{12，21，111，111，12，21，1111}	{37，47}	1
	11/1	{111，111，111，111，111，12，211}	{13，24，57}	5
	11/2		{13，25，47}	
	11/3		{14，25，37}	
	11/4		{14，27，35}	
	11/5		{15，24，37}	
	12/1	{111，111，111，111，12，21，1111}	{13，27，47}	2
	12/2		{14，27，37}	
	13	{111，111，111，12，21，111，1111}	{16，27，37}	1
	14	{111，111，12，21，111，111，1111}	{16，27，57}	1
	15/1	{111，111，111，111，111，111，1111}	{13，26，47，57}	10
	15/2		{13，27，46，57}	
	15/3		{14，26，37，57}	
	15/4		{14，27，36，57}	
	15/5		{15，26，37，47}	
	15/6		{16，24，37，57}	
	15/7		{16，25，37，47}	
	15/1*i*		{15，27，37，46}	
	15/3*i*		{15，27，36，47}	
	15/6*i*		{16，27，35，47}	

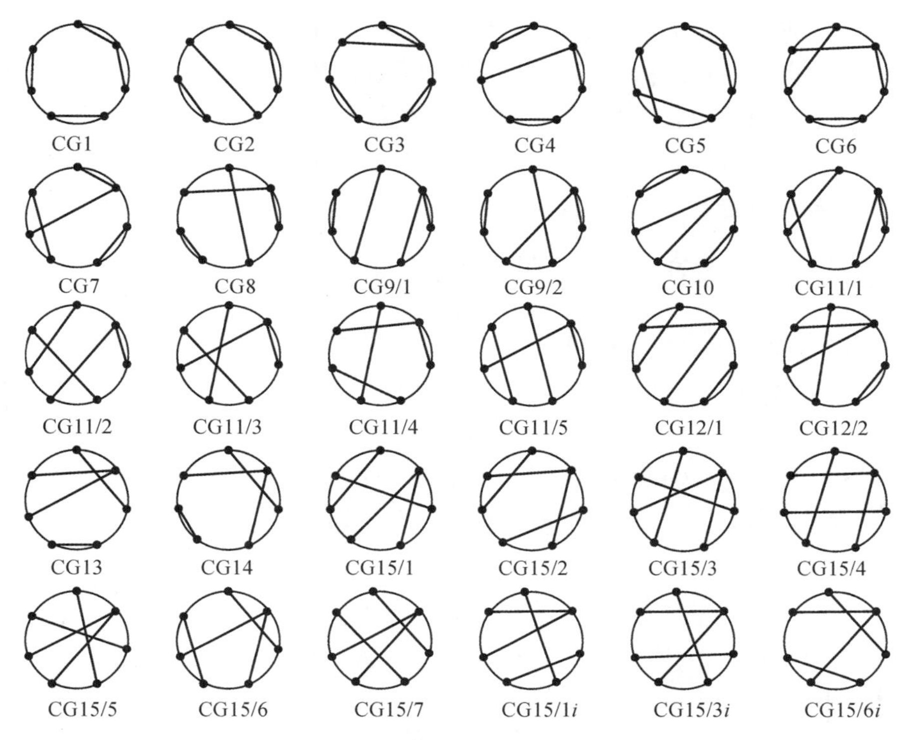

图 4-8 关联杆组 1*Q*6*T* 的拓扑胚图

4.5 拓扑胚图自动综合系统的设计

由前文可知，使用特征字符串和连接方式子串来描述机构拓扑胚图并进行闭环机构拓扑胚图综合是一种简单可行的方法。对于简单的关联杆组，所含构件数目少，对应的拓扑胚图数量少，通过数学推导确定其特征字符串和连接方式子串是可行的。但对于较复杂的关联杆组，其对应的特征字符串和连接方式子串的数目会很多，此时再用数学推导的方法确定就可能会出现遗漏或无效的特征字符串及连接方式子串。由此可见，采用编程软件，设计一个可自动计算描述闭环机构拓扑胚图特征的特征字符串和连接方式子串，并能自动绘制图型的拓扑胚图自动综合系统是十分必要的。

而在闭环机构拓扑胚图的综合过程中，图的同构判断问题是不可避免的，且一直是困扰机构学专家和学者们的难题。一般情况下，由同一组关联杆组可推导出多个不同的拓扑胚图，但这些拓扑胚图并不都是有效的，必须判别其同构关系。为了便于计算机操作，需对综合过程中的同构拓扑胚图进行深入研究，针对不同类型的同构关系进行算法推导与开发，从而在拓扑胚图综合过程中，进行同构识别与删除。

4.5.1 同构判断的前提条件

在运动链基于胚图的综合方法中，拓扑胚图的同构判断是关键环节。在进行同构判断时，有些特征通过观察法就可以判断，比如组成拓扑胚图的基本连杆的种类和数量。首先，观察需进行同构判断的拓扑胚图的顶点数量和类型是否一致，如果顶点数量和种类不同，就可以直接得出拓扑胚图不同构的结论。这就说明进行拓扑胚图同构判断的前提是，拓扑胚图是由同一组关联杆组推导出来的，图上各顶点的种类和数量相同，连接各顶点的曲线总数也一样。

4.5.2　拓扑胚图综合过程中的同构判断问题

（1）镜像同构拓扑胚图的判断

图 4-9 所示为由关联杆组 1*H*1*P*1*Q*1*T* 推导的几个拓扑胚图。显然，CG1 和 CG1*i* 是镜像同构的，CG3 和 CG3*i* 是镜像同构的。其中 CG1 的基本连杆排列方式为 *HPQT*，而 CG1*i* 的基本连杆排列方式为 *HTQP*，它们是循环同构的基本连杆排列方式，在确定基本连杆排列方式时就能够直接删除。同理，CG3*i* 也可以通过判断循环同构的基本连杆排列方式加以删除。

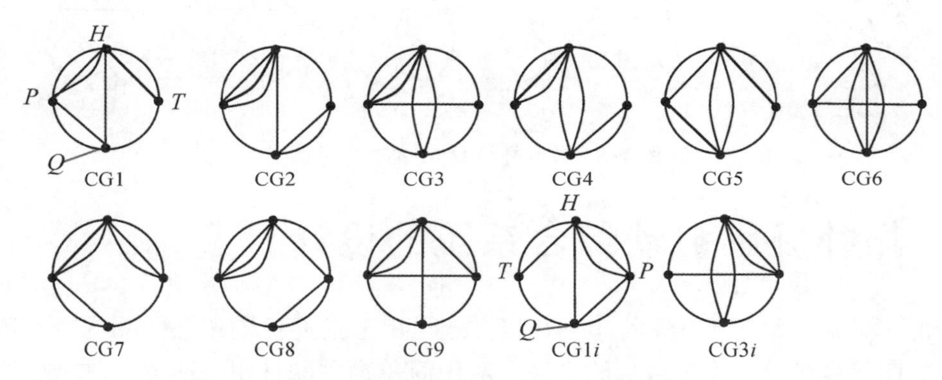

图 4-9　关联杆组 1*H*1*P*1*Q*1*T* 的拓扑胚图

此外，在由一些关联杆组推导闭环机构拓扑胚图时，同一特征字符串，不同的连接方式子串所描述的拓扑胚图也会出现镜像同构的现象。图 4-10 所示的拓扑胚图 CG1 和 CG1*i* 是由关联杆组 1*H*6*T* 在基本连杆排列方式为 *HTTTTTT* 下推导出的两个拓扑胚图，它们是镜像同构的。

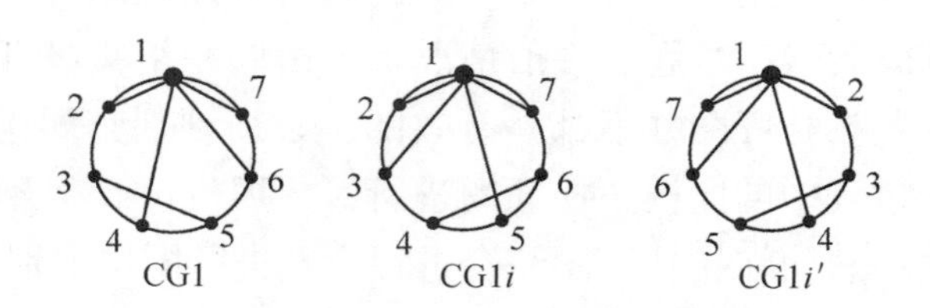

图 4-10　*HTTTTTT* 的镜像同构的拓扑胚图

按照前述的方法，按逆时针方向顺次给各个顶点编号，如图 4-10 中的 CG1 和

CG1*i* 所示，则描述它们的特征字符串均为｛2112，21，111，111，111，111，12｝，但描述它们的连接方式子串有所不同，分别为｛14，16，35｝和｛13，15，46｝。可见，在这种情况下，仅通过特征字符串和连接方式子串不能判断镜像同构的拓扑胚图。因为关联杆组 1*H*6*T* 只有一种排列方式 *HTTTTTT*，在拓扑胚图基圆上形成一个环排列，顺时针、逆时针排列都是 *HTTTTTT*。如果将 CG1*i* 中的顶点按顺时针编号，如图 4-10 中的 CG1*i'*所示，其对应的基本连杆排列方式不变，且特征字符串仍为｛2112，21，111，111，111，111，12｝，而连接方式子串变为｛14，16，35｝，如表 4-16 所示，表中列出了图 4-2 的三个拓扑胚图的特征描述。对比发现，CG1*i'*和 CG1 的特征字符串和连接方式子串完全相同。由此，可以通过改变基本连杆构件编号的编码方向，判断连接方式子串是否相同来对这类镜像同构拓扑胚图进行识别。

表 4-16　图 4-10 的拓扑胚图的特征描述

序号	特征字符串	连接方式子串
CG1	｛2112，21，111，111，111，111，12｝	｛14，16，35｝
CG1*i*	｛2112，21，111，111，111，111，12｝	｛13，15，46｝
CG1*i'*	｛2112，21，111，111，111，111，12｝	｛14，16，35｝

还有一种情况是在同一种基本连杆排列方式下，由不同的特征字符串描述的两个拓扑胚图也有可能是镜像同构的，如图 4-11 所示为 *PQPQ* 的两个镜像同构的拓扑胚图。

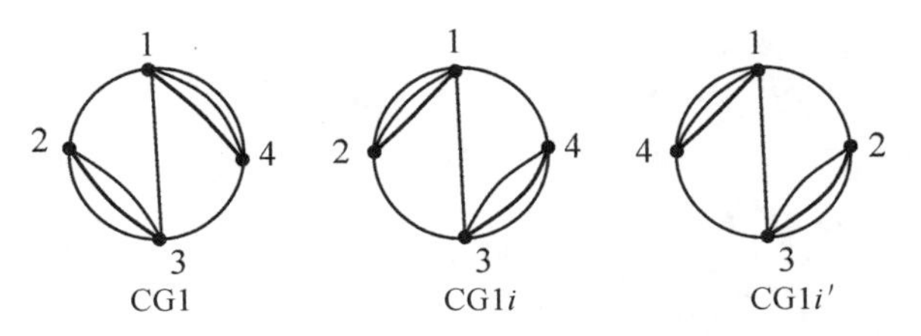

图 4-11　*PQPQ* 的镜像同构的拓扑胚图

按逆时针方向对图 4-11 拓扑胚图中的基本连杆进行编号并写出这两个拓扑胚图的特征字符串，如表 4-17 所示。显然，描述这两个拓扑胚图的连接方式子串相同，而特征字符串不同。

表 4-17　图 4-11 的拓扑胚图的特征描述

序号	特征字符串	连接方式子串
CG1	｛311，13，311，13｝	｛13｝
CG1*i*	｛113，31，113，31｝	｛13｝
CG1*i'*	｛311，13，311，13｝	｛13｝

同样，将图 4-11 中的 CG1i 的基本连杆构件编号的编码方向由逆时针变成顺时针方向，如图中的 CG1i'所示，则它的特征字符串与 CG1 的完全相同。由此，可以通过改变基本连杆构件编号的编码方向，判断特征字符串是否相同来进行这类镜像同构拓扑胚图的识别与判断。

（2）旋转同构拓扑胚图的判断

如果顺次将某一个拓扑胚图旋转（360/n）°，就能得到（n-1）个与其旋转同构的拓扑胚图。其中，n 为拓扑胚图中顶点的数目，即关联杆组中所含基本连杆的数目。

表 4-18　旋转同构的拓扑胚图及其特征描述

序号	逆时针旋转角度	拓扑胚图	特征字符串	连接方式子串
0	0°	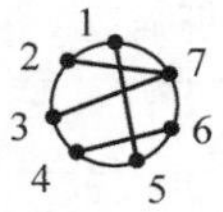	{111，111，111，111，111，111，1111}	{15，27，37，46}
1	(1/7)×360°	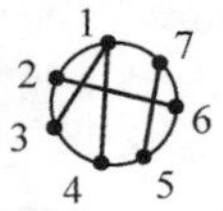	{1111,111,111,111,111,111,111}	{26,13,14,57}
2	(2/7)×360°	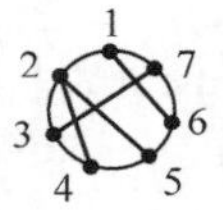	{111,1111,111,111,111,111,111}	{37,24,25,16}
3	(3/7)×360°	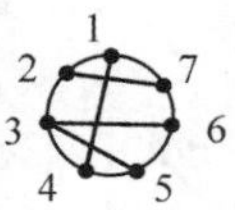	{111,111,1111,111,111,111,111}	{14,35,36,27}
4	(4/7)×360°	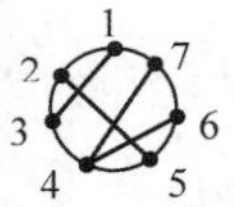	{111,111,111,1111,111,111,111}	{25,46,47,13}
5	(5/7)×360°	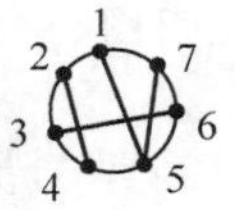	{111,111,111,111,1111,111,111}	{36,57,15,24}
6	(6/7)×360°	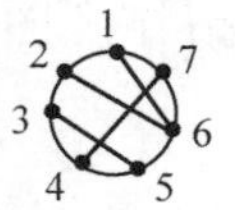	{111,111,111,111,111,1111,111}	{47,16,26,35}
7	360°	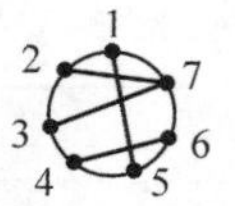	{111,111,111,111,111,111,1111}	{15,27,37,46}

表 4-18 所示为由关联杆组 1Q6T 推导出的一个拓扑胚图(序号为 0)及其旋转同构的拓扑胚图,表中同时列出了每一个拓扑胚图的特征字符串和连接方式子串。由该表

可见,关联杆组 1*Q*6*T* 共含有 7 个基本连杆,逆时针每次旋转(1/7)×360°，旋转 7 次，可以得到 7 个与之旋转同构的拓扑胚图。表中序号为 0 的拓扑胚图，基本连杆排列方式为 *TTTTTTQ*，其对应的特征字符串为 {111，111，111，111，111，111，1111}；逆时针旋转一次后，得到序号为 1 的胚图，基本连杆排列方式变为 *QTTTTTT*，相当于将原排列方式 *TTTTTTQ* 的最右侧的基本连杆 *Q* 移动到最左侧，其对应的特征字符串变为 {1111，111，111，111，111，111，111}。由此可见，在拓扑胚图旋转过程中，其基本连杆排列方式发生了循环变化，在特征字符串中各个基本连杆的连接方式字符串也对应循环变化。因为旋转同构的拓扑胚图，其基本连杆排列方式循环同构，所以，判断旋转同构拓扑胚图的最直接和最简单的方法就是判断基本连杆排列方式是否循环同构。

对比表 4-18 中 8 个拓扑胚图的连接方式子串，发现每旋转一次，连接方式子串中原来为 7 的数字变为 1，而其他的数字都加 1。这是因为将拓扑胚图逆时针旋转一次后，其基本连杆的构件编号都增加 1。比如表中序号为 0 的拓扑胚图，基本连杆排列方式为 *TTTTTTQ*，各杆的构件编号为 1、2、3、4、5、6、7，其连接方式子串为 {15，27，37，46}，表示构件编号为 1 的杆件 *T* 和编号为 5 的杆件 *T* 连接 1 条曲线，编号为 7 的杆件 *Q* 和编号为 2 和 3 的杆件 *T* 分别连接 1 条曲线，编号为 4 的杆件 *T* 和编号为 6 的杆件 *T* 连接 1 条曲线；将其逆时针旋转一次后，得到序号为 1 的拓扑胚图，基本连杆排列方式变为 *QTTTTTT*，重新对构件进行编号，则没旋转前原基本连杆排列方式的构件编号变为 2、3、4、5、6、7、1，因为各杆的连接关系不变，则其对应的连接方式子串为 {26，31，41，57}。因为连接方式子串中每个字符串只是用来描述两个不相邻杆件的连接关系，所以连接方式子串对各个字符串的前后顺序及每个字符串中两个构件编号的前后顺序没有要求，即连接方式子串 {26，31，41，57} 和表中序号为 1 的拓扑胚图的连接方式子串 {26，13，14，57} 是等价的。

由此，判断旋转同构拓扑胚图的另一个方法为：对一个拓扑胚图，构造出其所有旋转同构的胚图，然后判断是否与它相同。可以通过连接方式子串进行判断，其具体判断过程如下：顺次将连接方式子串中的每个构件编号加上 1，就相当于将原拓扑胚图逆时针旋转了 360°/*n*，其中需要注意的是，当构件编号加到 *n* 时，再加 1，就变为 1。如此，加了 *n*-1 次，就能得到其所有旋转同构的拓扑胚图。如果两个拓扑胚图连接方式子串相同，则这两个胚图必然旋转同构，比如表 4-3 的序号为 0 和 7 的两个拓扑胚图，它们的连接方式子串均为 {15，27，37，46}。这样，就将判断两个拓扑胚图是否旋转同构转化成了判断两个连接方式子串是否相同。

（3）旋转后镜像同构拓扑胚图的判断

在用特征字符串和连接方式子串进行闭环机构拓扑胚图综合时，对旋转后镜像同构的拓扑胚图不能识别。例如，在图 4-8 中，由关联杆组 1*Q*6*T* 推导的拓扑胚图中存在 CG15/1 和 CG15/1*i*、CG15/3 和 CG15/3*i*、CG15/6 和 CG15/6*i* 三组旋转后镜像同构的拓扑胚图，如图 4-12 所示，需要加以识别与删除。

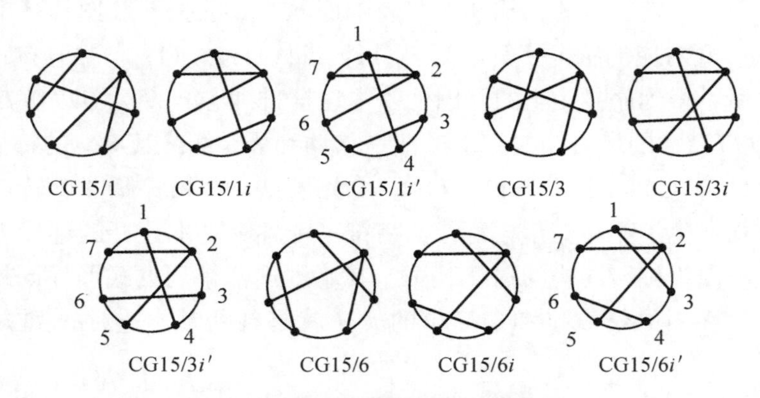

图 4-12 旋转后镜像同构的拓扑胚图

以标号为 CG15/1 和 CG15/1i 的两个同构拓扑胚图为例，说明其判断方法和具体思路。由特征字符串和连接方式子串的概念可知，按逆时针方向编号，CG15/1 和 CG15/1i 的特征字符串均为 {111，111，111，111，111，111，1111}，而连接方式子串分别为 {13，26，47，57} 和 {15，27，37，46}，列于表 4-19 中。由 4.5.2 节的分析已知，如果将一个拓扑胚图的构件编号由逆时针标注换为顺时针标注后得到的连接方式子串，若和某同一基本连杆排列方式下的拓扑胚图在逆时针标注时得到的连接方式子串相同，则这两个拓扑胚图互为镜像同构的拓扑胚图。所以，具体判断步骤如下：

第 1 步：改变 CG15/1i 的构件编号顺序。将得到的按顺时针方向进行编号的拓扑胚图记为 CG15/1i'，写出其连接方式子串，如表 4-19 所示，即为它的镜像同构的拓扑胚图的连接方式子串。

表 4-19 描述图 4-12 的拓扑胚图的特征字符串连接方式子串

序号	连接方式子串	序号	连接方式子串	序号	连接方式子串
CG15/1	{13，26，47，57}	CG15/3	{14，26，37，57}	CG15/6	{16，24，37，57}
CG15/1i	{15，27，37，46}	CG15/3i	{15，27，36，47}	CG15/6i	{16，27，35，47}
CG15/1i'	{14，26，27，35}	CG15/3i'	{14，25，27，36}	CG15/6i'	{13，25，27，46}

第 2 步：采用构造旋转同构拓扑胚图的方法，顺次将第 1 步得到的连接方式子串中的每个构件编号加上 1，得到新的连接方式子串，表 4-20 所示为构造的旋转同构拓扑胚图的连接方式子串。

表 4-20　构造的旋转同构拓扑胚图的连接方式子串

序号	旋转角度	连接方式子串	比较结果
CG15/1i'	(1/7)×360°	{25,37,13,46}	不同
	(2/7)×360°	{36,14,24,57}	不同
	(3/7)×360°	{47,25,35,16}	不同
	(4/7)×360°	{15,36,46,27}	不同
	(5/7)×360°	{26,47,57,13}	相同
CG15/3i'	(1/7)×360°	{25,36,13,47}	不同
	(2/7)×360°	{36,47,24,15}	不同
	(3/7)×360°	{47,15,35,26}	不同
	(4/7)×360°	{15,26,46,37}	不同
	(5/7)×360°	{26,37,57,14}	相同
CG15/6i'	(1/7)×360°	{24,36,13,57}	不同
	(2/7)×360°	{35,47,24,16}	不同
	(3/7)×360°	{46,15,35,27}	不同
	(4/7)×360°	{57,26,46,13}	不同
	(5/7)×360°	{16,37,57,24}	相同

第 3 步：判断第二步构造出的旋转同构拓扑胚图的连接方式子串有没有与 CG15/1 连接方式子串相同的。

显然，当构件编号顺次加了 5 次以后，所得到的连接方式子串与描述 CG15/1 的连接方式子串相同。由此，可以判断 CG15/1 和 CG15/1i 是旋转镜像同构的。同理，可以判断 CG15/3 和 CG15/3i、CG15/6 和 CG15/6i 也互为旋转后镜像同构的拓扑胚图。

(4) 其他同构拓扑胚图的判断

图 4-13 所示的 CG1 和 CG2 为由关联杆组 2Q6T 推导的两个拓扑胚图，它们均含有 8 个顶点和 13 条曲线，按前述提出的方法从胚图基圆顶点开始，沿着圆周按逆时针方向对各个顶点顺次进行编码，则描述它们的特征字符串均为 {22，211，111，111，111，111，111，12}，描述它们的连接方式子串分别为 {25，37，46} 和 {26，35，47}。

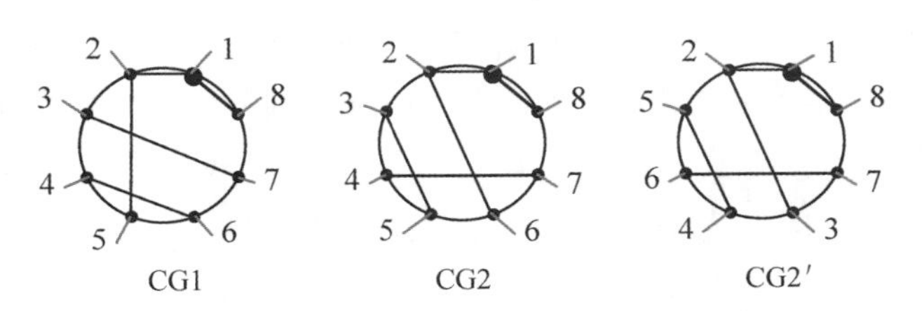

图 4-13　关联杆组 2Q6T 的两个同构的拓扑胚图

经过运算，它们不符合旋转同构、镜像同构和旋转后镜像同构拓扑胚图的规律，可以采用一种编码法来进行判断。具体判断过程如下：

（1）确定待判断的两个拓扑胚图 CGx 和 CGy（两拓扑胚图均由同一个特征字符串描述）。

（2）在拓扑胚图基圆上以开始点为起点，对各个顶点按（1，2，…，n）进行编码，如果不考虑数字的顺序，CGx 中的所有 e 对数字都能在 CGy 中找到，那么 CGx 和 CGy 互为同构关系，否则为非同构关系。

如果对 CG2 的 8 个顶点按 CG2′的方式进行编码，则可以将判断 CG1 和 CG2 是否同构，转换为判断 CG1 和 CG2′是否同构。因为 CG1 和 CG2′均包括 13 条曲线，所以它们分别包括 13 对数字，均为（2(1↔2)，2(1↔8)，2↔3，2↔5，3↔4，3↔7，4↔5，4↔6，5↔6，6↔7，7↔8），因此，得出图 4-5 中 CG1 和 CG2 互为同构关系。

由此得出一个结论：由同一个特征字符串描述的两个不同拓扑胚图 CGx 和 CGy，如果代表基本连杆的顶点全部分布在基圆的圆周上，且形成的环路内的相交曲线的形式和个数相同，就需要判别其是否同构；反之，如果不同，它们一定是非同构的。例如，图 4-14 所示的由关联杆组 6T 推导的两个拓扑胚图 CG1 和 CG2。描述它们的特征字符串为｛111，111，111，111，111，111｝，因为相交的曲线个数分别为 2 和 3，所以 CG1 和 CG2 非同构。

图 4-14　关联杆组 6T 的两个拓扑胚图

4.6　系统功能模块及界面建立

4.6.1　系统的功能模块

开发拓扑胚图自动综合系统的目的是为了能综合出给定关联杆组的所有有效的拓扑胚图。由前面章节的分析可知，生成给定关联杆组的所有有效的特征字符串及连接方式子串，是自动综合系统的核心，因为每一个拓扑胚图一定能找到一个特征字符串或一组特征字符串及连接方式子串与之对应，所以只要找出了任意关联杆组下的所有有效的特征字符串及连接方式子串，就一定能综合出该组关联杆组的所有有效的拓扑胚图。图 4-15 所示为系统的编程流程图。

根据系统设计的目的及要求，该软件系统主要由以下几个模块组成：

（1）确定关联杆组模块。该模块能自动生成给定机构复杂度范围内的关联杆组，

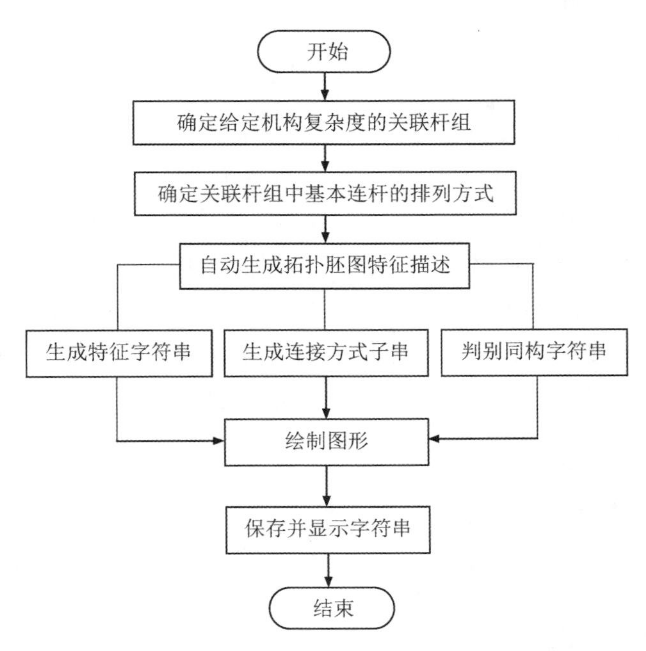

图 4-15 拓扑胚图自动综合系统设计流程图

并以表格的形式显示关联杆组中基本连杆的类型和数目；

（2）生成基本连杆排列方式模块。该模块能自动生成给定关联杆组下的各个基本连杆的有效排列方式；

（3）生成描述拓扑胚图基本特征的字符串模块。该模块能自动生成关联杆组在给定基本连杆排列方式下，所有有效的特征字符串和连接方式子串，并在列表中显示出对应的有效特征字符串；

（4）绘制闭环机构拓扑胚图的模块。在该模块中能够通过给定的特征字符串自动绘制与其对应的所有有效的机构拓扑胚图，并在绘制拓扑胚图的图框中显示描述对应拓扑胚图的特征字符串和连接方式子串。

在 4 个模块中，第 3 个模块主要分成 3 个部分来实现拓扑胚图特征描述的自动生成，即：首先，根据关联杆组中基本连杆的排列方式，生成满足特征字符串性质的有效的特征字符串，同时，删除描述同一拓扑胚图同构的特征字符串；其次，对于含有位数为三位的基本连杆连接方式字符串的特征字符串，以确定连接方式子串的条件①~⑤为依据，生成其对应的所有连接方式子串，同时由连接方式子串删除另一部分描述同一拓扑胚图的同构特征字符串及其连接方式子串；第三，删除循环同构的特征字符串及其连接方式子串；最后就可以得到给定的基本连杆排列方式下，描述所有有效拓扑胚图的特征字符串和连接方式子串。

4.6.2 系统界面的建立

由系统设计流程可知，系统需包含两个界面，一个为自动生成基本连杆组合方式的界面，即通过该界面可确定给定机构复杂度的关联杆组；另一个为系统主界面，包括自动生成和显示特征字符串、自动生成连接方式子串、自动绘制拓扑胚图并显示特征字符串和对应连接方式子串三个部分。

图 4-16 所示为关联杆组自动生成界面，该界面是由 1 个窗体、2 个文本框、1 个列表框和 3 个按钮组成的。其中，文本框 u_1 和 u_2 用来输入已知的机构复杂度系数；列表框用来显示不同复杂度系数下的关联杆组，其中包含 6 列，分别用于显示所计算求得的关联杆组的复杂度的数值及含有二元杆 B、三元杆 T、四元杆 Q、五元杆 P、六元杆 H 的数目；3 个按钮“计算并显示结果”“保存结果”和“绘制拓扑胚图”分别用于控制是否计算、显示、保存结果以及是否进入自动绘制拓扑胚图系统主界面。

输入机构复杂度系数范围

u1: 0　u2: 10

关联杆组中基本连杆数目

	u	B=F+ζ-u+	T	Q	P	H
281	9	35	14	2	0	0
282	9	35	15	0	1	0
283	9	34	16	1	0	0
284	9	33	18	0	0	0
285	10	51	0	0	0	5
286	10	50	0	0	4	2
287	10	50	0	1	2	3

计算并显示结果　保存结果　绘制拓扑胚图

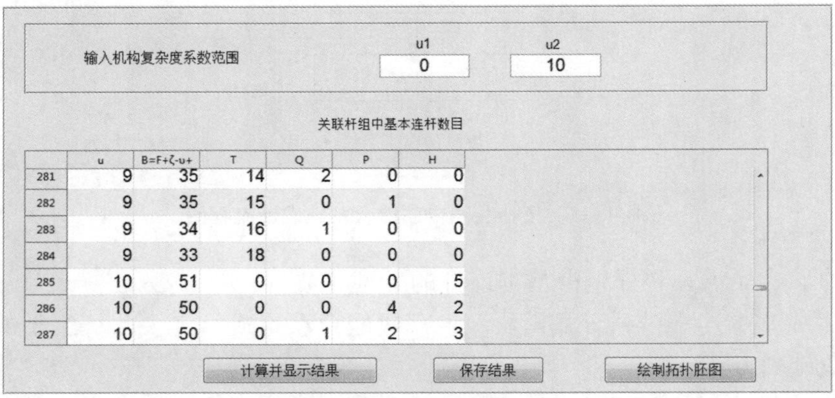

图 4-16　关联杆组自动生成界面

如果在关联杆组自动生成界面的 u_1 和 u_2 中分别输入 0 和 10，点击“计算并显示结果”按钮，列表框中就显示出机构复杂度 $u=0$，1，2，3，4，5，6，7，8，9，10 时的关联杆组，如图 4-16 所示。

点击界面中的“保存结果”按钮，可以将计算得到的结果保存为“*.txt”格式的文档。点击“绘制拓扑胚图”按钮，可以进入绘制拓扑胚图系统主界面，如图 4-17 所示。

系统主界面主要是由 4 个文本框、2 个列表框和 3 个按钮组成的。4 个文本框中只有 1 个是输入框，用来输入有效的关联杆组。在输入时，需要注意一点，关联杆组中重复的基本连杆以数字表示，比如含 2 个五元杆 P 和 2 个四元杆 Q 的关联杆组，应以“2P2Q”的形式输入，如图 4-17 所示。其他 3 个是显示文本框，可以分别显示输入关联杆组所含有的基本连杆的杆件数目、杆件类型和基本连杆排列方式的数字化表示。

主界面中 2 个列表框，一个用来显示给定关联杆组的所有有效的基本连杆排列方式，另一个用来显示关联杆组在指定基本连杆排列方式下所有有效的特征字符串。3 个按钮，分别用来控制是否执行计算基本连杆排列方式、显示特定排列方式下的有效

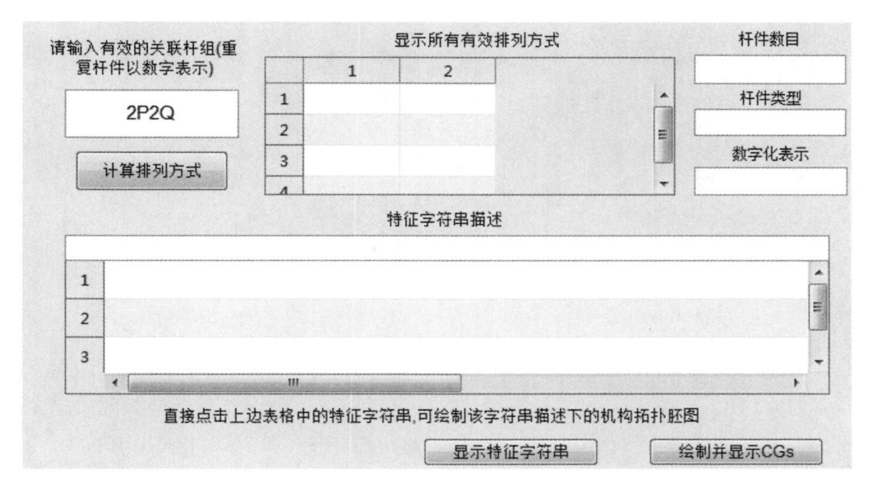

图 4-17　系统主界面

特征字符串和绘制并显示拓扑胚图的三个命令。

综合给定关联杆组下的机构拓扑胚图，首先要确定关联杆组下各基本连杆的排列方式。因为一个关联杆组，其基本连杆具有很多不同的排列方式，其中包括一些循环同构的排列方式，由它们综合出的拓扑胚图是同构的。所以这一步的主要任务是删除循环同构的排列方式，获得有效的基本连杆排列方式。

以关联杆组 1*Q*1*T*3*P* 为例，在输入文本框中输入 1*Q*1*T*3*P*，点击“计算排列方式”按钮，计算得到有效的排列方式有“*PPPTQ*”和“*PPTPQ*”两组，显示在列表框中，同时在“杆件数目”和“杆件类型”显示文本框中显示了该关联杆组所含的构件数目为 5，含有的杆件类型为 *Q*、*T* 和 *P*，若选择排列方式“*PPPTQ*”，点击“显示特征字符串”按钮，就能显示该排列方式的数字化表示为“55534”和所有有效的特征字符串。同样，如果选择排列方式“*PPTPQ*”，点击“显示特征字符串”按钮，就会显示关联杆组在该排列方式下的数字化表示为“55354”和所有有效的特征字符串。图 4-18 所示为生成关联杆组 1*Q*1*T*3*P* 的特征字符串的界面。

在主界面中，点击任一生成的特征字符串，就能自动绘制其对应的拓扑胚图。图 4-19 所示为关联杆组 1*Q*1*T*3*P* 在基本连杆排列方式为 *PPTPQ* 时，特征字符串 {14，41，12，23，31} 和 {113，32，21，113，31} 所描述的拓扑胚图。

从图 4-19 中可以看到，在自动绘制拓扑胚图界面中，每个拓扑胚图上方都显示出基本连杆排列方式和特征字符串描述。对于特征字符串中含有位数大于或等于 3 的基本连杆连接方式字符串，图中同时显示出连接方式子串，比如在自动生成特征字符串 {113，32，21，113，31} 所描述的拓扑胚图时，其图框中显示了连接方式子串为 {14}，表示连接方式字符串位数为 3 的第一个基本连杆 *P* 和第四个基本连杆 *P* 的中间位的连接关系。

由图 4-19 可见，在自动绘制拓扑胚图的界面里，各个基本连杆按照排列方式的

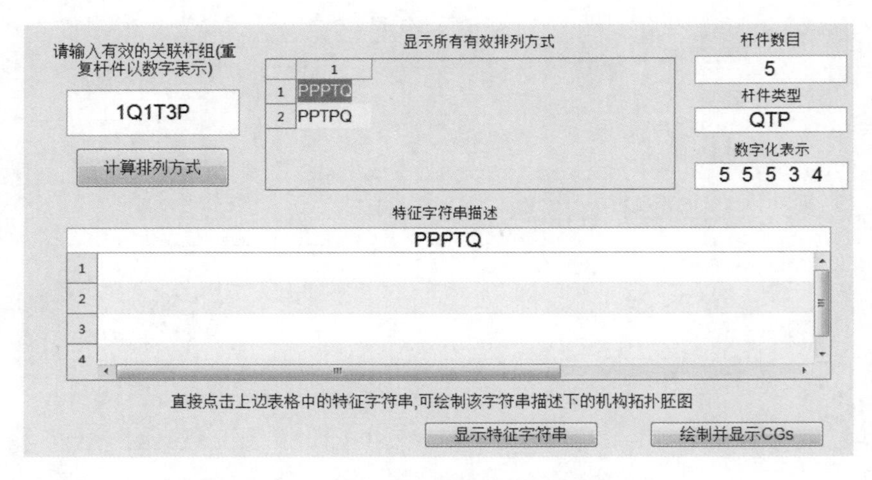

图 4-18　生成 1*Q*1*T*3*P* 的特征字符串的界面

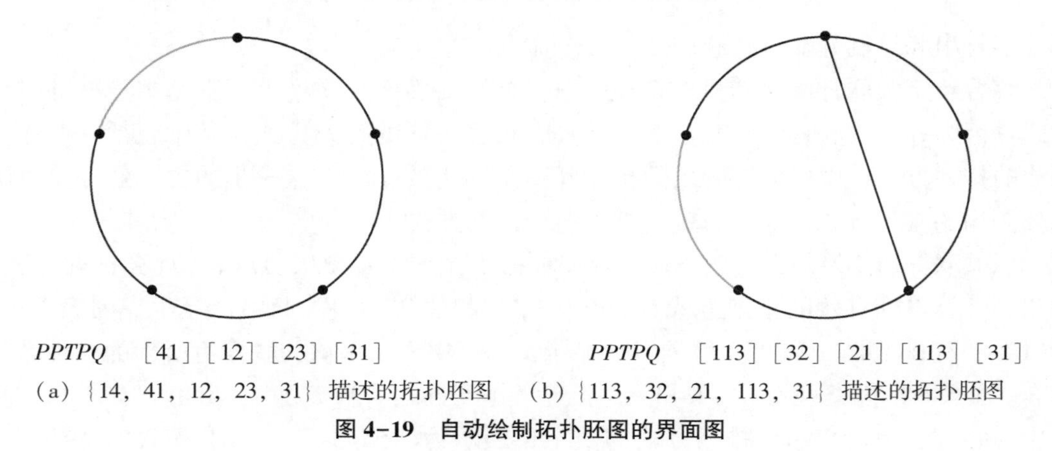

PPTPQ　［41］［12］［23］［31］

（a）｛14，41，12，23，31｝描述的拓扑胚图

PPTPQ　［113］［32］［21］［113］［31］

（b）｛113，32，21，113，31｝描述的拓扑胚图

图 4-19　自动绘制拓扑胚图的界面图

顺序按逆时针的方向均布在基圆上，为了便于计算机操作，两个基本连杆间所连接曲线的数目用不同的颜色来区分，其中，黑色曲线代表连接 1 条曲线，红色曲线代表连接 2 条曲线，蓝色曲线代表连接 3 条曲线，绿色曲线代表连接 4 条曲线，黄色曲线代表连接 5 条曲线。

4.7　系统后台程序设计及实现过程

4.7.1　自动生成关联杆组的程序设计

含冗余约束及被动自由度的闭环机构具有工作空间大、刚度高、结构简单和运动解耦等优点，这类机构的研究一直受到广大专家和学者的关注。迄今为止，机构学专家们已经创造出很多含有冗余约束和被动自由度的闭环机构。在这类闭环机构的研究中，冗余约束、自由度及它们与闭环机构基本连杆的关系，即关联杆组问题的研究是进行该类闭环机构研究所需要解决的首要问题。

由第 3 章已知，采用计算机编程的方法，通过嵌套循环，可以计算得到给定复杂度系数的含冗余约束及被动自由度闭环机构的关联杆组。改变程序中的循环变量 u 的数值，就可以求得不同复杂度系数下，更多的闭环机构关联杆组。该方法可视化程度高，计算准确，且计算效率高。用户可根据机构设计要求，选出不同的关联杆组，进行并联机构综合。

4.7.2　自动生成基本连杆排列方式的程序设计

由闭环机构拓扑胚图的结构特点可知，关联杆组中基本连杆的排列方式描述了各个基本连杆在拓扑胚图基圆上的位置及分布方式。如果在绘制机构拓扑胚图之前，就确定好基本连杆在基圆上的具体位置，可以减轻在图型中进行同构拓扑胚图判断的工作量。

第 3 章提出了生成基本连杆排列方式的方法，即选择性插入法。附录 3 所示为选择性插入法生成基本连杆排列方式的程序流程图。它与全排列方法相比，可以节省时间。但经过前面的实例分析已知，通过选择性插入法还有一部分循环同构的基本连杆排列方式是不能删除的，需要进行分析，通过设计算法加以删除。

例如，*QTPPP* 和 *TPPPQ* 是关联杆组 1*Q*1*T*3*P* 的两种基本连杆排列方式，共含有 5 个基本连杆形成一个环排列，如果不改变其他基本连杆排列次序，将 *QTPPP* 的最左侧的基本连杆 *Q* 移到最右侧，就变成了 *TPPPQ*。在不改变相邻基本连杆排列次序的前提下，顺次从最左侧向最右侧移动一个或几个基本连杆后得到新的基本连杆排列方式，称为正向循环同构的排列方式。选择性插入法的优势在于计算基本连杆排列方式时，能够删除正向循环同构的排列方式。

运行选择性插入法程序计算关联杆组 1*Q*1*T*3*P* 的基本连杆排列方式，结果有 8 种，如表 4－21 所示。分别是 *PPPTQ*、*PPTPQ*、*PPTPQ*、*PTPPQ*、*PPTPQ*、*PTPPQ*、*PTPPQ* 和 *TPPPQ*，存于元胞数组 *strArrayNoLoop* 中。

表 4-21　关联杆组 1*Q*1*T*3*P* 的排列方式

结果	排列方式	组数
选择性插入法	*PPPTQ*、*PPTPQ*、*PPTPQ*、*PTPPQ*、*PPTPQ*、*PTPPQ*、*PTPPQ*、*TPPPQ*	8
有效排列	*PPPTQ*、*PPTPQ*	2

观察发现，排列方式 *PPTPQ* 有 3 个，*PTPPQ* 有 3 个，由这种相同的排列方式绘制的拓扑胚图必然相同，在进行拓扑胚图综合时需要进行删除。

比较 *PTPPQ* 和 *PPTPQ*，可以发现，如果将 *PTPPQ* 从右往左排列就是 *QPPTP*，如果将 *QPPTP* 最左侧的基本连杆 *Q* 移到最右侧，就变成了 *PPTPQ*。我们认为 *PTPPQ* 和

PPTPQ 这样的排列方式是逆向循环同构的。同理，排列方式 *TPPPQ* 和 *PPPTQ* 也是逆向循环同构的。因为由重复及逆向循环的基本连杆排列方式绘制的拓扑胚图是旋转同构的，所以需要在计算基本连杆排列方式时进行删除，减轻后续同构拓扑胚图的识别工作。

由此可见，尽管通过选择性插入法能删除一些同构的基本连杆排列方式，避免后续产生大量同构的拓扑胚图。但是还有一部分重复和逆向循环同构的基本连杆排列方式是不能删除的。因此，所设计的自动生成基本连杆排列方式的程序，主要由三个子程序组成：一个是选择性插入法子程序，流程图如附录 3 所示；另一个是判别逆向循环同构排列方式的子程序，流程图如图 4-20 所示；第三个是判别重复排列方式的子程序，见附录 4 中 isLoopEqual 子函数。同时，附录 4 中 isFlipLoopEqual 函数为判断逆向循环排列的子函数。

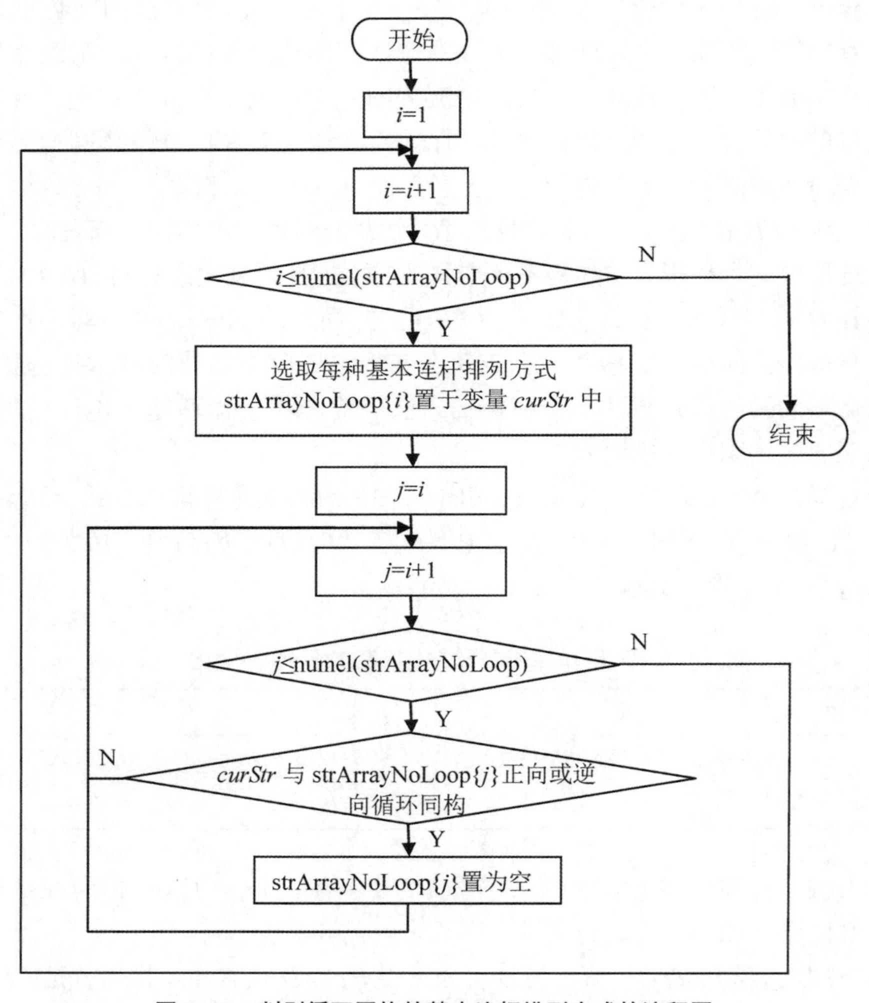

图 4-20　判别循环同构的基本连杆排列方式的流程图

通过选择性插入法求解出关联杆组 $1Q1T3P$ 的基本连杆排列方式有 8 种，再运行判别重复及逆向循环同构的子程序，最后得到两种有效的基本连杆排列方式 *PPPTQ* 和 *PPTPQ*。

4.7.3 自动生成有效特征字符串的程序设计

在进行拓扑胚图综合前，先确定关联杆组中基本连杆的排列方式，删除同构的排列方式，可以避免后续生成大量的相同及同构的拓扑胚图。但是在闭环机构拓扑胚图综合过程中，还有很大一部分同构的拓扑胚图仅通过基本连杆的排列方式是不能被识别的。依据前文的理论分析已知，通过特征字符串和连接方式子串可以有效地确定闭环机构的拓扑胚图，识别同构及无效的胚图。

根据前文关于特征字符串的特性分析及确定方法的研究，对于给定的基本连杆排列方式，求解其相应的特征字符串，需要分为以下几个步骤进行。首先，求出关联杆组中所含有的不同杆件元数的基本连杆的连接方式字符串，并按照字符串的位数进行分组；其次，为了减少运算量，需要根据当前的基本连杆排列方式，生成有效的特征字符串位数分布方式，并在此基础上，采用树形结构，依次选择符合位数分布方式的基本连杆连接方式字符串，生成特征字符串。图 4-21 所示为生成有效特征字符串的程序流程图。

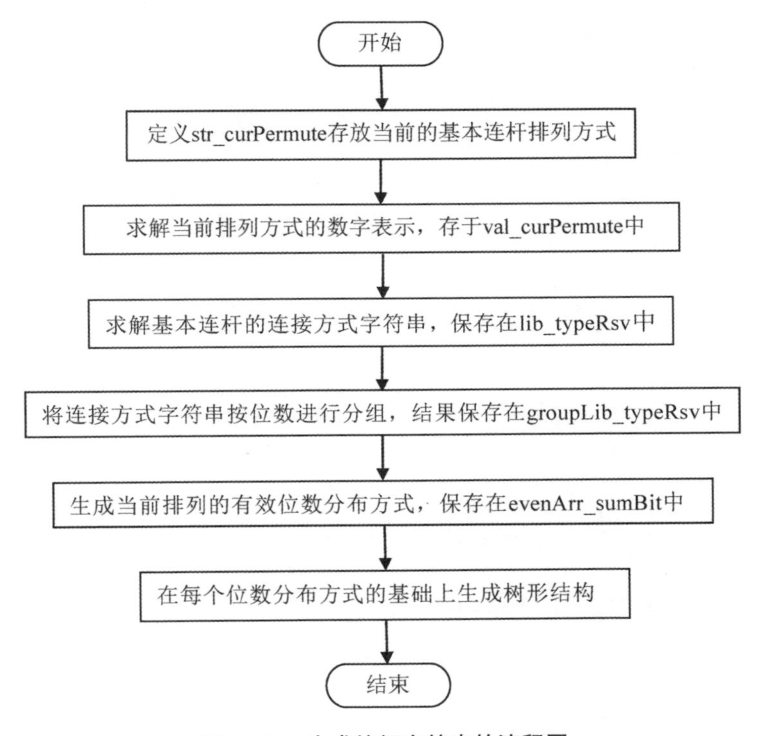

图 4-21 生成特征字符串的流程图

由流程图可见，要自动生成特征字符串，需要由以下几个子程序来实现。

4.7.3.1 用杆件元数表示基本连杆排列方式的子程序

该子程序的功能主要是根据给定的杆件符号，得到这个或这些符号所代表的基本连杆的元数，即为数字表示，并将结果存于数组 value_bar 中，图 4-22 所示为实现该程序的流程图。在主函数中，通过语句 val_curPermute = valueTable_barType(type_bar) 调用该子程序。比如，求解排列方式 *PPPTQ* 的数字表示，其过程是先定义 type_bar = [*P P P T Q*]，调用程序得到结果 val_curPermute = [5 5 5 3 4]。

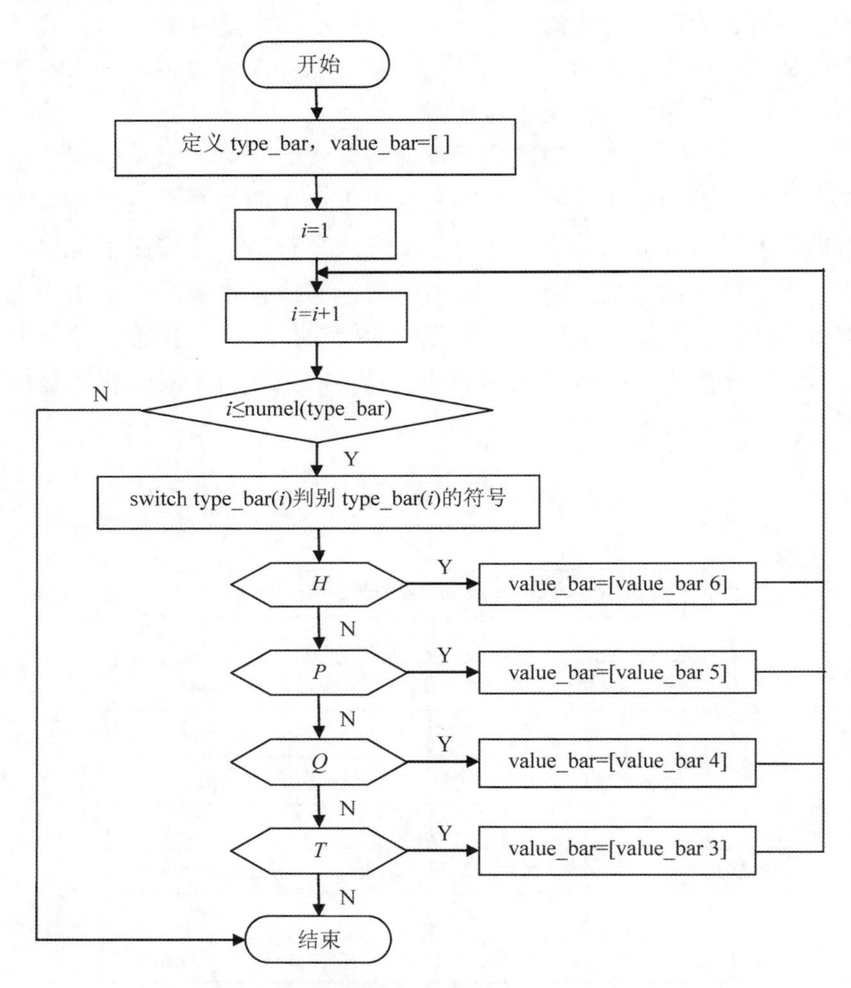

图 4-22 求基本连杆排列的数字表示的程序流程图

4.7.3.2 求解基本连杆连接方式字符串的子程序

对于基本连杆连接方式字符串的求解，采用的是递归思路，设计了一个名为 *fun_resolve. m* 的子程序。该子程序的作用主要是将指定的数字分解为各位数字之和为此值的字串。假定基本连杆杆元数为 n，记为 n 元杆，则其所有可能的连接方式记为集合

$P(n)$。当 $n=0$ 时，集合称为空，即 $P(0)=[\ ]$；当 $n>0$ 时，可记成 $i+P(n-i)$，其中 $i=1\sim n$。这里的“+”，并不是数学运算中的加法符号，在这里定义为数组或字符串的拼接。举个例子：计算三元杆 T 的连接方式字符串，即 $n=3$。根据提出的算法，分以下几步计算：

第一步：先计算 $P(1)$。因为 $P(0)=[\ ]$，则 $P(1)=1+P(0)=[1]$。

第二步：再计算 $P(2)$。当 $i=1$ 时，$P(2)=1+P(1)=[1\ 1]$，当 $i=2$ 时，$P(2)=2+P(0)=[2]$。

第三步：计算 $P(3)$。方法同上，则 $P(3)=1+P(2)=[1\ 1\ 1]$和$[1\ 2]$，$P(3)=2+P(1)=[2\ 1]$，$P(3)=3+P(0)=[3]$。

所以，三元杆 T 的连接方式字符串有 {1 1 1}、{1 2}、{2 1} 和 {3} 四种，与 3.4.1 节中表 4-5 的结果一致。在主函数中，定义一个一维的元胞数组 lib_typeRsv，调用程序 lib_typeRsv {value_bar} = fun_resolve (value_bar)，则第 i_type 个元素存放 i_ type 元杆的所有连接方式字符串（lib_typeRsv {i_type} 本身也是一个元胞数组，每个元素都是一个一维的矩阵，代表一个连接方式字符串）。比如，lib_typeRsv {3} 存放的是三元杆 T 的所有连接方式字符串 {1 1 1}、{1 2}、{2 1} 和 {3}。

4.7.3.3 将基本连杆连接方式字符串按位数分组的子程序

因为基本连杆连接方式字符串的位数表示其与其他基本连杆所能进行连接的杆件个数。所以，需要将之前求得的基本连杆连接方式字符串按照位数进行分组，并且只保留位数小于基本连杆数的分解结果，并将结果保存在一个二维元胞数组 *groupLib_typeRsv* 中。仍以关联杆组 *1Q1T3P* 为例，所含基本连杆数目为 5，且共含有 3 种类型的基本连杆，分别为 T、Q 和 P。则 *num_bar* = 5，max_bit(3) = 3，max_bit(4) = 4，max_bit(5) = 4，分别表示三种杆件的连接方式字符串的最大位数为 3、4 和 4。运行程序，得到结果如表 4-22 所示。

表 4-22　*1Q1T3P* 中基本连杆连接方式字符串的分组结果

位数	T	组数	Q	组数	P	组数
一位	{3}	1	{4}	1	{5}	1
二位	{12}、{21}	2	{13}、{31}、{22}	3	{14}、{41}、{23}、{32}	4
三位	{111}	1	{112}、{121}、{211}	3	{113}、{131}、{311}、{122}、{212}、{221}	6
四位			{1111}	1	{1112}、{1211}、{2111}	3

附录 5 为将基本连杆连接方式字符串按位数进行分组的程序流程图。由流程图可见，程序开始定义了一个变量 *num_bar*，用于存放待计算关联杆组所含基本连杆的数目；同时，定义了一个一维数组 max_bit，其第 *i_type* 元素是 *i_type* 元杆的连接方式字

符串进行位数分组整理之后的最大位数。

由4.3.1节特征字符串的性质（7）可知，特征字符串中每个基本连杆的连接方式字符串的位数最大为 num_bar-1，又因为每个基本连杆的连接方式字符串的位数最大只能与其杆件元数 i_type 相等。所以，每个基本连杆连接方式字符串的最大位数为 num_bar-1 和 i_type 两值中的较小值。

4.7.3.4 生成基本连杆连接方式字符串的位数分布方式子程序

因为描述机构拓扑胚图的每一个特征字符串都是由对应关联杆组的 n 个构件的 n 个基本连杆连接方式字符串组成的，由前文对特征字符串相关特性的理论分析已知，为了保证所推导出的胚图的有效性，组成特征字符串的各个基本连杆连接方式字符串是有位数要求的。换句话说，对于给定的基本连杆排列方式，要自动生成其有效的特征字符串，需要先确定其所含有的各个基本连杆连接方式字符串的位数分布方式，然后再在基本连杆连接方式字符串中选择符合位数要求的字符串，生成特征字符串。

根据特征字符串的相关特性已知，需要满足的位数要求如下：

（1）特征字符串所含的 n 个字符串的位数之和一定是偶数，即为2的倍数。

（2）当关联杆组中基本连杆数 n 等于2时，基本连杆连接方式字符串的位数一定为一位。

（3）当关联杆组中基本连杆数 n 大于2时，为了保证所绘制的拓扑胚图的封闭性，其所含基本连杆连接方式字符串的位数最小为两位，最大不能超过关联杆组中基本连杆的数目 n。

为了满足条件（1），首先需要求解关联杆组中每个基本连杆从最大位数之和到最小位数之和的偶数序列。由此，设计了一个子程序，该子程序的功能是生成当前基本连杆排列方式下各基本连杆连接方式字符串的最大、最小允许位数，并计算出总位数之和的偶数序列，保存在 evenArr_sumBit 中，附录6所示为该子程序的流程图。程序中定义了1个变量 num_bar，两个数组 maxBit_curPermute 和 minBit_curPermute，分别用于存储待计算的关联杆组所含基本连杆的数目 n，当前基本连杆排列方式下各杆的最大位数以及各杆的最小位数。

以计算关联杆组 $1Q1T3P$ 在基本连杆排列方式 $PPPTQ$ 下的有效位数分布方式为例，调用该子程序，则该排列方式下各基本连杆连接方式字符串的最大允许位数 maxBit_curPermute =［4 4 4 3 4］，最小允许位数 minBit_curPermute =［2 2 2 2 2］，总位数之和的偶数序列 evenArr_sumBit =［10 12 14 16 18］。

然后，需要在求得的偶数序列的基础上，当前基本连杆排列方式下各个基本连杆连接方式字符串在不同总位数时，生成有效的位数分布方式。从而设计了一个名为 fun_resolveM2N 的子程序，这个子程序的作用是将指定的数字 M 分解为 N 个数字（也就是基本连杆数），这 N 个数字之和正好为 M，并且每个数字都在指定的范围之内。

其编程思路主要采用递归算法，即把一个值为 M 的数分解为 N 个数之和，它的分解字串记为 $P(M, N)$。

规定 $P(M,\ 1)=\begin{cases}\{\ \},\ \text{当 } M>\text{num\_max}(1)\text{ 或 } M<\text{num\_min}(1)\text{ 时},\\ \{M\},\ \text{当 num\_min}(1)<M<\text{num\_max}(1)\text{ 时},\end{cases}$ 那么 $P(M,\ N)=[P(M-i,\ N-1)\ i]$，其中 $i=\text{num\_min}(N):\text{num\_max}(N)$，即 i 取从 num_min(N) 到 num_max(N) 所有整数值时，分别对应的 $[P(M-i,\ N-1)\ i]$ 所组成的整个集合就是 $P(M,\ N)$。

这里，num_min 是一个数组，为各基本连杆连接方式字符串的最小允许位数，num_max 也是一个数组，为各基本连杆连接方式字符串的最大允许位数，其中，num_min(N) 和 num_max(N) 分别表示数组 num_min 和 num_max 第 N 个元素的值。

在 $P(M,\ N)=[P(M-i,\ N-1)\ i]$ 这个式子中，N 就是一个定值，那么 num_min(N)、num_max(N) 就确定了。假如 num_min(N)= 2，num_max(N)= 4，那么 i 只能取值为 2、3、4，所以 $P(M,\ N)=[P(M-2,\ N-1)2;\ P(M-3,\ N-1)3;\ P(M-4,\ N-1)4]$。

在前文计算出的 *PPPTQ* 总位数之和的偶数序列及各基本连杆连接方式字符串的最大、最小允许位数基础上，调用该子程序，得出当前排列下各个基本连杆连接方式字符串在不同总位数时，有效的位数分布方式，如表 4-23 所示。

表 4-23 *PPPTQ* 中各基本连杆连接方式字符串的位数分布方式

总位数	各基本连杆连接方式字符串的位数分布方式	个数
10	[2 2 2 2 2]	1
12	[4 2 2 2 2]、[3 3 2 2 2]、[2 4 2 2 2]、[3 2 3 2 2]、[2 3 3 2 2]、[2 2 4 2 2]、[3 2 2 3 2]、[2 3 2 3 2]、[2 2 3 3 2]、[3 2 2 2 3]、[2 3 2 2 3]、[2 2 3 2 3]、[2 2 2 3 3]、[2 2 2 2 4]	14
14	[4 4 2 2 2]、[4 3 3 2 2]、[3 4 3 2 2]、[4 2 4 2 2]、[3 3 4 2 2]、[2 4 4 2 2]、[4 3 2 3 2]、[3 4 2 3 2]、[4 2 3 3 2]、[3 3 3 3 2]、[2 4 3 3 2]、[3 2 4 3 2]、[2 3 4 3 2]、[4 3 2 2 3]、[3 4 2 2 3]、[4 2 3 2 3]、[3 3 3 2 3]、[2 4 3 2 3]、[3 2 4 2 3]、[2 3 4 2 3]、[4 2 2 3 3]、[3 3 2 3 3]、[2 4 2 3 3]、[3 2 3 3 3]、[2 3 3 3 3]、[2 2 4 3 3]、[4 2 2 2 4]、[3 3 2 2 4]、	28
14	[2 4 2 2 4]、[3 2 3 2 4]、[2 3 3 2 4]、[2 2 4 2 4]、[3 2 2 3 4]、[2 3 2 3 4]、[2 2 3 3 4]	7
16	[4 4 4 2 2]、[4 4 3 3 2]、[4 3 4 3 2]、[3 4 4 3 2]、[4 4 3 2 3]、[4 3 4 2 3]、[3 4 4 2 3]、[4 4 2 3 3]、[4 3 3 3 3]、[3 4 3 3 3]、[4 2 4 3 3]、[3 3 4 3 3]、[2 4 4 3 3]、[4 4 2 2 4]、[4 3 3 2 4]、[3 4 3 2 4]、[4 2 4 2 4]、[3 3 4 2 4]、[2 4 4 2 4]、[4 3 2 3 4]、[3 4 2 3 4]、[4 2 3 3 4]、[3 3 3 3 4]、[2 4 3 3 4]、[3 2 4 3 4]、[2 3 4 3 4]	26
18	[4 4 4 3 3]、[4 4 4 2 4]、[4 4 3 3 4]、[4 3 4 3 4]、[3 4 4 3 4]	5

最后，自动生成给定基本连杆排列方式下的所有有效的特征字符串。基本思路是在每一种位数分布方式的基础上生成树形结构，具体过程在第 3 章中已进行了详细介绍。在生成树形结构的过程中，重点需要进行以下三种情况的判别，以保证所生成特

征字符串的有效性，它们分别是：

（1）校验所生成特征字符串中各基本连杆连接方式字符串能否互相衔接以及首尾衔接，即前一个基本连杆连接方式字符串的最后一个数字是否等于当前基本连杆连接方式字符串的第一个数字，并且最后一个基本连杆连接方式字符串的最后一个数字是否跟第一个基本连杆连接方式字符串的第一个数字相同。

（2）校验所生成特征字符串中各基本连杆连接方式字符串中相同数值之和是否为偶数。

（3）检查是否跟之前的结果是镜像同构数组，即采用前面所提到的方法，通过改变基本连杆构件编号的编码方向，重新生成特征字符串进行镜像同构拓扑胚图的识别与判断。

4.7.4 自动生成连接方式子串的程序设计

连接方式子串概念的提出主要是用来描述拓扑胚图中两个不相邻顶点的相互连接关系，与特征字符串一样，它是闭环机构拓扑胚图特征描述的另一个重要组成部分。

要设计自动生成连接方式子串的程序，其过程相对复杂，具体分以下几个步骤进行：

第一步：去除每个基本连杆连接方式字符串的首尾数字后，将剩余的数字组成新的字符串，存于一个元胞数组中；

第二步：对于去除首尾数字后的新的字符串，生成其各位数字所有可能的连接方式，即确定字符串中不相邻的数字两两之间相互连接的所有可能情况；

第三步：检查所有可能的连接方式中，是否存在有效的连接方式，即相互连接的数字必须相等，且所属的杆件位数至少间隔 1 位；

第四步：检查所有可能的连接方式中，是否存在重复的相连杆号，如果有，需要删除，依据就是第 4 章 4.4.2 节的条件⑤，如果一种连接方式中有两组相连杆号是重复出现的，表示该连接方式无效，因为必然存在另一组连接方式子串和它描述的拓扑胚图是相同的；

第五步：排除重复的连接方式子串，方法是通过编写子程序，检测给定的连接方式子串是否在已有的连接方式子串库中存在；

第六步：排除描述旋转同构与旋转后镜像同构拓扑胚图的连接方式子串，其编程准则如第 4.5.2 节所述。

4.7.5 闭环机构拓扑胚图的绘图程序设计

设计绘图程序的目的主要是根据自动生成的拓扑胚图的特征描述（即特征字符串和连接方式子串）与拓扑胚图的关系，自动绘制运动链的拓扑胚图。用到的函数主要有 circle 和 plot 函数。因为闭环机构拓扑胚图是由一个基圆和均布在其上的以不同方式连接的点组成的，由于各个点所代表的杆件元数不同，则所连接的曲线数目会不同，为了便于计算机绘图，提出多色拓扑胚图的概念，即用不同颜色的直线来表示不同数目的连接曲线，并存储在表示连接线型的变量中。

该程序的设计思路为：先绘制一个基圆，再根据关联杆组所含基本连杆的数目确定各点的位置，然后根据特征字符串对应的连接线型沿基圆圆弧连接相邻的各个点，最后根据连接方式子串所描述的连接关系及其对应的连接线型以直线的方式连接相关联的各个点。

以绘制由特征字符串｛131，1211，131，111，121｝和连接方式子串｛13，25，24｝所描述的关联杆组 1*Q*1*T*3*P* 的拓扑胚图为例，显然其基本连杆排列方式为 *PPPTQ*。绘制拓扑胚图的具体过程主要分为以下几步：

第一步：绘制一个以坐标（0，0）为圆心，半径为 100 的基圆。

第二步：计算各顶点的坐标，将其均布在基圆上，且将基圆与 y 轴的交点作为排列方式的起始点，其他点沿基圆逆时针方向排列。

显然，关联杆组 1*Q*1*T*3*P* 含有 5 个基本连杆，在排列方式 *PPPTQ* 下，基圆上的起始点为 *P*，沿基圆圆弧按逆时针方向每间隔 72°分别为代表 *P*、*P*、*T* 和 *Q* 的顶点。

第三步：根据特征字符串及其对应的连接线型沿基圆圆弧连接相邻的各个顶点。

因为特征字符串为｛131，1211，131，111，121｝，其所含有的 5 个基本连杆 *P*、*P*、*P*、*T* 和 *Q* 的连接方式字符串分别为｛131｝、｛1211｝、｛131｝、｛111｝和｛121｝，相邻各个顶点所对应的连接线型都是 1 条曲线，即用黑色线型表示。

第四步：根据连接方式子串所描述的连接关系及其对应的连接线型以直线的方式连接需相互连接的各个顶点。其连接方式子串为｛13，25，24｝，且连接标号 1 和 3 的顶点所对应的连接线型是 3 条曲线，即用蓝色线型表示；连接标号 2 和 5 的顶点所对应的连接线型是 2 条曲线，即用红色线型表示；连接标号 2 和 4 的顶点所对应的连接线型是 1 条曲线，即用黑色线型表示。

第五步：显示所绘制的拓扑胚图的基本特征描述，包括对应的基本连杆排列方式，特征字符串描述和相应的连接方式子串。图 4-23 所示为程序自动绘制的拓扑胚图及其界面显示。

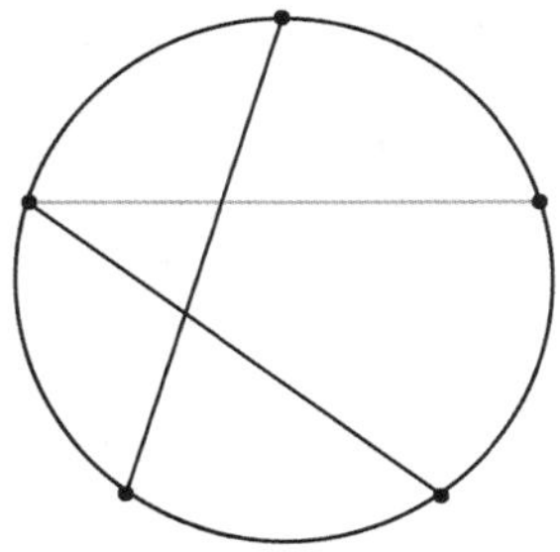

PPPTQ　[131] [1211] [131] [111] [121]
连接方式 1/1: [13] [25] [24]

图 4-23　自动绘制拓扑胚图的界面显示

在拓扑胚图显示界面中，有 4 个信息显示在所绘制的拓扑胚图下方，分别为：

（1）基本连杆排列方式，如图 4-23 所示的 *PPPTQ*。

（2）拓扑胚图的特征字符串描述，如图 4-23 所示的［131］［121］［131］［111］［121］。

（3）同一特征字符串描述下不相邻杆件的连接方式（即不同拓扑胚图）的编号。

比如，在特征字符串［131］［121］［131］［111］［121］描述下，不相邻杆件间只有一种连接方式，所以编号为“1/1”；若存在两种，则编号分别为“*i*/2”，*i* = 1，2。其他情况依次类推。

（4）拓扑胚图的连接方式子串描述，如图 4-23 所示，该拓扑胚图的连接方式子串为［13］［25］［24］。

如果一个特征字符串不含有位数大于 3 位的基本连杆连接方式字符串，则由其所描述的拓扑胚图不相邻杆件相互之间是不连接的，就不存在连接方式子串，同时，所绘制的胚图只有一个，界面中不显示编号和连接方式子串。

4.8　拓扑胚图自动综合系统的应用实例

4.8.1　自动综合关联杆组 1*Q*6*T* 的拓扑胚图

运行自动综合系统对关联杆组 1*Q*6*T* 的有效拓扑胚图进行综合，因为关联杆组 1*Q*6*T* 含有 6 个相同的基本连杆 *T*，其所有的基本连杆排列方式都是 *TTTTTTQ* 的循环同构排列方式。所以，关联杆组 1*Q*6*T* 只有一种有效的基本连杆排列方式，即 *TTTTTTQ*。由其综合出的相异且非同构的拓扑胚图共 27 个，如图 4-24 所示。

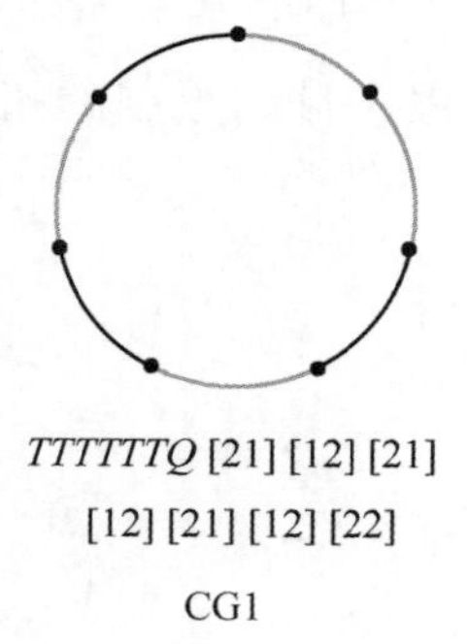

TTTTTTQ [21] [12] [21] [12] [21] [12] [22]

CG1

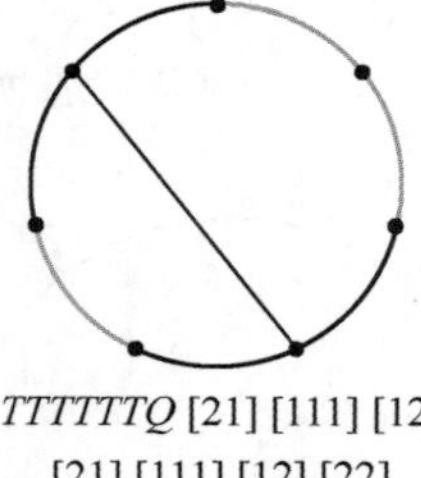

TTTTTTQ [21] [111] [12] [21] [111] [12] [22]

连接方式 1/1: [25]

CG2

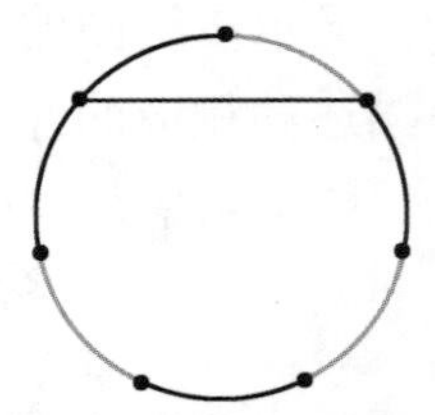

TTTTTTQ [21] [111] [12] [21] [12] [21] [112]

连接方式 1/1: [27]

CG3

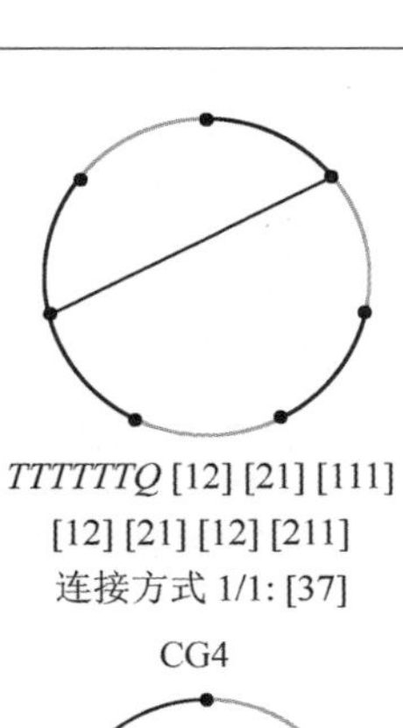

TTTTTTQ [12] [21] [111] [12] [21] [12] [211]
连接方式 1/1: [37]

CG4

TTTTTTQ [21] [111] [111] [111] [111] [12] [22]
连接方式 1/1: [24] [35]

CG5

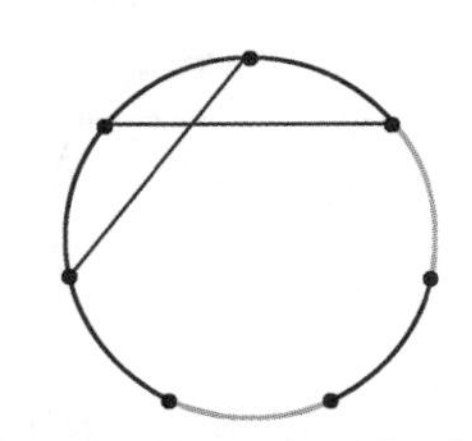

TTTTTTQ [111] [111] [111] [12] [21] [12] [211]
连接方式 1/1: [13] [27]

CG6

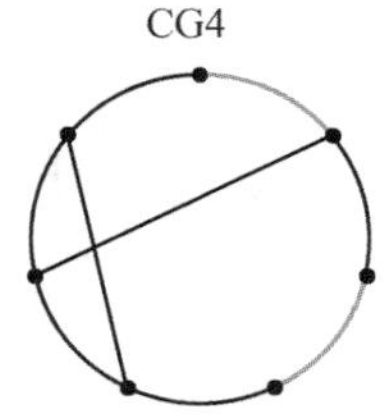

TTTTTTQ [21] [111] [111] [111] [12] [21] [112]
连接方式 1/1: [24] [37]

CG7

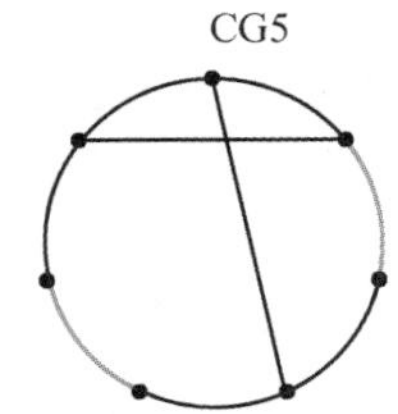

TTTTTTQ [111] [111] [12] [21] [111] [12] [211]
连接方式 1/1: [15] [27]

CG8

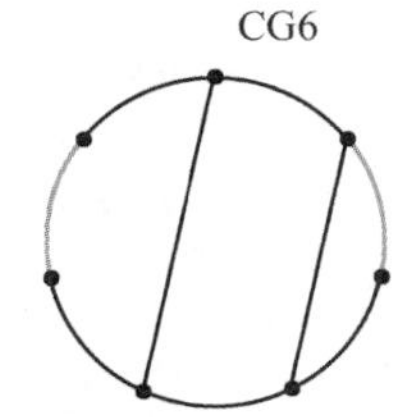

TTTTTTQ [111] [12] [21] [111] [111] [12] [211]
连接方式 1/2: [14] [57]

CG9/1

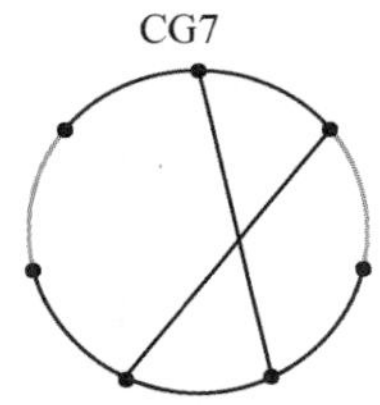

TTTTTTQ [111] [12] [21] [111] [111] [12] [211]
连接方式 2/2: [15] [47]

CG9/2

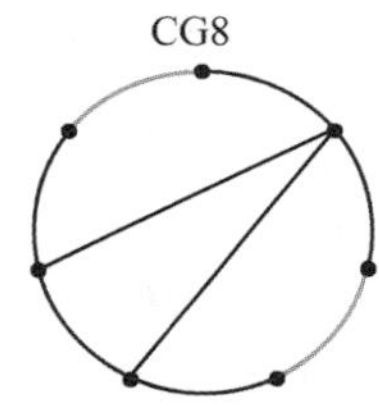

TTTTTTQ [12] [21] [111] [111] [12] [21] [1111]
连接方式 1/1: [37] [47]

CG10

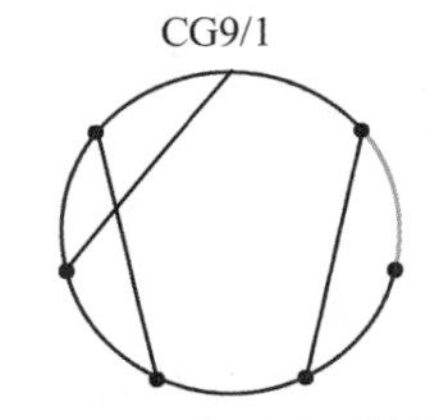

TTTTTTQ [111] [111] [111] [111] [111] [12] [211]
连接方式 1/5: [13] [24] [57]

CG11/1

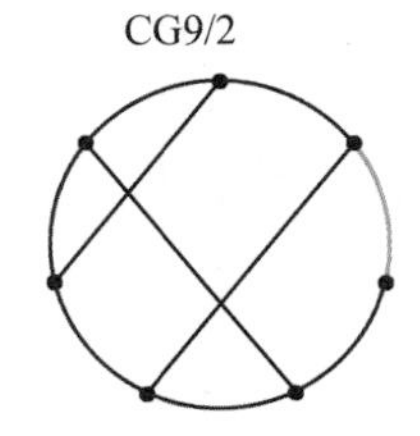

TTTTTTQ [111] [111] [111] [111] [111] [12] [211]
连接方式 2/5: [13] [25] [47]

CG11/2

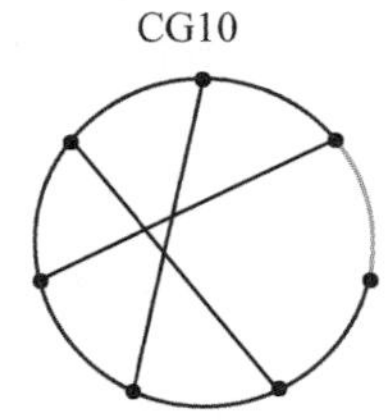

TTTTTTQ [111] [111] [111] [111] [111] [12] [211]
连接方式 3/5: [14] [25] [37]

CG11/3

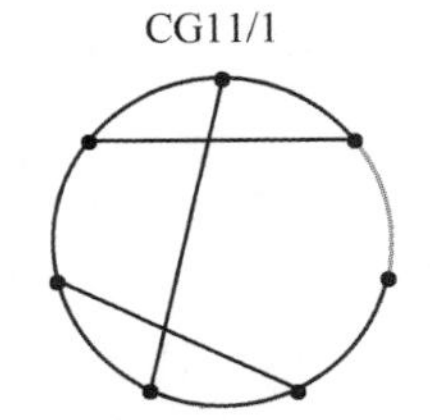

TTTTTTQ [111] [111] [111] [111] [111] [12] [211]
连接方式 4/5: [14] [27] [35]

CG11/4

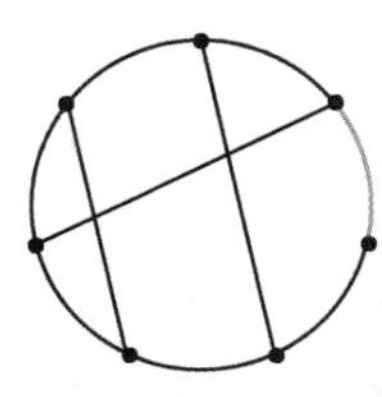

TTTTTTQ [111] [111] [111] [111] [111] [12] [211]
连接方式 5/5: [15] [24] [37]

CG11/5

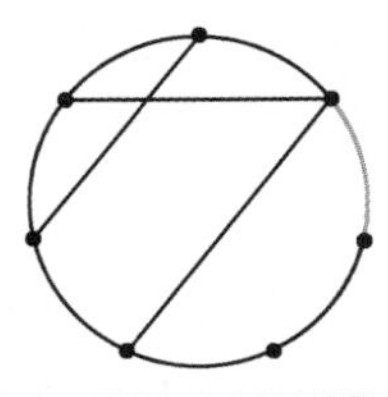

TTTTTTQ [111] [111] [111] [111] [12] [21] [1111]
连接方式 1/2: [13] [27] [47]

CG12/1

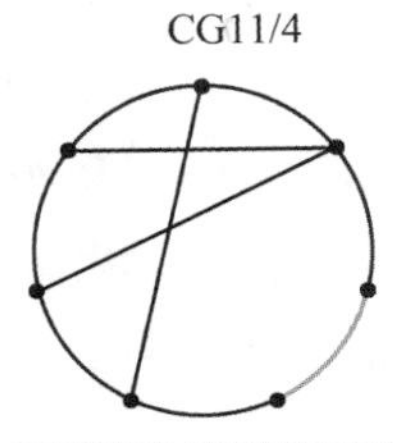

TTTTTTQ [111] [111] [111] [111] [12] [21] [1111]
连接方式 2/2: [14] [27] [37]

CG12/2

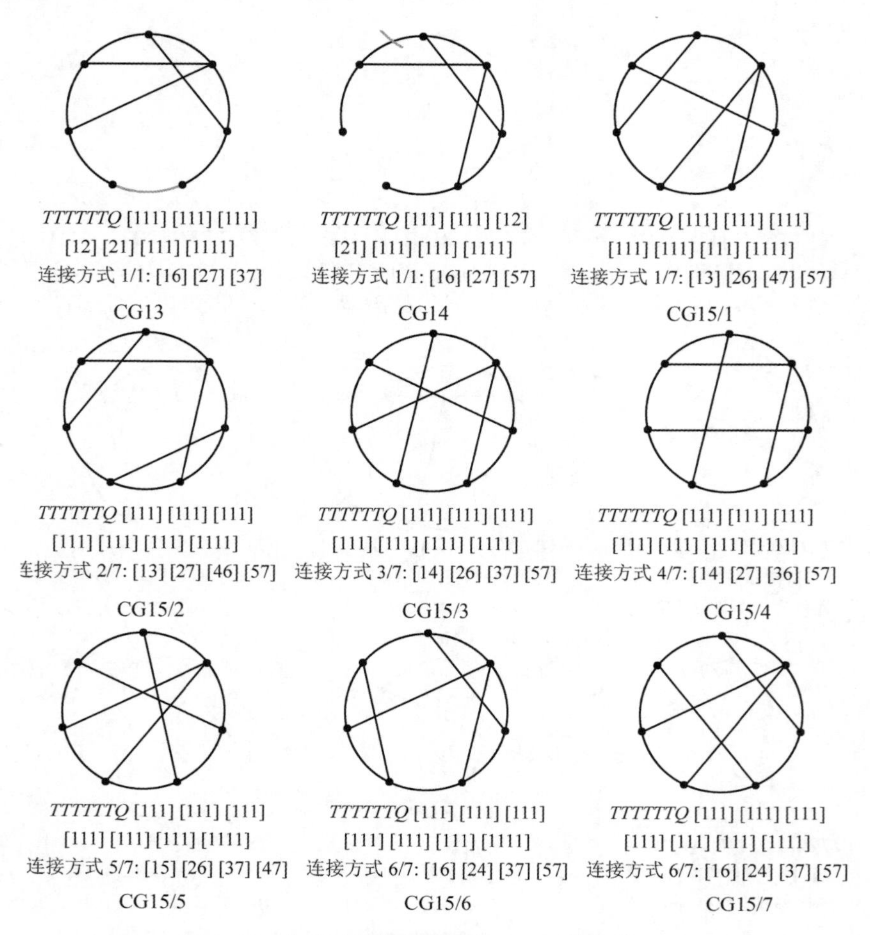

图 4-24 自动生成的关联杆组 1*Q*6*T* 的拓扑胚图

对比 4.4.5 节理论方法的运算结果，发现采用自动综合系统，可以直接完成镜像同构拓扑胚图的识别与删除（图 4-8 的同构胚图 CG15/1*i*、CG15/3*i* 和 CG15/6*i* 已自动删除），提高了运算速度，节省了时间。

4.8.2 自动综合关联杆组 1*Q*1*T*3*P* 的拓扑胚图

同理，要自动综合关联杆组 1*Q*1*T*3*P* 的拓扑胚图，只需在系统主界面的输入文本框中输入 1*Q*1*T*3*P*，点击“计算排列方式”按钮，可计算得到有效的排列方式有“*PPPTQ*”和“*PPTPQ*”两组，分别选择其中一组，点击“显示特征字符串”按钮，就可以在列表框中显示该排列方式所有有效的特征字符串，如前文图 4-18 所示。最后，点击主界面中“绘制并显示 CG*s*”按钮，就能自动绘制关联杆组 1*Q*1*T*3*P* 所描述的所有有效的拓扑胚图，一共有 42 个，该结果和图 4-6 中人工综合的结果相符。由此证明，闭环机构拓扑胚图自动综合系统运行简单，结果正确。

4.9 本章小结

确定运动链拓扑胚图是构建运动链拓扑图和运动链的前提和基础，本章通过对已有描述拓扑胚图的特征字符串的概念进行修正和补充，提出了连接方式子串的概念，并给出了求解方法和相关准则。连接方式子串可以描述拓扑胚图中两不相邻杆件的连接关系。将特征字符串和连接方式子串结合使用，可以准确描述拓扑胚图中基本连杆的类型、数目和杆件之间的连接关系，实现了运动链拓扑胚图与其特征描述的一一对应，避免了综合过程中拓扑胚图的遗漏。

采用特征字符串和连接方式子串来描述并进行闭环机构拓扑胚图综合，在确保基本连杆排列方式不同构的前提下，由其相关性质可知，在生成特征字符串和连接方式子串时，能删除大部分相同及同构的拓扑胚图。

在闭环机构拓扑胚图综合过程中，图的同构判断是一个无法回避的问题。同构的特征字符串绘制的拓扑胚图必然同构，通过连接方式子串可判断同构的特征字符串。在进行胚图综合时，清除同构的特征字符串，可以减轻后续拓扑胚图同构判断的工作量。同时，对综合过程中出现的同构拓扑胚图进行了分析，针对不同类型的同构情况提出了解决方案。最后，将拓扑胚图与其数学描述之间的关系作为编程条件，采用先进 CAD 软件，设计了一个可自动生成有效特征字符串和连接方式子串，并能自动绘制图型的拓扑胚图自动综合系统。运行该系统，可以在拓扑胚图综合过程中自动进行同构及无效基本连杆排列方式、同构特征字符串、同构连接方式子串和同构拓扑胚图的识别与删除。本章的研究结果对运动链拓扑胚图综合，尤其是对复杂关联杆组确定其有效拓扑胚图具有极强的指导意义和参考价值。

5 闭环机构拓扑图的综合

5.1 引言

第3章根据关联杆组理论，先综合得到闭环机构所有可能的胚图，然后再将二元杆添加到拓扑胚图的各个支链上，综合出机构的拓扑图。而安排二元杆的过程就是拓扑图的综合过程。完成拓扑图的综合，重要的是选取合适的拓扑图描述方式。根据机构综合过程中拓扑图形成的过程，可以将现有拓扑图的综合方法大概分为两大类：从整体到局部的综合；从局部到整体的综合。同胚图的综合一样，拓扑图的综合过程中，需要解决的关键问题也是拓扑图的同构判断问题。运动链拓扑图的同构判别一直是国际研究的热点，有关此问题，迄今为止许多理论已经被提出。邻接矩阵A是图最直接最基本的描述方式，因此面临图的同构判断许多学者首先想到从邻接矩阵出发找到运动链拓扑图同构的不变量。同构的图的结构完全相同，只是画法形式和标记方式的不同得到了不同的邻接矩阵，因此它们的邻接矩阵一定是相似的。现有的同构判断方法中，大都根据邻接矩阵相似的性质，基于拓扑图顶点邻接矩阵展开，如特征多项式方法、依据拓扑图的邻接矩阵或关联矩阵产生代码的方法、基于特征值和特征矢量的方法、哈明串法等。

基于特征值和特征向量的同构判断方法 将特征值和特征向量作为邻接矩阵A相似的充要条件需要判断的过程很复杂。首先如果A有n个互不相同的特征值，则情况变得简单，当两邻接矩阵的特征值对应相等时，就可以得出结论：二者同构。但当A有相同的特征值时，则需要判断对应的特征向量是否线性相关。仅仅考虑特征值提出的方法仅仅适用于特征值都不相等的情况，学者们也都注意到了这点，必须同时考虑特征向量，基于此学者们相继提出解决办法。He等人曾经对基于邻接矩阵特征值和特征向量判别运动链同构进行了持续的研究。2002年提出了一个基于邻接矩阵二次型的同构判别方法，2005年对于只考虑特征值的情况进行了修正，构造了一个调整矩阵，求出特征向量矩阵ψ、基于邻接矩阵和基于调整矩阵的特征值作为参数，根据特征值不同的情况来进行同构判断。2002年，Chang等人也对基于特征值和特征向量的判别方法进行了研究，并提出求出列交换矩阵T_C来解决判断特征向量是否线性相关问题。但是2004年，万金保和董铸荣指出该结论是错误的，并进行了完善。指出在两个邻接矩阵的特征值完全相同的情况下，两个特征向量矩阵通过行变换可以相互转换，则两机构运动链同构。2006 年，Rajesh 和 Linda 给出了正确的基于邻接矩阵特征值和特征向量的同构判别方法。基于特征值和特征向量的同构判别方法在出现相同的特征值时，寻找两图特征向量的一一对应关系是十分复杂的。因此，该方法的准确率无法保证。

基于特征多项式的同构判断方法 相似的矩阵它们的特征多项式、行列式多项式等对应相等，针对这个条件一些方法被提出。Uicker 和 Raicu 1975 年提出了基于顶点邻接矩阵的特征多项式法进行运动链的同构判别。这种方法首先是建立需要进行同构判别的拓扑图的顶点邻接矩阵，然后计算出各个拓扑图的邻接矩阵的特征多项式，根据特征多项式系数是否对应相等来判别运动链是否同构。Krishnamurth 1981 年提出了基于描述矩阵的行列式多项式法进行运动链的同构判别，此方法是把运动链的每条边标上一个不同的字母，即进行加权，在求邻接矩阵的时候就把邻接矩阵里的 1 换成这个权字母，然后算出其行列式。如果两个运动链同构，那么其行列式多项式的结构是相同的，权字母间有一个一一映射关系。Balasubramanian 和 Parthasarathy 于 1981 年提出了运用参数矩阵的特征多项式法来进行同构判别。参数矩阵的构造是把邻接矩阵的 1 换成 λ，把 0 换成 1，然后算出其行列式多项式，如果两运动链同构，那么其行列式多项式是相同的。这种方法其实质也是把每条边加上了一个权字母，只不过所有的权字母都为 λ。1983 年，Yan 和 Hang 提出了基于结构矩阵（structural matrix）的特征多项式法来判别运动链同构。结构矩阵不仅包含了运动链的顶点邻接信息，还包含了运动链的边邻接及其顶点边关联信息。和基于顶点邻接矩阵的特征多项式法相比，这种方法的可靠性显然要好得多。但是结构矩阵为$(n+m)\times(n+m)$矩阵，n、m 分别为运动链的构件数和运动副数，计算其特征多项式要比计算顶点的邻接矩阵的特征多项式复杂得多。由于基于顶点邻接矩阵的特征多项式法在判别运动链同构时存在失效的情况，Dubey 和 Rao 首先对顶点邻接矩阵做出了修改，于 1985 年提出了基于距离矩阵的特征多项式法来判别运动链同构。但是距离矩阵的建立不能方便地由顶点邻接矩阵直接得到，限制了对其进一步的研究。Mruthyunjaya 和 Balasubramanian 于 1987 年提出了基于度矩阵特征多项式的运动链同构判别新方法。1992 年，Hwang 在研究由更多构件构成的运动链时首先发现了反例，以后各种各样的更多的反例也陆续被发现。

基于特征多项式的同构判别方法，在运动链的构件数比较少时，比较适用，当构件数增加时，计算变得复杂，且仅是同构的必要条件，准确性无法保证。

哈明串法 1991 年，Rao 提出了哈明串法。一阶哈明串被证明有失效的情况，又提出利用二阶哈明串来判断。随之而来的问题是无法判断何时一阶失效而用二阶，因此，该方法的有效性有限。2000 年，Rao 提出利用遗传算法对运动链拓扑图进行适应度分析，对从该拓扑图可能形成机构的参数性能进行预期评估，其中指出可以利用适应度矩阵来完成运动链的同构判断，但判断得需要几代适应度矩阵来完成，对于究竟需要计算几代矩阵，Rao 的研究里没有说明。Kuo 和 Shih 以 Rao 的成果为基础继续了研究，通过观察法确定，被最远隔开的两顶点间的顶点数是多少，就需要计算几代适应度矩阵。对比各代的适应度集，都对应相等的，则相应的运动链同构。

基于编码的同构判断方法 在基于编码的方法中，给每个运动链指定唯一的编码，同构的运动链编码相同，因此，运动链的同构判断问题就转化为验证运动链的编码。一些已有的编码法都是基于运动链的邻接矩阵。Ambekar 和 Agrawal 提出了最大和最小码法。由于邻接矩阵是对称矩阵，因此邻接矩阵的上三角矩阵描述图已足够了，上三角矩阵的每一行可以当作二进制代码，将这些二进制码组合到一起得到一个整数，对于顶点已标记的图来说这个整数是唯一的。通过对运动链的拓扑图顶点进行重新标号，使这个整数达到最大或者最小，相应的称其为最大码与最小码。通过对比最大码与最小码可以完成两个运动链的同构判断。这种编码需要穷尽所有顶点编号情况，计算量相当大。作为最大码法的改进，Tang 等 1993 年提出了度码法来判断运动链同构。将运动链拓扑图的顶点按照度的大小降序排列，顶点标号对换只是在同一类型的构件中进行，然后重新标记图求出最大码。该方法在某种程度上减少了利用最大码法进行对比时的搜索范围。罗玉峰等 1991 年提出了关联度码法，先给出运动链拓扑结构的数字赋权拓扑简图表示及相应的矩阵表示和码表示，在此基础上提出描述赋权图中点的拓扑特征的一种新参量——关联度，用于有效地区分图中不同类型的点，进而得到了运动链的关联度码，它与运动链拓扑结构一一对应。很明显关联度码法比度码法利用了更多的顶点的信息，因此比度码法更有效。Kim 和 Kwak 1992 年提出了唯一边序列法来判别运动链同构。这种方法首先从任一顶点出发，根据顶点的距离来产生顶点的层次结构；然后对同一层的顶点按照其连接关系进行排序；最后对顶点按照一定规则进行重新标号并产生唯一边序列。Shin 和 Krishnamurthy 1994 年提出了标准码法来判别运动链同构。通过顶点度、顶点连通度的次序和引入自环来破坏图中的自对称来重新对图的顶点进行规范标号。1999 年 Zhang 和 Li 提出了顶点特征度码法，就是将顶点的构件类型加入到了关联度码中，因此进一步减小了对比时的搜索范围。基于编码的同构判断方法可以解码，对运动链拓扑图有着唯一的描述方式，在综合中可以从编码中得到运动链拓扑图的结构特征，因此综合过程可以考虑该类方法。

在图论中图的同构判断属于 NP 问题，因此基于图的判断难免有失效的情况。运动链的拓扑图有着自己的特点，其拓扑图不像一般图论中的图那样类型多样（如没有自环和重边），因此从运动链本身的特点出发，在拓扑图描述上多做工作不失为不错的选择，这样判断过程就会相对简单。本文将闭环机构拓扑图支链上的二元杆数按照一定规则排列，形成描述拓扑图的特征字符串。特征字符串以各多元杆为单位进行分组，组内的各支链顺序可变，组外的各多元杆的顺序可变，这也就意味着拓扑图的编号可以任意变化而不会影响同构判断。如果特征字符串的数据组成简单，则根据定义，仅通过直接观察就可以判断出拓扑图是否同构；如果构件组成复杂，利用编写计算机程序的方法，通过判断矩阵，过程同样简单、迅速、高效。

5.2　闭环机构拓扑图的特征描述

一般情况下，一些简单的关联杆组的拓扑图很容易由它们的拓扑胚图推导并综合出来。它们的同构或无效的拓扑图通过观察法也能很容易识别。第 4 章对拓扑胚图的综合以及拓扑胚图的同构判断提出了解决方案，为生成相异的胚图和拓扑图起了决定性作用，为机构的综合奠定了基础。

本章对机构拓扑图进行综合，首先需要解决的问题是图的同构判断，完成拓扑图的同构判断，重要的工作有两点：选取合适的拓扑图描述方式；判断时尽量考虑到所有可能的情况。拓扑图描述方式的选取尤为重要，对后续判断工作的成败起着至关重要的作用。拓扑图描述方式选得不够好，判断过程就会相对复杂，且判断方法是否恰当以及得到的结论是否正确就很难把握。

5.2.1　拓扑图及其特征数组

图 5-1 是平面并联机构 4*T*6*B* 的一个拓扑图，将各支链作了标记。图 5-1 中，t_1、t_2、t_3、t_4 表示 4 个三元杆，t_{11}、t_{12}、t_{13}表示 t_1 的三个支链；t_{21}、t_{22}、t_{23}表示 t_2 的三个支链；t_{31}、t_{32}、t_{33}表示 t_3 的三个支链；t_{41}、t_{42}、t_{43}表示 t_4 的三个支链。

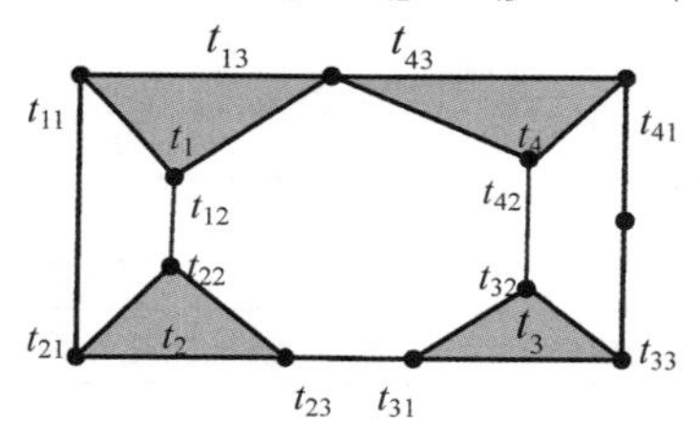

图 5-1　平面并联机构 4*T*6*B* 的拓扑图

将各个支链上的二元杆数按照拓扑图标记的顺序排列成数组，将该数组称为拓扑图的特征数组。特征数组按照多元杆用圆点分成子数组，子数组按照多元杆杆元的大小降序排列，当多元杆相同时任选顺序。如图 5-1 的特征数组排列是：

$$t_1 \cdot t_2 \cdot t_3 \cdot t_4 = t_{11}t_{12}t_{13} \cdot t_{21}t_{22}t_{23} \cdot t_{31}t_{32}t_{33} \cdot t_{41}t_{42}t_{43} = 110.\ 111.\ 112.\ 210$$

从图 5-1 可以看出 t_{11}和 t_{21}表示的是同一个支链，同样的还有 $t_{12}=t_{22}$、$t_{13}=t_{43}$、$t_{23}=t_{31}$、$t_{32}=t_{42}$、$t_{33}=t_{41}$，因此反映到数组上，相对应的支链上的二元杆数相等。改变拓扑图的标号方式不影响特征数组的使用，不同的拓扑图标号方式得到的特征数组是同构的。

图 5-2 是两个同构的 3DOF 平面并联机构 4*T*6*B* 的拓扑图及特征数组。

从图 5-2 可以看出，同构的特征在数组中有如下表现：每个三元杆各支链上的二元杆数是一一对应的，但三元杆的排列顺序可以不同，三元杆支链的排列顺序也可以不同。如图 5-2 中二者的对应关系如图 5-3 所示。

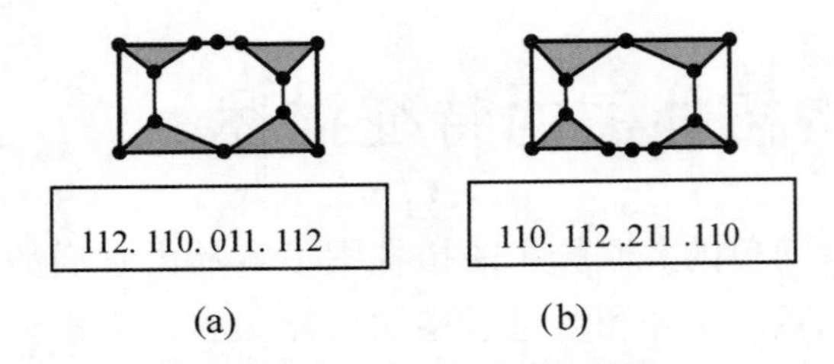

图 5-2 两个同构的拓扑图及其特征数组

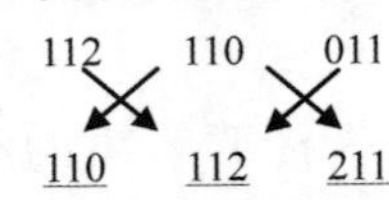

图 5-3 两个同构的特征数组的对应关系

5. 2. 2 拓扑图同构判断

拓扑图的综合是在相同的胚图的基础上添加二元杆，因此，拓扑图的同构判断有了一个前提，那就是在胚图同构的基础上进行判断。从上述分析可以看出，同构的特征数组关系对应复杂，是否同构无法直接对比出来。因此，如果判断两个特征数组是否相同，首先需要把特征数组按照一定规则排列，然后再放在一起对比。排列规则如下所示：多元杆按照杆元大小降序排列；子数组内按照降序排列；子数组间按照图 5-4 的规则排列。特征数组的排列实现过程利用 matlab 软件很轻松地就可以得到。因此本方法在实际应用中方便、简单、高效。

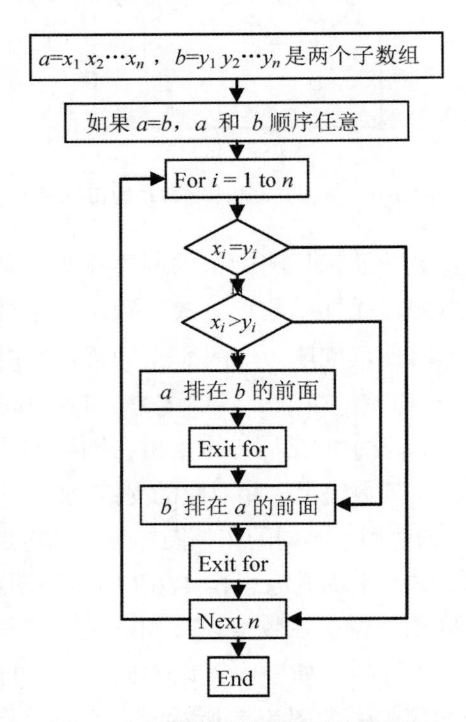

图 5-4 路径数组子数组间排序过程

特征数组经以上规则排列后，如果完全相同，则两特征数组同构，否则不同构。并且，子数组之间的对比只在相同的多元杆之间进行，也就是三元杆和三元杆之间对比、四元杆和四元杆之间对比，以此类推。如图 5-2（a）和图 5-2（b）的特征数组按照以上规则排列后均为 211. 211. 110. 110，因此两特征数组同构。从以上特征数组同构判断的方式可以得出结论，拓扑图的标号方式的变化不影响同构判断。

若进行拓扑图的同构判断，因为改变拓扑图的标号方式不影响特征数组的使用，因此可以选择任意顺序对拓扑图的多元杆和每条支链进行标记，然后写出拓扑图的特征数组。接着按照上述步骤对特征数组进行同构判断，先按照对比时的排列规则将特征数组重新排列，再进行对比，如果特征数组相等则得出结论拓扑图同构，否则拓扑图不同构。

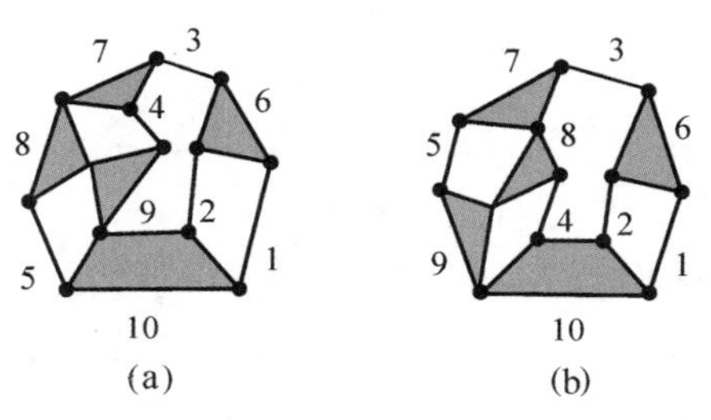

图 5-5　两个 10 杆机构

5. 2. 3　同构判断实例

两个 10 杆机构，如图 5-5 所示。首先已知两拓扑图的胚图已经同构。现在用特征数组来判断两拓扑图是否同构。写出各支链上的二元杆数，得到两图的特征数组。在图 5-5（a）中，三元杆 6、7、8、9 和四元杆 10 的二元杆数组成的特征数组为：1011. 111. 011. 001. 001，同样图 5-5（b）的特征数组为 0111. 111. 101. 100. 100。运动链由不同的多元杆组成，对比只在相同类型的多元杆之间进行。将两特征数组按照对比时的排序规则排列后，图 5-5（a）和图 5-5（b）的两特征数组都变成 1110. 111. 110. 100. 100，因此二者的特征数组同构，两拓扑图也同构。

5. 3　4DOF 平面并联机构拓扑图的综合过程

5. 3. 1　特征数组的生成过程

针对第 4 章得到的胚图，首先找出胚图的所有支链，然后找出胚图所有的闭环。不是随便将基本连杆组合在一起形成的关联杆组就是有效的。作者在对关联杆组理论研究的基础上，列出用于 4DOF 平面并联机构拓扑图综合的关联杆组，如表 5-1 所示。

表 5-1　一些简单的 4DOF 平面并联机构的关联杆组

序号	n_2	n_3	n_4	n_5	n_6
1	3+*F*=7	2	0	0	0
2	5+ *F* =9	0	2	0	0
3	7+ *F* =11	0	0	2	0
4	3+ *F* =7	4	0	0	0
5	4+ *F* =8	2	1	0	0
6	5+ *F* =9	2	2	0	0
7	5+ *F* =9	3	0	1	0

从表 5-1 中得到二元杆的总数，关于关联杆组中的二元杆数是随着自由度的变化而变化的。如在表 5-1 中，No. 4 关联杆组 4*T*，在综合的机构是平面机构的条件下，它的二元杆数是 3+*F*，因此，当综合的机构自由度为 3 时，关联杆组中的二元杆数为 3+3=6，此时的关联杆组结构为 4*T*6*B*；当综合的机构自由度为 4 时，关联杆组中的二元杆数为 3+4=7，此时的关联杆组结构为 4*T*7*B*。然后利用穷举法，将已知数量的二元杆，按照合理的规则在胚图的支链上依次将二元杆进行排列，得出所有可能的特征数组排列。

考虑到可能的因素，对于 4DOF 平面机构的拓扑图的综合需遵循的规则为：

（1）每个环路中的杆件（包括二元杆和多元杆）至少为 4 个；

（2）每条支链上的二元杆数必须小于等于 5；

（3）每条从平台到机架的支链上的二元杆数应该大于等于 2；

（4）一个支链不应该包括 3 个连续的移动副。

对以上四个条件讨论如下：

由于最简单的 1DOF 平面闭环机构的拓扑图包括 4 个运动副和 4 个构件，因此为了避免 DOF=0 的局部机构的出现，条件（1）必须满足。

当一个支链包括 6 个二元杆和 7 个运动副，则有 4DOF 和需要 4 个驱动，这样，4DOF 平面闭环机构其他部分就会是一个 DOF=0 的机构，所以条件（2）必须满足。

如果支链是由 1 个构件和 2 个运动副连接的，它则有 2DOF 和需要 2 个驱动，另外两个驱动是冗余的。如果支链由 1 个运动副连接，由 1 个驱动器驱动，则其他的 3 个驱动器是冗余的。由于 4DOF 平面闭环机构只有 1 个冗余驱动器，所以条件 3 必须满足。

当一个支链包括 3 个连续的移动副时，3 个之中的 1 个移动副将是冗余的，将存在一个被动的自由度。

下面以关联杆组 4*T*7*B* 为例说明综合的全过程，通过 4. 8 节的拓扑胚图自动综合系统很容易综合出关联杆组 4*T*7*B* 的两个胚图，分别用 CG4*T*1 和 CG4*T*2 表示，如图 5-6 所示。这里以胚图 CG4*T*2 为例进行拓扑图的综合，将胚图 CG4*T*2 的各支链标注后如

图5-6所示。

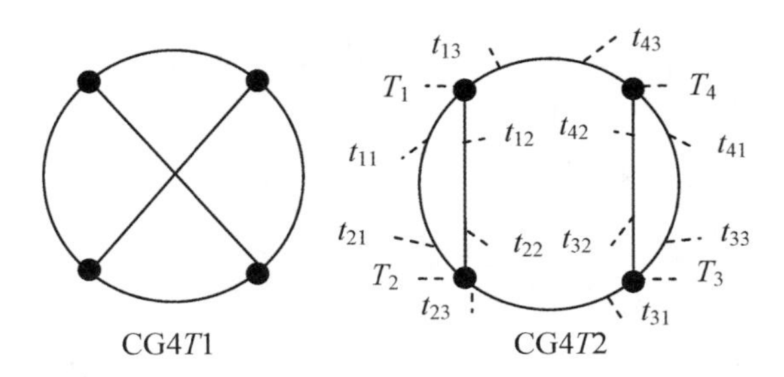

图 5-6 4T7B 的两个胚图

对于4DOF平面并联机构拓扑图的综合，需要在满足上述4个条件下，将二元杆排列组合在两多元杆之间的支链上，就能得到所有可能的拓扑图。从表5-1可知，4DOF的关联杆组4T7B中有7个二元杆。从图5-6可以看出，图中共有6条支链，由于t_{11}和t_{21}表示的是同一个支链上的二元杆数，同样的还有t_{12}和t_{22}、t_{13}和t_{43}、t_{31}和t_{23}、t_{32}和t_{42}、t_{33}和t_{41}。因此6条支链上的二元杆数用t_{11}、t_{12}、t_{13}、t_{31}、t_{32}、t_{33}来表示，所以特征数组$t_{11}t_{12}t_{13}.t_{21}t_{22}t_{23}.t_{31}t_{32}t_{33}.t_{41}t_{42}t_{43}$，可以表示成$t_{11}t_{12}t_{13}.t_{11}t_{12}t_{31}.t_{31}t_{32}t_{33}.t_{33}t_{32}t_{13}$。图5-6共有6个闭环，根据条件（1），其中4个闭环$t_{11}t_{31}t_{33}t_{13}$、$t_{12}t_{31}t_{32}t_{13}$、$t_{11}t_{31}t_{32}t_{13}$、$t_{13}t_{33}t_{31}t_{12}$已经满足闭环杆件大于等于4的条件，其他两个闭环$t_{11}t_{12}$、$t_{32}t_{33}$则需要再进行判断。根据条件（3），每条支链上的二元杆数必须小于等于4，因此用4作为上限进行穷举法的循环，生成所有可能的特征数组的程序如图5-7所示，生成的特征数组存入数据库，以备下一步操作使用。

经过图5-7中的程序运行，得到所有可能符合条件的特征数组，但是在这些数据中许多特征数组是同构的，所以还需要判断出同构的特征数组，利用5.2.2节的通过判断方法，编写子程序Delete-identical( )将同构的特征数组删除，最后得到的就是所有相异的特征数组。

用来判断同构的特征数组，其实质就是删除相同数据的算法Delete-identical( )。其思路是选择栈作为存储结构，栈的特点是删除和插入操作都在表尾进行。需要处理的数据存储在数组中，则算法Delete-identical( )具体运算过程如下：

（1）从数组中取一个数据，入栈。

（2）从数组中取一个数据，入栈，将这个数据与栈内的数据比较，如果与栈内某个数据相同，则该数据出栈后，执行下一步；如果与栈内的数据皆不同，则直接执行下一步。

（3）返回第（2）步。

（4）直到数组空，程序结束，栈内则是相异的数据。

利用以上算法综合出了CG4T1和CG4T2的特征数组，如表5-2和表5-3所示。这样得到的就是所有相异的特征数组。

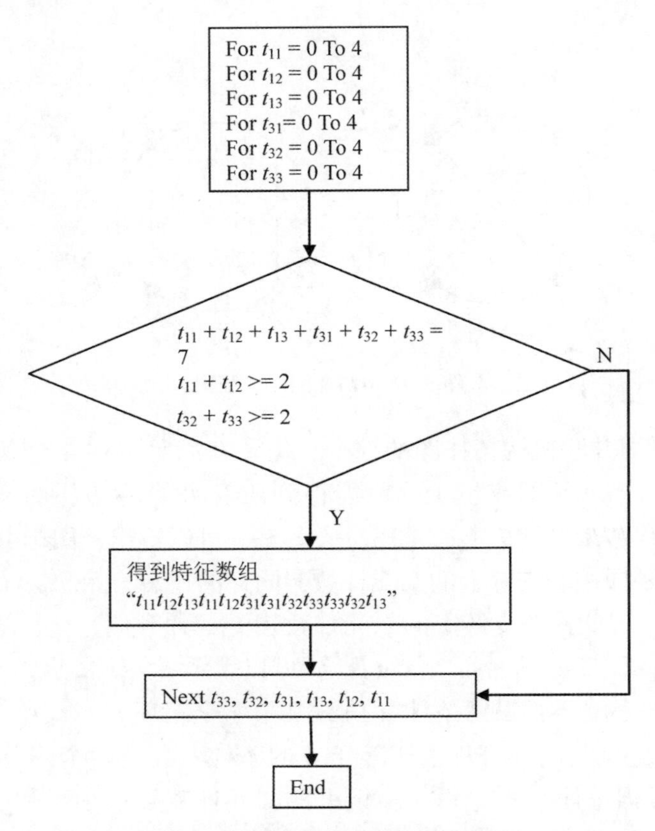

图 5-7 生成特征数组的程序流程图

表 5-2 基于 CG4*T*1 生成的 4DOF 机构的特征数组

No.	T_1 T_2 T_3 T_4	No.	T_1 T_2 T_3 T_4	No.	T_1 T_2 T_3 T_4
1	000. 011. 015. 015	14	011. 111. 013. 113	27	002. 040. 041. 201
2	000. 012. 014. 024	15	011. 112. 012. 122	28	002. 050. 050. 200
3	000. 013. 013. 033	16	001. 011. 014. 114	29	003. 011. 012. 312
4	000. 022. 023. 023	17	001. 012. 013. 123	30	003. 021. 021. 311
5	001. 010. 015. 105	18	001. 020. 024. 104	31	003. 030. 031. 301
6	001. 041. 041. 111	19	001. 021. 023. 113	32	011. 113. 011. 131
7	001. 050. 051. 101	20	001. 022. 022. 122	33	011. 120. 023. 103
8	002. 011. 013. 213	21	001. 030. 033. 103	34	011. 121. 022. 112
9	002. 012. 012. 222	22	001. 031. 032. 112	35	012. 111. 012. 212
10	002. 020. 023. 203	23	001. 040. 042. 102	36	012. 120. 022. 202
11	003. 040. 040. 300	24	002. 021. 022. 212	37	012. 121. 021. 211
12	004. 011. 011. 411	25	002. 030. 032. 202	38	012. 130. 031. 201
13	011. 110. 014. 104	26	002. 031. 031. 211	39	111. 111. 112. 112

表 5-3　基于 CG4T2 生成的 4DOF 机构的特征数组

No.	T_1 T_2 T_3 T_4	No.	T_1 T_2 T_3 T_4	No.	T_1 T_2 T_3 T_4
1	020. 020. 005. 500	11	021. 022. 202. 201	21	050. 050. 011. 110
2	020. 020. 014. 410	12	021. 022. 211. 111	22	110. 110. 014. 410
3	020. 020. 023. 320	13	030. 030. 004. 400	23	110. 110. 023. 320
4	020. 021. 104. 400	14	030. 030. 013. 310	24	110. 111. 113. 310
5	020. 021. 113. 310	15	030. 030. 022. 220	25	110. 111. 122. 220
6	020. 021. 122. 220	16	030. 031. 112. 210	26	110. 112. 212. 210
7	020. 022. 203. 300	17	030. 032. 211. 110	27	110. 113. 311. 110
8	020. 023. 311. 110	18	031. 031. 111. 111	28	111. 111. 112. 211
9	021. 021. 103. 301	19	040. 040. 012. 210		
10	021. 021. 112. 211	20	040. 041. 111. 110		

针对得到的特征数组，对应相应支链，将二元杆安排在各个支链上，就能得到每个特征数组的相应的拓扑图结构。

5.3.2　一些简单的关联杆组的 4DOF 胚图和拓扑图

对于 4DOF 机构拓扑图的综合，需要在满足 5.3.1 节的 4 个条件下，将二元杆排列组合在两多元杆之间的支链上，就得到了所有的可能的拓扑图。表 5-4 为表 5-1 中 No. 1～No. 3 的关联杆组 2*T*7*B*、2*Q*9*B*、2*P*11*B* 的特征数组，由于都只包含两个多元杆，所以特征数组只包含两个子数组，且两个子数组的元素完全相同。它们的胚图结构都只有一个，已在图 5-8 中画出。针对得到的特征数组，对应相应支链，将二元杆安排在各个支链上，得到每个特征数组的相应的拓扑图结构，如图 5-8 所示。

表 5-4　一些简单的 4DOF 机构的特征数组

No.	2*T*7*B*	2*Q*9*B*	2*P*11*B*
1	223	2223	22223
2	133	1233	12233
3	124	1224	12224
4	115	1134	11333
5	034	1125	11234
6	025	0333	11225
7		0234	11144
8		0225	11135
9			02333
10			02234
11			02225

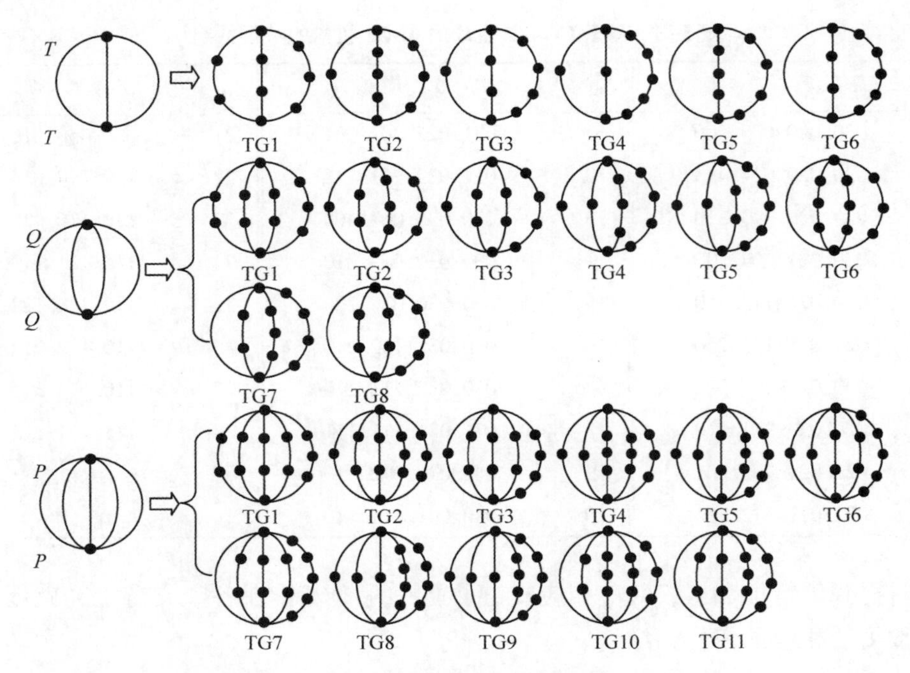

图 5-8　一些简单的 4DOF 机构的胚图和拓扑图

5.3.3　4DOF 机构 1*Q*2*T*8*B* 的特征数组的生成

表 5-1 中的 No.5 的 4DOF 关联连杆 1*Q*2*T*8*B*，它的胚图只有一种结构，如图 5-9 所示。针对该胚图综合出的 4DOF 机构拓扑图的特征数组如表 5-5 所示。

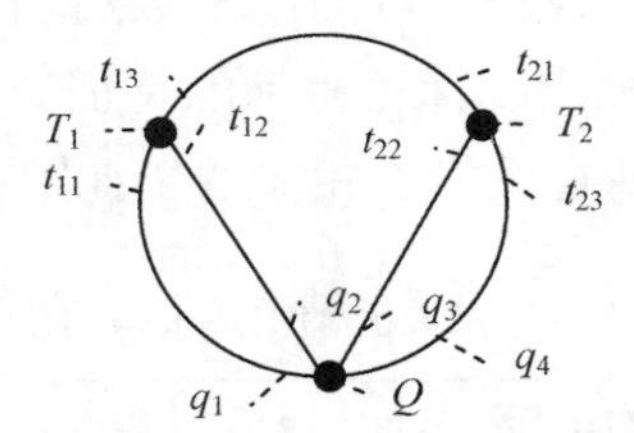

图 5-9　关联杆组 1*Q*2*T*8*B* 的胚图

表 5-5　基于图 5-9 生成的 4DOF 机构的特征数组

No.	Q　T_1　T_2	No.	Q　T_1　T_2	No.	Q　T_1　T_2
1	0215. 020. 015	7	0204. 022. 204	13	0322. 031. 122
2	0224. 020. 024	8	0213. 022. 213	14	0303. 032. 203
3	0233. 020. 033	9	0222. 022. 222	15	0312. 032. 212
4	0205. 021. 105	10	0203. 023. 303	16	0311. 033. 311
5	0214. 021. 114	11	0304. 031. 104	17	0413. 040. 013
6	0223. 021. 123	12	0313. 031. 113	18	0422. 040. 022

续表

No.	$Q \quad T_1 \quad T_2$	No.	$Q \quad T_1 \quad T_2$	No.	$Q \quad T_1 \quad T_2$
19	0412. 041. 112	28	1223. 120. 023	37	0511. 051. 111
20	0411. 042. 211	29	1213. 121. 113	38	1115. 110. 015
21	1114. 111. 114	30	1222. 121. 122	39	1124. 110. 024
22	1123. 111. 123	31	0212. 023. 312	40	1133. 110. 033
23	1113. 112. 213	32	0202. 024. 402	41	1212. 122. 212
24	1122. 112. 222	33	0211. 024. 411	42	1313. 130. 013
25	1112. 113. 312	34	0314. 030. 014	43	1322. 130. 022
26	1111. 114. 411	35	0323. 030. 023	44	2222. 220. 022
27	1214. 120. 014	36	0512. 050. 012		

5.3.4　4DOF 机构 $2Q2T9B$ 的特征数组的生成

表 5-1 中的 No. 6 关联杆组 $2Q2T$，对于 4DOF 平面机构它有 9 个二元杆，它的胚图有四种形式，如图 5-10 所示。

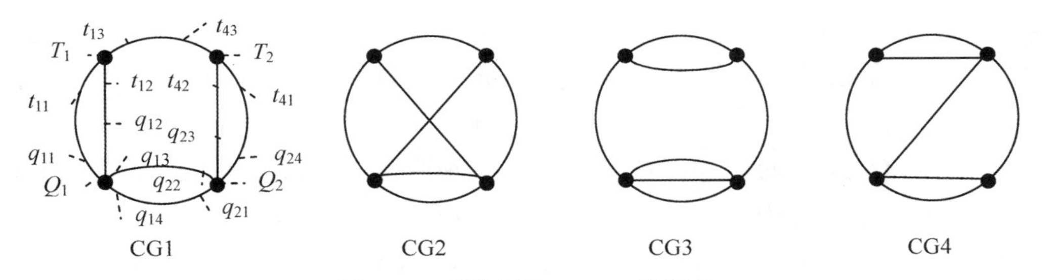

图 5-10　关联杆组 $2Q2T9B$ 的胚图

这里仅以胚图 CG1 为例，综合出的 4DOF 机构特征数组如表 5-6 所示。

表 5-6　基于图 CG1 生成的 4DOF 机构的特征数组

No.	$Q_1 \quad Q_2 \quad T_1 \quad T_2$	No.	$Q_1 \quad Q_2 \quad T_1 \quad T_2$	No.	$Q_1 \quad Q_2 \quad T_1 \quad T_2$
1	0220. 0205. 020. 005	8	0240. 0412. 020. 012	15	0230. 0311. 022. 211
2	0220. 0214. 020. 014	9	0250. 0502. 020. 002	16	0211. 1103. 022. 203
3	0220. 0223. 020. 023	10	0250. 0511. 020. 011	17	0211. 1112. 022. 212
4	0230. 0304. 020. 004	11	0222. 2211. 021. 111	18	0221. 1202. 022. 202
5	0230. 0313. 020. 013	12	0220. 0203. 022. 203	19	0221. 1211. 022. 211
6	0230. 0322. 020. 022	13	0220. 0212. 022. 212	20	0220. 0202. 023. 302
7	0240. 0403. 020. 003	14	0230. 0302. 022. 202	21	0411. 1111. 041. 111

续表

No.	Q_1 Q_2 T_1 T_2	No.	Q_1 Q_2 T_1 T_2	No.	Q_1 Q_2 T_1 T_2
22	0520. 0211. 050. 011	54	0211. 1111. 023. 311	86	1121. 1212. 111. 112
23	0511. 1111. 050. 011	55	0320. 0204. 030. 004	87	1131. 1311. 111. 111
24	1120. 0214. 110. 014	56	0320. 0213. 030. 013	88	1122. 2211. 111. 111
25	1120. 0223. 110. 023	57	0320. 0222. 030. 022	89	1120. 0212. 112. 212
26	1130. 0313. 110. 013	58	0330. 0303. 030. 003	90	1130. 0311. 112. 211
27	1130. 0322. 110. 022	59	0330. 0312. 030. 012	91	1111. 1112. 112. 212
28	1140. 0412. 110. 012	60	0340. 0411. 030. 011	92	1121. 1211. 112. 211
29	1150. 0511. 110. 011	61	0311. 1104. 030. 004	93	1120. 0211. 113. 311
30	1111. 1114. 110. 014	62	0311. 1113. 030. 013	94	0211. 1104. 021. 104
31	0211. 1105. 020. 005	63	0311. 1122. 030. 022	95	0211. 1113. 021. 113
32	0211. 1114. 020. 014	64	0321. 1203. 030. 003	96	0211. 1122. 021. 122
33	0211. 1123. 020. 023	65	0321. 1212. 030. 012	97	0221. 1203. 021. 103
34	0221. 1204. 020. 004	66	0331. 1311. 030. 011	98	0221. 1212. 021. 112
35	0221. 1213. 020. 013	67	0322. 2211. 030. 011	99	0231. 1302. 021. 102
36	0221. 1222. 020. 022	68	0320. 0203. 031. 103	100	0231. 1311. 021. 111
37	0231. 1303. 020. 003	69	0320. 0212. 031. 112	101	0222. 2202. 021. 102
38	0231. 1312. 020. 012	70	0330. 0311. 031. 111	102	0321. 1211. 031. 111
39	0241. 1402. 020. 002	71	0311. 1103. 031. 103	103	0320. 0211. 032. 211
40	0241. 1411. 020. 011	72	0311. 1112. 031. 112	104	0311. 1111. 032. 211
41	0222. 2203. 020. 003	73	1111. 1123. 110. 023	105	0420. 0212. 040. 012
42	0222. 2212. 020. 012	74	1121. 1213. 110. 013	106	0430. 0311. 040. 011
43	0232. 2302. 020. 002	75	1121. 1222. 110. 022	107	0411. 1112. 040. 012
44	0232. 2311. 020. 011	76	1131. 1312. 110. 012	108	0421. 1211. 040. 011
45	0220. 0204. 021. 104	77	1141. 1411. 110. 011	109	0420. 0211. 041. 111
46	0220. 0213. 021. 113	78	1122. 2212. 110. 012	110	1111. 1111. 113. 311
47	0220. 0222. 021. 122	79	1132. 2311. 110. 011	111	1220. 0222. 120. 022
48	0230. 0303. 021. 103	80	1120. 0213. 111. 113	112	1211. 1113. 120. 013
49	0230. 0312. 021. 112	81	1120. 0222. 111. 122	113	1211. 1122. 120. 022
50	0240. 0402. 021. 102	82	1130. 0312. 111. 112	114	1221. 1212. 120. 012
51	0240. 0411. 021. 111	83	1140. 0411. 111. 111	115	1220. 0212. 121. 112
52	0220. 0211. 023. 311	84	1111. 1113. 111. 113		
53	0211. 1102. 023. 302	85	1111. 1122. 111. 122		

5.3.5 4DOF 机构 1*P*3*T*9*B* 的特征数组的生成

表 5-1 中的 No.7 关联杆组 1*P*3*T*，对于 4DOF 平面机构它有 9 个二元杆，它的胚图只有一种形式，如图 5-11 所示。

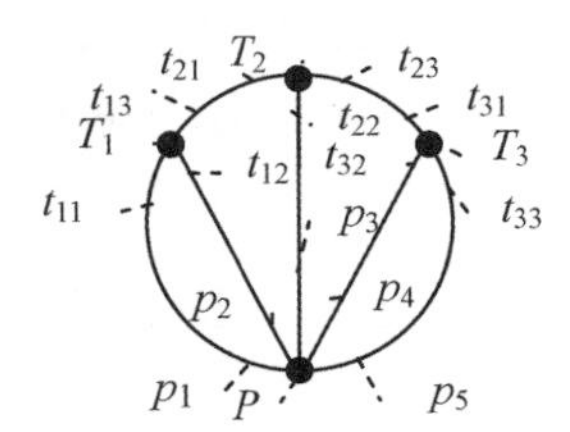

图 5-11 关联杆组 1*P*3*T*9*B* 的胚图

针对图 5-11 综合出的 4DOF 机构特征数组如表 5-7 所示。

表 5-7 基于胚图 5-11 生成的 4DOF 机构的特征数组

No.	P T_1 T_2 T_3	No.	P T_1 T_2 T_3	No.	P T_1 T_2 T_3
1	02115. 020. 010. 015	20	02111. 023. 311. 111	39	02313. 020. 030. 013
2	02124. 020. 010. 024	21	02211. 023. 320. 011	40	02322. 020. 030. 022
3	02133. 020. 010. 033	22	02113. 020. 012. 213	41	02303. 020. 031. 103
4	02105. 020. 011. 105	23	02122. 020. 012. 222	42	02312. 020. 031. 112
5	02114. 020. 011. 114	24	02103. 020. 013. 303	43	02311. 020. 032. 211
6	02123. 020. 011. 123	25	02112. 020. 013. 312	44	02123. 021. 110. 023
7	02104. 020. 012. 204	26	02102. 020. 014. 402	45	02104. 021. 111. 104
8	02022. 021. 102. 222	27	02111. 020. 014. 411	46	02113. 021. 111. 113
9	02003. 021. 103. 303	28	02205. 020. 020. 005	47	02122. 021. 111. 122
10	02012. 021. 103. 312	29	02214. 020. 020. 014	48	02103. 021. 112. 203
11	02002. 021. 104. 402	30	02223. 020. 020. 023	49	02112. 021. 112. 212
12	02011. 021. 104. 411	31	02204. 020. 021. 104	50	02102. 021. 113. 302
13	02105. 021. 110. 005	32	02213. 020. 021. 113	51	02111. 021. 113. 311
14	02114. 021. 110. 014	33	02222. 020. 021. 122	52	02204. 021. 120. 004
15	02022. 023. 300. 022	34	02203. 020. 022. 203	53	02213. 021. 120. 013
16	02003. 023. 301. 103	35	02212. 020. 022. 212	54	02222. 021. 120. 022
17	02012. 023. 301. 112	36	02202. 020. 023. 302	55	02203. 021. 121. 103
18	02011. 023. 302. 211	37	02211. 020. 023. 311	56	02212. 021. 121. 112
19	02112. 023. 310. 012	38	02304. 020. 030. 004	57	02202. 021. 122. 202

续表

No.	P T_1 T_2 T_3	No.	P T_1 T_2 T_3	No.	P T_1 T_2 T_3
58	02303. 021. 130. 003	89	02411. 020. 041. 111	120	02013. 023. 300. 013
59	02302. 021. 131. 102	90	02511. 020. 050. 011	121	11114. 110. 011. 114
60	02014. 022. 200. 014	91	02015. 021. 100. 015	122	11123. 110. 011. 123
61	02004. 022. 201. 104	92	02024. 021. 100. 024	123	11113. 110. 012. 213
62	02013. 022. 201. 113	93	02033. 021. 100. 033	124	11122. 110. 012. 222
63	02003. 022. 202. 203	94	02005. 021. 101. 105	125	11112. 110. 013. 312
64	02012. 022. 202. 212	95	02014. 021. 101. 114	126	11111. 110. 014. 411
65	02002. 022. 203. 302	96	02023. 021. 101. 123	127	11214. 110. 020. 014
66	02012. 024. 400. 012	97	02004. 021. 102. 204	128	11223. 110. 020. 023
67	02011. 024. 401. 111	98	02013. 021. 102. 213	129	11213. 110. 021. 113
68	02111. 024. 410. 011	99	03013. 032. 200. 013	130	11222. 110. 021. 122
69	02011. 025. 500. 011	100	03011. 032. 202. 211	131	11212. 110. 022. 212
70	03105. 030. 010. 005	101	03112. 032. 210. 012	132	03013. 031. 101. 113
71	03114. 030. 010. 014	102	03111. 032. 211. 111	133	03022. 031. 101. 122
72	03123. 030. 010. 023	103	03012. 033. 300. 012	134	03003. 031. 102. 203
73	03104. 030. 011. 104	104	03011. 033. 301. 111	135	03012. 031. 102. 212
74	03113. 030. 011. 113	105	03111. 033. 310. 011	136	03011. 031. 103. 311
75	03122. 030. 011. 122	106	03011. 034. 400. 011	137	03104. 031. 110. 004
76	03103. 030. 012. 203	107	04104. 040. 010. 004	138	03113. 031. 110. 013
77	03112. 030. 012. 212	108	04113. 040. 010. 013	139	03122. 031. 110. 022
78	03111. 030. 013. 311	109	04122. 040. 010. 022	140	03103. 031. 111. 103
79	03212. 030. 021. 112	110	02011. 022. 203. 311	141	03112. 031. 111. 112
80	03211. 030. 022. 211	111	02104. 022. 210. 004	142	03111. 031. 112. 211
81	03303. 030. 030. 003	112	02113. 022. 210. 013	143	11122. 112. 210. 022
82	03312. 030. 030. 012	113	02122. 022. 210. 022	144	11112. 112. 211. 112
83	03311. 030. 031. 111	114	02103. 022. 211. 103	145	11111. 112. 212. 211
84	03411. 030. 040. 011	115	02112. 022. 211. 112	146	11022. 113. 300. 022
85	03014. 031. 100. 014	116	02111. 022. 212. 211	147	11012. 113. 301. 112
86	03023. 031. 100. 023	117	02203. 022. 220. 003	148	11112. 113. 310. 012
87	03004. 031. 101. 104	118	02211. 022. 221. 111	149	11012. 114. 400. 012
88	02412. 020. 040. 012	119	02311. 022. 230. 011	150	12015. 120. 000. 015

续表

No.	P T_1 T_2 T_3	No.	P T_1 T_2 T_3	No.	P T_1 T_2 T_3
151	12024. 120. 000. 024	180	11311. 110. 032. 211	209	12013. 121. 101. 113
151	12033. 120. 000. 033	181	11412. 110. 040. 012	210	12022. 121. 101. 122
153	12014. 120. 001. 114	182	11411. 110. 041. 111	211	12122. 121. 110. 022
154	04112. 040. 011. 112	183	11511. 110. 050. 011	212	12013. 122. 200. 013
155	04111. 040. 012. 211	184	11015. 111. 100. 015	213	13014. 130. 000. 014
156	04211. 040. 021. 111	185	11024. 111. 100. 024	214	13023. 130. 000. 023
157	04022. 041. 100. 022	186	11033. 111. 100. 033	215	13013. 130. 001. 113
158	04012. 041. 101. 112	187	11014. 111. 101. 114	216	13022. 130. 001. 122
159	04011. 041. 102. 211	188	11023. 111. 101. 123	217	13113. 130. 010. 013
160	04111. 041. 111. 111	189	11013. 111. 102. 213	218	13122. 130. 010. 022
161	04011. 042. 201. 111	190	11022. 111. 102. 222	219	13022. 131. 100. 022
162	04111. 042. 210. 011	191	11012. 111. 103. 312	220	11013. 110. 003. 313
163	04011. 043. 300. 011	192	11011. 111. 104. 411	221	11022. 110. 003. 322
164	05112. 050. 010. 012	193	11123. 111. 110. 023	222	11012. 110. 004. 412
165	05111. 050. 011. 111	194	11113. 111. 111. 113	223	11011. 110. 005. 511
166	05011. 051. 101. 111	195	11122. 111. 111. 122	224	11115. 110. 010. 015
167	05111. 051. 110. 011	196	11112. 111. 112. 212	225	11124. 110. 010. 024
168	05011. 052. 200. 011	197	11111. 111. 113. 311	226	11133. 110. 010. 033
169	11025. 110. 000. 025	198	12023. 120. 001. 123	227	11213. 111. 120. 013
170	11034. 110. 000. 034	199	12012. 120. 003. 312	228	11222. 111. 120. 022
171	11015. 110. 001. 115	200	12114. 120. 010. 014	229	11212. 111. 121. 112
172	11024. 110. 001. 124	201	12123. 120. 010. 023	230	11014. 112. 200. 014
173	11033. 110. 001. 133	202	12112. 120. 012. 212	231	11013. 112. 201. 113
174	11014. 110. 002. 214	203	12213. 120. 020. 013	232	11011. 112. 203. 311
175	11023. 110. 002. 223	204	12222. 120. 020. 022	233	11113. 112. 210. 013
176	11211. 110. 023. 311	205	12212. 120. 021. 112	234	14022. 140. 000. 022
177	11313. 110. 030. 013	206	12312. 120. 030. 012	235	22023. 220. 000. 023
178	11322. 110. 030. 022	207	12014. 121. 100. 014	236	22022. 220. 001. 122
179	11312. 110. 031. 112	208	12023. 121. 100. 023	237	22122. 220. 010. 022

5.3.6 拓扑图的自动生成

前文讨论了胚图和拓扑图的综合过程，并且探讨了综合过程中所使用的算法，整个综合过程均可以利用 Visual Basic 程序自动完成，得到的特征数组均存放在数据库中，对于特征数组对应的拓扑图也可以利用程序自动画出，程序达到给出特征数组则自动生成拓扑图，也就是根据特征数组中的二元杆数，在拓扑图的各支链上画出表示二元杆的实心圆。

首先来考虑画出拓扑图的基本框架——胚图，为了力求统一，本文图形均以圆形作为基本框架，因此胚图用圆形来表示。圆的几何表达式为 $x^2+y^2=r^2$，利用 Circle（x，y）语句就可以画出圆形的胚图。

特征数组表示的是各支路上的二元杆数，因此根据特征数组，在圆上画出表示二元杆的实心圆点，则得到拓扑图。对于圆点的生成，找到它们在圆上的具体位置是个难题，这里利用圆的几何表达式 $x^2+y^2=r^2$，在 x 或 y 中先选定一方坐标，通过它的变化来找到各圆点的位置，另一方的坐标通过圆的几何表达式 $x=$ square（r^2-y^2）或 $y=$ square（r^2-x^2）得到。

以 4*T*6*B* 的拓扑图生成为例，执行结果如图 5-12 所示。图中是自动生成的 4*T*6*B* 的 17 个拓扑图，拓扑图的下面是对应的 17 组特征数组。

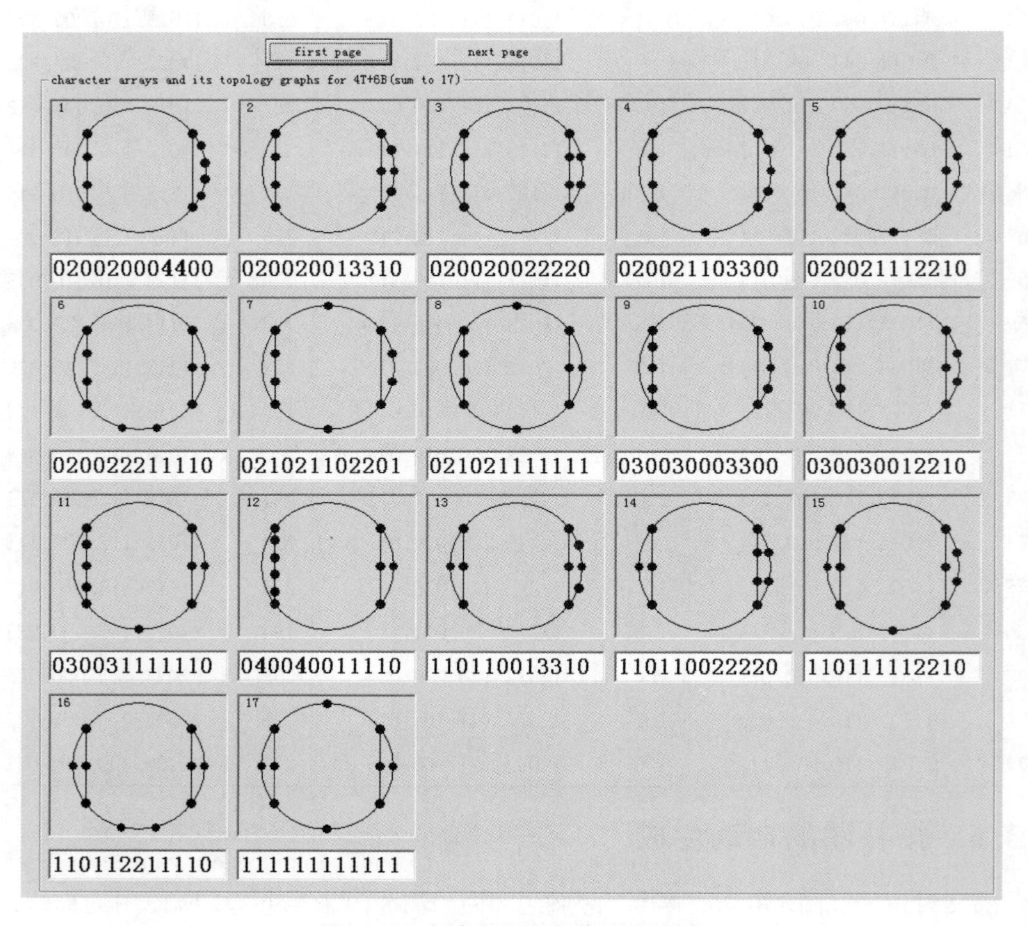

图 5-12　自动生成的 4*T*6*B* 的拓扑图

5.4　数字拓扑图及其特征描述

定义 J 为机构拓扑图中自由度为 1 的连接点，则含有 $3J$、$4J$、$5J$、$6J$ 的杆件分别被定义为三元杆 T、四元杆 Q、五元杆 P 和六元杆 H，即我们所说的基本连杆。机构拓扑胚图只含有三元以上的基本连杆，不含有二元杆。在机构拓扑胚图中，任一个基本连杆都可用一个实心点来表示。由关联杆组理论，代表 T、Q、P 和 H 的基本连杆分别需要和 3、4、5、6 条边连接。例如，图 5-13（a）所示为最简单的拓扑胚图，其含有 2 个 T，每个 T 都连接 3 条边，分别用 e_i ($i=1$，2，3）表示。

由拓扑胚图（CG）推导出的拓扑图（TG）和拓扑胚图的结构类似，区别在于，拓扑图里含有了二元杆。即将拓扑胚图中连接基本连杆的边用一些由 J 串联连接的二元杆 B 替换，就得到了对应的拓扑图。图 5-13（b）所示为由（a）所示的拓扑胚图推导出的含有 2 个 T、13 个 B 和 16 个 J 的拓扑图。其中，（a）中的 e_i($i=1$，2）用 5 个 J 串联连接的 4 个 B 替换，e_3 用 6 个 J 串联连接的 5 个 B 替换。

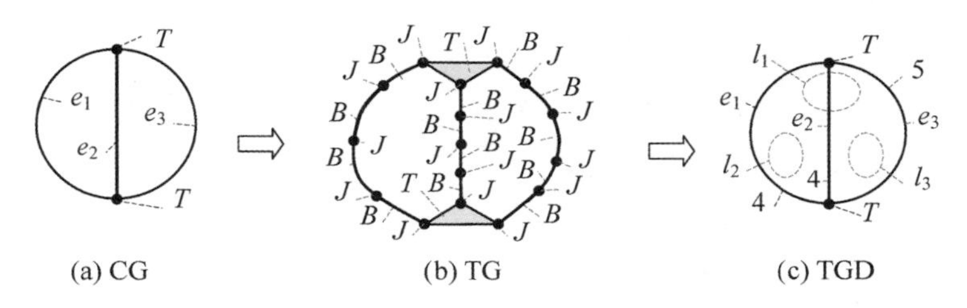

图 5-13　最简单的拓扑胚图及对应的拓扑图和数字拓扑图

数字拓扑图（TGD）是为了简化机构构型综合及其拓扑图描述而提出的概念。其与拓扑胚图的结构更为相似，不同之处就在于，在数字拓扑图中，每一个用来连接基本连杆的边用数字标注，其数值大小与（b）图中对应曲线上的二元杆 B 的数目相同。如图 5-13 所示，（c）图中数字拓扑图的三条边 e_1、e_2、e_3 分别是 4、4 和 5，与（b）图中拓扑图的三条边所含有的二元杆 B 的数目对应相同。因为任一个拓扑图都可以用一个特征数组来描述，同样的，数字拓扑图也可以用一个特征数组来描述。

数字拓扑图在图形的表达上更简单、直观。由此，我们可以将拓扑图的综合转化为数字拓扑图的综合。在机构构型综合过程中，机构拓扑胚图及拓扑图的同构判断问题是需要解决的关键问题。假如 TGD x 和 TGD y 是由同一个 CG 推导出的，如果 TGD x 和 TGD y 完全相同，则它们一定是同构的。其判断方法与拓扑图同构判断一致，也是通过特征数组来进行的。

5.5 本章小结

本章利用特征数组的排列实现了平面机构的胚图到拓扑图的综合。首先介绍了拓扑图同构判断的方法。先将拓扑图用特征数组表示，特征数组是由各支链上的二元杆数排列而成的。给出了特征数组同构的定义。如果判断特征数组是否同构，需要将特征数组按照一定规则重新排列。将排列后的特征数组进行对比，如果相同则同构，并且对应的拓扑图也同构。反之，特征数组不相同则不同构，对应的拓扑图也不同构。其次，对典型的4DOF平面机构拓扑图进行了综合。同时对4DOF平面机构综合需要遵循的原则进行了分析，然后在合理的关联杆组组成的基础上得到二元杆的数量，针对前几章综合出的胚图，按照遵循的规则，将二元杆安排在胚图的支链上，形成全部的特征数组排列，删除同构的特征数组，得到所有相异的特征数组，按照特征数组画出所有相应的拓扑图，并且利用程序自动生成拓扑图。最后，为了在图形的表达上更简单、直观，提出了数字拓扑图的概念，同样，数字拓扑图也可以用一个特征数组来描述。

6　四自由度空间并联机构型综合

6.1　引言

目前，四自由度空间并联机构在医用外科手术机械臂和机械腿、工业并联多手指机构、机器人救援机构、微型机械操作臂等许多领域得到了广泛应用。因为，当并联机构含有多个基本连杆（比如三元杆 T、四元杆 Q、五元杆 P 和六元杆 H）时，通过混合分支，可以增加机构总的刚度。此外，通过辅助的运动链结构，能够增大机构的负载能力。因此，综合含多种基本连杆的新型四自由度并联机构是一项重要和具有挑战性的课题。本章基于特征字符串和连接方式子串的数学描述方法，推导出含六元杆 H 及其他基本连杆的有效拓扑胚图，并通过数字拓扑图进行四自由度并联机构的型综合。首先，依据关联杆组理论和特征字符串、连接方式子串的概念，构建了 9 个用于进行四自由度并联机构型综合的拓扑胚图；其次，构建特征数组，经数组之间的转换和推导将综合机构拓扑图这一复杂过程简单化，并通过计算机程序完成了无效特征数组及无效数字拓扑图的剔除；第三，选取综合出的一些含六元杆和其他基本连杆的数字拓扑图，综合出 37 个不同的四自由度并联机构，其中包括目前已知的 8 个四自由度并联机构，进一步证实了基于数学描述方法和数字拓扑图的概念进行机构型综合的有效性。

6.2　数字拓扑图的特征数组描述

6.2.1　4DOF 空间并联机构拓扑胚图和数字拓扑图

一个四自由度空间并联机构，通常由一个固定平台、一个运动平台和多个运动分支构成。这些分支由多个运动副相互串联连接，运动副可以是转动副 R、移动副 P_e、圆柱副 C、球销副 U 和球面副 S。在机构拓扑图中，如果一条曲线上由 J 连接的二元杆 B 的数目大于等于 8，则该分支的自由度数大于等于 3，拓扑图就含有一个局部机构，该拓扑图是无效的。所以，对于四自由度并联机构，在进行拓扑图的综合时，为了保证所综合出的拓扑图有效，需要满足以下四个条件：

（1）当一个四自由度并联机构不含有冗余约束时，拓扑图中任意闭环中的杆件数（包括二元杆和多元杆）必须大于等于7，以避免刚性子链的产生。

（2）当一个四自由度并联机构不含有冗余约束时，从固定平台到运动平台之间的任意分支或支链上，二元杆的数量一定要小于等于7，以避免产生局部机构。

（3）当一个四自由度并联机构包含一个局部平面机构 L 时，该并联机构具有冗余约束。在这种情况下，任意局部平面闭环机构 L 中的杆件数必须大于等于4，以避免产生局部刚性子链。

（4）从固定平台到运动平台，任意分支上串联连接的连接点 J 的数量一定要大于等于3。

上述四个条件只是为了避免产生自由度 $F\leqslant 0$ 的局部刚性子链。由于最简单的不含冗余约束的1DOF空间闭环机构的拓扑图由串联连接的7个 J 和7个杆件组成。如果闭环中的杆件的数目少于7，这个闭环必定是 $F\leqslant 0$ 的局部机构。所以，条件（1）必须满足。

对于四自由度并联机构，如果从固定平台到运动平台之间的任意支链上，出现二元杆 B 的数目大于等于7，该支链的自由度必然大于等于3。同时，其他支链上的二元杆 B 的数目就会减少，从而出现 $F\leqslant 0$ 的局部机构。所以，条件（2）必须满足。

由于最简单的1DOF平面闭环机构的拓扑图包括4个运动副和4个构件，因此为了避免DOF=0的局部机构的出现，闭环中的杆件的数目必须大于等于4。所以，条件（3）必须满足。

因为 J 为DOF=1的连接点，从固定平台到运动平台的最大自由度数为从固定平台到运动平台的支链上串联连接的 J 的数目。然而当连接运动平台与固定平台的每个支链上所串联连接的 J 的数目少于3时，从固定平台到运动平台的自由度数必然小于4。所以，条件（4）必须满足。

例如，上一章图4-13（c）所示是 $2T13B$ 机构的拓扑图。它含有三个闭环环路 l_1、l_2 和 l_3，其中 l_1 由曲线 e_1、e_3 和2个点 T 组成，l_2 由曲线 e_1、e_2 和 $2T$ 组成，l_3 由曲线 e_2、e_3 和 $2T$ 组成。因为环路 l_1、l_2、l_3 所含有的构件数分别为11、10和11，所以条件（1）满足。同时，曲线 e_1、e_2、e_3 上二元杆 B 的数目分别为4、4和5，根据条件（2）和（4），两个三元杆 T 可分别作为运动平台 m 和机架 b。

6.2.2　简单的拓扑胚图和数字拓扑图

根据第3章关联杆组理论，推导出9个用于综合四自由度并联机构的关联杆组，如表6-1所示。表中，$n_i(i=2,\cdots,6)$ 分别表示杆件 B、T、Q、P 和 H 的数目，ζ 表示机构的被动自由度，ν 为机构的冗余约束数。

表 6-1 9 个空间四自由度机构关联杆组中基本连杆的数目

AL	n_2	n_3	n_4	n_5	n_6	AL	n_2	n_3	n_4	n_5	n_6	AL	n_2	n_3	n_4	n_5	n_6
AL 1	$13+\zeta-\nu$	2	0	0	0	AL 4	$22+\zeta-\nu$	2	0	0	1	AL 7	$21+\zeta-\nu$	2	2	0	0
AL 2	$18+\zeta-\nu$	0	2	0	0	AL 5	$16+\zeta-\nu$	4	0	0	0	AL 8	$21+\zeta-\nu$	3	0	1	0
AL 3	$23+\zeta-\nu$	0	0	2	0	AL 6	$17+\zeta-\nu$	2	1	0	0	AL 9	$24+\zeta-\nu$	4	2	0	0

由表 6-1 中的关联杆组 AL 1，可建立拓扑胚图 CG1，基于本章 6. 2. 1 节的条件（1）~（3），可以得到其对应的 9 个含 $2T13B$ 的有效数字拓扑图如图 5-1（a）所示。依据条件（1）和（2），只有在序号为 6~9 的数字拓扑图中，两个三元杆 T 可同时作为运动平台 m 和机架 b。由关联杆组 AL 2，建立拓扑胚图 CG2，其对应的 16 个含 $2Q18B$ 的有效数字拓扑图如图 6-1（b）所示。依据条件（1）~（3），只有在序号为 10~16的数字拓扑图中，两个四元杆 Q 可同时作为运动平台 m 和机架 b。

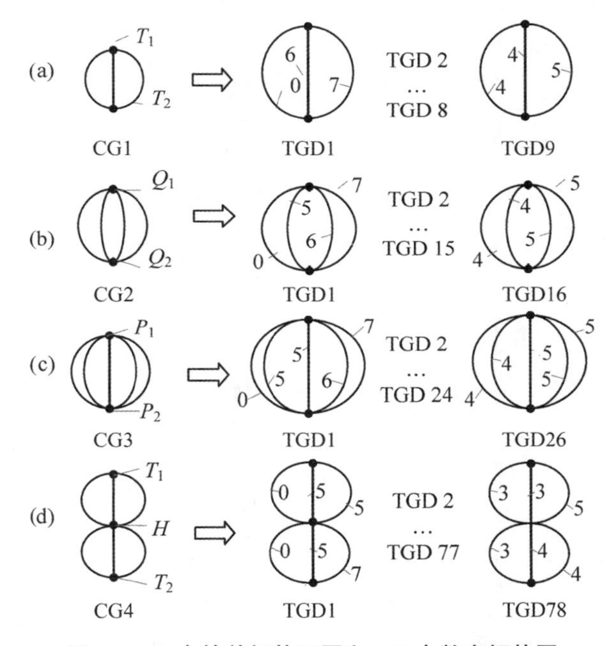

图 6-1 4 个简单拓扑胚图和 129 个数字拓扑图

同理，由表 6-1 中的关联杆组 AL 3 和 AL 4，建立拓扑胚图 CG3 和 CG4，对应 CG3 和 CG4 分别得到对应的 26 个含 $2P23B$ 的有效数字拓扑图和 78 个含 $1H2T22B$ 的有效数字拓扑图，分别如图 6-1（c）和（d）所示。综上，可以从这些有效的数字拓扑图中综合出大量的空间四自由度并联机构和混联机构。

6. 2. 3 有效数字拓扑图的特征数组

由机构拓扑胚图可以推导机构数字拓扑图，且数字拓扑图能用特征数组描述。对应表6-1中AL 1～AL 4的4个简单拓扑胚图和由它们推导出的129个数字拓扑图如图6-1所示。基于本章6.2.1节的条件（1）～（4），可得到描述这129个数字拓扑图的129个特征数组，如表6-2所示。其中，描述含$2T13B$的数字拓扑图的特征数组有9组，描述含$2Q18B$的数字拓扑图的特征数组有16组，描述含$2P23B$的数字拓扑图的特征数组有26组，描述含$1H2T22B$的有效数字拓扑图的特征数组有78组。

表6-2　对应表6-1 AL 1～AL 4的129组有效特征数组

序号	T_1　T_2	序号	Q_1　Q_2	序号	P_1　P_2
1	067 067	1	0567 0567	1	05567 05567
2	157 157	2	0666 0666	2	05666 05666
3	166 166	3	1467 1467	3	14477 14477
4	247 247	4	1557 1557	4	14567 14567
5	256 256	5	1566 1566	5	14666 14666
6	337 337	6	2367 2367	6	15557 15557
7	346 346	7	2457 2457	7	15566 15566
8	355 355	8	2466 2466	8	23477 23477
9	445 445	9	2556 2556	9	23467 23467
		10	3357 3357	10	23567 23567
	$n_2=13$，$n_3=2$	11	3366 3366	11	23666 23666
	图6-1（a）	12	3447 3447	12	24467 24467
		13	3456 3456	13	24557 24557
		14	3555 3555	14	24566 24566
		15	4446 4446	15	25556 25556
		16	4455 4455	16	33377 33377
				17	33467 33467
			$n_2=18$，$n_4=2$	18	33557 33567
			图6-1（b）	19	34457 34457
				20	34466 34466
				21	34547 34547
				22	34556 34556
				23	35555 35555
				24	44447 44447
				25	44456 44456
				26	44555 44555
					$n_2=23$ $n_5=2$
					图6-1（c）

续表

序号	T_1　H　T_2	序号	T_1　H　T_2	序号	T_1　H　T_2
1	055 055057 057	28	145 145156 156	55	235 235336 336
2	055 055066 066	29	145 145237 237	56	235 235345 345
3	055 055147 147	30	145 145246 246	57	235 235444 444
4	055 055156 156	31	145 145336 336	58	236 236236 236
5	055 055237 237	32	145 145345 345	59	236 236245 245
6	055 055246 246	33	145 145444 444	60	236 236335 335
7	055 055336 336	34	146 146146 146	61	236 236344 344
8	055 055345 345	35	146 146155 155	62	237 237244 244
9	056 056056 056	36	146 146236 236	63	237 237334 334
10	056 056146 146	37	146 146245 245	64	244 244246 246
11	056 056155 155	38	146 146335 335	65	244 244255 255
12	056 056236 236	39	146 146344 344	66	244 244336 336
13	056 056245 245	40	147 147235 235	67	244 244345 345
14	056 056335 335	41	147 147244 244	68	244 244444 444
15	056 056344 344	42	147 147334 334	69	245 245245 245
16	057 057145 145	43	155 155155 155	70	245 245335 335
17	057 057234 234	44	155 155236 236	71	245 245344 344
18	057 057333 333	45	155 155245 245	72	246 246334 334
19	144 144157 157	46	155 155335 335	73	247 247333 333
20	144 144166 166	47	155 155344 344	74	334 334336 336
21	144 144247 247	48	156 156235 235	75	334 334345 345
22	144 144256 256	49	156 156244 244	76	334 334444 444
23	144 144337 337	50	156 156334 334	77	335 335335 335
24	144 144346 346	51	157 157234 234	78	335 335344 344
25	144 144355 355	52	157 157333 333		
26	144 144445 445	53	235 235237 237		$n_2=22$，$n_3=2$
27	145 145147 147	54	235 235246 246		$n_6=1$
					图 6-1（d）

6.3 含数目较多基本连杆的数字拓扑图的综合

通常，由一个机构拓扑胚图能推导出许多个不同的数字拓扑图。在进行数字拓扑图综合的过程中，要想得到一个拓扑胚图所对应的所有有效的数字拓扑图，同构和无效的数字拓扑图必须要进行判别，同时加以剔除。由简单的拓扑胚图推导出的数字拓扑图，数量不多且结构简单，进行同构及无效判别相对比较容易。但是，对于由复杂拓扑胚图推导的数字拓扑图，在进行判别时，这一过程相当复杂和烦琐。所以，提出了一种数组的方法来进行数字拓扑图有效性判别。

因为一个拓扑胚图可能会含有许多基本连杆，如三元杆 $T_i(i=0, 1, \cdots, n_3)$、四元杆 $Q_j(j=0, 1, \cdots, n_4)$、五元杆 $P_k(k=0, 1, \cdots, n_5)$ 和六元杆 $H_l(l=0, 1, \cdots, n_6)$。每一个 T_i、Q_j、P_k 和 H_l 分别需要连接 3、4、5 和 6 条曲线。分别用 t_{i1}、t_{i2} 和 t_{i3} 表示三元杆 T_i 所连接 3 条曲线上二元杆 B 的数目，用 q_{j1}、q_{j2}、q_{j3} 和 q_{j4} 表示四元杆 Q_j 所连接 4 条曲线上二元杆 B 的数目，用 p_{k1}、p_{k2}、p_{k3}、p_{k4} 和 p_{k5} 表示五元杆 P_k 所连接 5 条曲线上二元杆 B 的数目，用 h_{l1}、h_{l2}、h_{l3}、h_{l4}、h_{l5} 和 h_{l6} 表示六元杆 H_l 所连接 6 条曲线上二元杆 B 的数目。例如，图 6-2 为由表 6-1 中序号为 AL 5 的关联杆组 $4T16B$ 所建立的两个非同构拓扑胚图 CG1 和 CG2。从图中可以看到，连接三元杆 $T_i(i=1, 2, 3, 4)$ 的三条曲线上二元杆 B 的数目分别用 t_{i1}、t_{i2}、t_{i3} 表示。若将 t_{i1}、t_{i2}、t_{i3} 求出，以特征数组来表示，就能得到由 CG1 推导出的数字拓扑图。表 6-3 为 CG1 对应的特征数组。

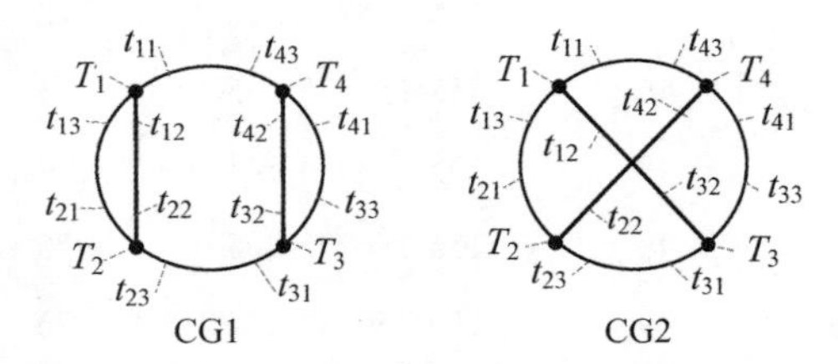

图 6-2 $4T$ 对应的两个非同构拓扑胚图 CG1 和 CG2

表 6-3 描述图 6-2 中 CG1 推导的含 $4T16B$ 的数字拓扑图的 295 组特征数组

序号	T_1 T_2 T_3 T_4	序号	T_1 T_2 T_3 T_4	序号	T_1 T_2 T_3 T_4
1	005500047740	7	005502236630	13	005504407700
2	005500056650	8	005502245540	14	005504416610
3	005501137730	9	005503317710	15	005504434430
4	005501146640	10	005503326620	16	005505506600
5	005501155550	11	005503335530	17	005505524420
6	005502227720	12	005503344440	18	005505533330

续表

序号	T_1 T_2 T_3 T_4	序号	T_1 T_2 T_3 T_4	序号	T_1 T_2 T_3 T_4
19	005506614410	50	007704414410	81	015512244440
20	005506623320	51	007704423320	82	015513316610
21	006600037730	52	014410047740	83	015513325520
22	006600046640	53	014410056650	84	015513334430
23	006600055550	54	014411137730	85	015514415510
24	006601127720	55	014411146640	86	015514424420
25	006601136630	56	014411155550	87	015514433330
26	006601145540	57	014412227720	88	015515523320
27	006602217710	58	014412236630	89	016610027720
28	006602226620	59	014412245540	90	016610036630
29	006602235530	60	014413317710	91	016610045540
30	006602244440	61	014413326620	92	016611117710
31	006603307700	62	014413335530	93	016611126620
32	006603325520	63	014413344440	94	016611135530
33	006603334430	64	014414416610	95	016611144440
34	006604415510	65	014414425520	96	016612216610
35	006604424420	66	014414434430	97	016612225520
36	006604433330	67	014415515510	98	016612234430
37	006605514410	68	014415524420	99	016613324420
38	006605523320	69	014415533330	100	016613333330
39	007700036630	70	014416614410	101	016614423320
40	007700045540	71	014416623320	102	017710026620
41	007701126620	72	015510037730	103	017710035530
42	007701135530	73	015510046640	104	017710044440
43	007701144440	74	015510055550	105	017711125520
44	007702216610	75	015511127720	106	017711134430
45	007702225520	76	015511136630	107	017712224420
46	007702234430	77	015511145540	108	017712233330
47	007703315510	78	015512217710	109	017713323320
48	007703324420	79	015512226620	110	023320047740
49	007703333330	80	015512235530	111	023320056650

续表

序号	T_1 T_2 T_3 T_4	序号	T_1 T_2 T_3 T_4	序号	T_1 T_2 T_3 T_4
112	023321137730	143	025521135530	174	105502217711
113	023321146640	144	025521144440	175	105502226621
114	023321155550	145	025522225520	176	105502244441
115	023322227720	146	025522234430	177	105503307701
116	023322236630	147	025523333330	178	105503316611
117	023322245540	148	026620026620	179	105503334431
118	023323326620	149	026620035530	180	105504406601
119	023323335530	150	026620044440	181	105504424421
120	023323344440	151	026621134430	182	105504433331
121	023324425520	152	026622233330	183	105505514411
122	023324434430	153	027720034430	184	105505523321
123	023325524420	154	027721133330	185	106601117711
124	023325533330	155	033330037730	186	106601135531
125	023326623320	156	033330046640	187	106601144441
126	024420037730	157	033330055550	188	106602207701
127	024420046640	158	033331136630	189	106602225521
128	024420055550	159	033331145540	190	106602234431
129	024421127720	160	033332235530	191	106603315511
130	024421136630	161	033332244440	192	106603324421
131	024421145540	162	033333334430	193	106603333331
132	024422226620	163	033334433330	194	106604414411
133	024422235530	164	034430036630	195	106604423321
134	024422244440	165	034430045540	196	107701116611
135	024423325520	166	034431135530	197	107701125521
136	024423334430	167	034431144440	198	107701134431
137	024424424420	168	034432234430	199	107702215511
138	024424433330	169	035530035530	200	107702224421
139	025520027720	170	035530044440	201	107702233331
140	025520036630	171	044440044440	202	107703314411
141	025520045540	172	105501127721	203	107703323321
142	025521126620	173	105501136631	204	114411127721

续表

序号	$T_1\quad T_2\quad T_3\quad T_4$	序号	$T_1\quad T_2\quad T_3\quad T_4$	序号	$T_1\quad T_2\quad T_3\quad T_4$
205	114411136631	236	123321127721	267	205503333332
206	114411145541	237	123321136631	268	205504414412
207	114412217711	238	123321145541	269	205504423322
208	114412226621	239	123322226621	270	206602215512
209	114412235531	240	123322235531	271	206602224422
210	114412244441	241	123322244441	272	206602233332
211	114413316611	242	123323325521	273	206603314412
212	114413325521	243	123323334431	274	206603323322
213	114413334431	244	123324424421	275	207702214412
214	114414415511	245	123324433331	276	207702223322
215	114414433331	246	123325523321	277	214412225522
216	114415523321	247	124421126621	278	214413315512
217	115511117711	248	124421135531	279	214413333332
218	115511126621	249	124421144441	280	214414423322
219	115511135531	250	124422225521	281	215512224422
220	115511144441	251	124422234431	282	215512233332
221	115512216611	252	124423324421	283	215513323322
222	115512225521	253	124423333331	284	216612223322
223	115512234431	254	125521125521	285	223322225522
224	115513324421	255	125521134431	286	223322234432
225	115513333331	256	125522233331	287	223323324422
226	115514423321	257	126621133331	288	223323333332
227	116611116611	258	133331135531	289	224422224422
228	116611125521	259	133331144441	290	224422233332
229	116611134431	260	133332234431	291	233332233332
230	116612224421	261	133333333331	292	305503314413
231	116612233331	262	134431134431	293	305503323323
232	116613323321	263	205502216612	294	314413323323
233	117711124421	264	205502234432	295	056650005500
234	117711133331	265	205503306602		
235	117712223321	266	205503324422		

由表 6-3 看出，可用来描述 CG1 推导的数字拓扑图的特征数组共有 295 组，其对应的数字拓扑图如图 6-3 所示，用标号 TGD 1～TGD 295 表示。

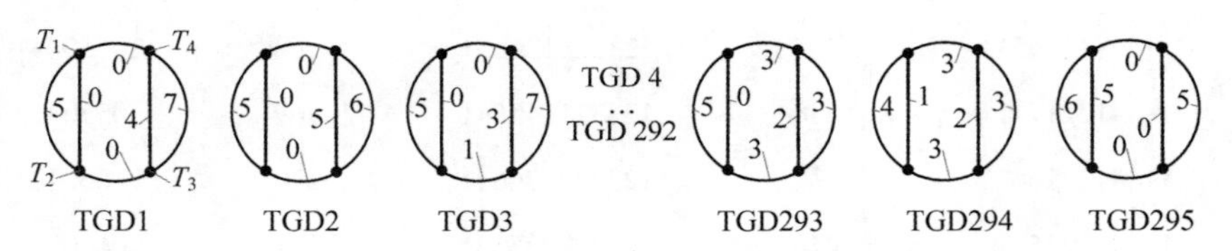

图 6-3 含 $4T16B$ 的 295 个数字拓扑图

观察图 6-3 中的数字拓扑图，对比可以发现，TGD 295 可以通过 TGD 2 旋转 180°获得，即 TGD 2 和 TGD 295 完全同构。用来描述 TGD 2 和 TGD 295 的特征数组｛005，500，056，650｝和｛056，650，005，500｝被称为同构的特征数组。

可见，同构及无效的数字拓扑图可以通过特征数组来判别。采用特征数组来辨别空间四自由度并联机构数字拓扑图的有效性，需要遵循以下几个条件：

（1）特征数组由多个字符串组成，字符串的个数与基本连杆的个数相同，每个字符串中含有多个数字。因为特征数组中每个字符串对应一个基本连杆，而每个字符串中所含有的数字的个数与其所代表的基本连杆所能连接的分支数相同，数字的具体数值大小与其所对应的基本连杆连接的分支上二元杆 B 的数目相同。例如，表 6-3 中序号为 1 的特征数组｛005，500，047，740｝用来描述含有 $T_i(i=1, 2, 3, 4)$ 的拓扑胚图推导出的一个数字拓扑图，共包含有 4 个字符串。其中，第一个字符串为｛005｝，表示杆件 T_1 连接的三条曲线 t_{11}、t_{12}、t_{13}上二元杆 B 的数目分别为 0、0 和 5；同样的，第二个字符串｛500｝表示杆件 T_2 连接的三条曲线上二元杆 B 的数目分别为 $t_{21}=5$，$t_{22}=0$，$t_{23}=0$；第三个字符串｛047｝表示杆件 T_3 所连接的三条曲线上二元杆 B 的数目分别为 $t_{31}=0$，$t_{32}=4$，$t_{33}=7$；第四个字符串｛740｝表示杆件 T_4 所连接的三条曲线上二元杆 B 的数目分别为 $t_{41}=7$，$t_{42}=4$，$t_{43}=0$。

（2）在一个特征数组中，从左到右，第 1 个字符串的第一个数字和最后一个字符串的最后一个数字相同；第 j 个字符串的最后一个数字与第 $j+1$ 个字符串的第一个数字相同。图 6-2 中，由两个拓扑胚图 CG1 和 CG2 推导的数字拓扑图中 $t_{11}=t_{43}$，$t_{13}=t_{21}$，$t_{23}=t_{31}$，$t_{33}=t_{41}$。

（3）特征数组中所有数字之和为 $2n_2$。表 6-3 中序号为 1 的特征数组｛005，500，047，740｝中所有数字之和为$(0+0+5)+(5+0+0)+(0+4+7)+(7+4+0)=32=2n_2$，因此 $n_2=16$。

（4）在数字拓扑图中，连接两个杆件的任意两条曲线上的数字可以互换。如特征数组｛005，500，047，740｝、｛050，050，047，740｝、｛050，050，074，470｝所对应的数字拓扑图同构。

（5）假定特征数组 x 和特征数组 y 是描述由同一拓扑胚图推导出的两个数字拓扑图。不考虑数组中字符串的顺序和字符串中各个数字的顺序，如果两数组中所有字符串中的数字相同，则数组 x 和数组 y 同构。在这种情况下，由数组 x 描述的数字拓扑图与由数组 y 描述的数字拓扑图同构。例如，表 6-3 中序号为 2 的数组｛005，500，056，650｝和序号为 295 的数组｛056，650，005，500｝均包括 4 个字符串，且均是由同一拓扑胚图，即图 6-2 中的 CG1 推导得到的，含有 4*T*16*B*。观察两个数组发现，序号为 2 的数组的第 1 个字符串、第 2 个字符串、第 3 个字符串和第 4 个字符串分别与序号为 295 的数组的第 3 个字符串、第 4 个字符串、第 1 个字符串和第 2 个字符串对应相同。前文已经说明由这两个特征数组所描述的数字拓扑图 TGD 2 和 TGD 295 同构。在进行机构拓扑图综合时，两个同构的数字拓扑图需要删除一个。

由此可见，有效的特征数组一定与其他数组不是同构的特征数组且满足本章 6.2.1 节条件（1）~（3）。

6.3.1　四自由度机构含 4*T*16*B* 的数字拓扑图的综合

对一些由含较多基本连杆的关联杆组推导的拓扑图型结构，通过观察法识别同构及无效的数字拓扑图是相当困难的。采用拓扑胚图自动综合系统很容易得到含 4*T*16*B* 的拓扑胚图有两个，如图 6-2 的 CG1 和 CG2 所示。根据条件（1）~（3）编译程序，前文已综合出 CG1 所对应的 294 组有效的特征数组和对应的 294 个有效的数字拓扑图，如表 6-3 和图 6-3 所示。

表 6-4　描述图 6-2 中 CG2 推导的含 4*T*16*B* 的数字拓扑图的 456 组特征数组

序号	T_1　T_2　T_3　T_4	序号	T_1　T_2　T_3　T_4	序号	T_1　T_2　T_3　T_4
1	000045507740	13	002225507720	25	003316606610
2	000046606640	14	002226606620	26	003317705510
3	000055506650	15	002227705520	27	003324407720
4	001135507730	16	002234407730	28	003325506620
5	001136606630	17	002235506630	29	003326605520
6	001137705530	18	002236605530	30	003327704420
7	001144407740	19	002237704430	31	003333307730
8	001145506640	20	002244406640	32	003334406630
9	001146605540	21	002245505540	33	003335505530
10	001147704440	22	002246604440	34	003336604430
11	001155505550	23	002255504450	35	003344405540
12	001156604450	24	003315507710	36	003345504440

续表

序号	T_1 T_2 T_3 T_4	序号	T_1 T_2 T_3 T_4	序号	T_1 T_2 T_3 T_4
37	004405507700	68	006613306610	99	012236614430
38	004406606600	69	006614405510	100	012237713330
39	004407705500	70	006615504410	101	012242217740
40	004414407710	71	006622206620	102	012243316640
41	004415506610	72	006623305520	103	012244415540
42	004416605510	73	006624404420	104	012245514440
43	004417704410	74	006633304430	105	012246613340
44	004423307720	75	007712206610	106	012251117750
45	004424406620	76	007713305510	107	012252216650
46	004425505520	77	007714404410	108	012253315550
47	004426604420	78	007722205520	109	012254414450
48	004433306630	79	007723304420	110	012255513350
49	004434405530	80	011134417730	111	012261116660
50	004435504430	81	011135516630	112	012262215560
51	004444404440	82	011136615530	113	012263314460
52	005504407700	83	011137714430	114	012264413360
53	005505506600	84	011143317740	115	012271115570
54	005506605500	85	011144416640	116	012272214470
55	005513307710	86	011145515540	117	012273313370
56	005514406610	87	011146614440	118	013314417710
57	005515505510	88	011152217750	119	013315516610
58	005516604410	89	011153316650	120	013316615510
59	005522207720	90	011154415550	121	013317714410
60	005523306620	91	011162216660	122	013323317720
61	005524405520	92	012224417720	123	013324416620
62	005525504420	93	012225516620	124	013325515520
63	005533305530	94	012226615520	125	013326614420
64	005534404430	95	012227714420	126	013327713320
65	006603307700	96	012233317730	127	013332217730
66	006604406600	97	012234416630	128	013333316630
67	006612207710	98	012235515530	129	013334415530

续表

序号	T_1 T_2 T_3 T_4	序号	T_1 T_2 T_3 T_4	序号	T_1 T_2 T_3 T_4
130	013335514430	161	014434414430	192	015542214440
131	013336613330	162	014435513330	193	015543313340
132	013341117740	163	014440017740	194	015550015550
133	013342216640	164	014441116640	195	015551114450
134	013343315540	165	014442215540	196	015552213350
135	013344414440	166	014443314440	197	015561113360
136	013345513340	167	014444413340	198	016611117710
137	013350017750	168	014450016650	199	016612216610
138	013351116650	169	014451115550	200	016620017720
139	013352215550	170	014452214450	201	016621116620
140	013353314450	171	014453313350	202	016622215520
141	013354413350	172	014460015560	203	016623314420
142	013360016660	173	014461114460	204	016624413320
143	013361115560	174	014462213360	205	016630016630
144	013362214460	175	014470014470	206	016631115530
145	013363313360	176	014471113370	207	016632214430
146	013370015570	177	015512217710	208	016633313330
147	013371114470	178	015513316610	209	016641114440
148	013372213370	179	015514415510	210	016642213340
149	014413317710	180	015521117720	211	016651113350
150	014414416610	181	015522216620	212	017721115520
151	014415515510	182	015523315520	213	017722214420
152	014416614410	183	015524414420	214	017723313320
153	014422217720	184	015525513320	215	017731114430
154	014423316620	185	015530017730	216	017732213330
155	014424415520	186	015531116630	217	017741113340
156	014425514420	187	015532215530	218	022223327720
157	014426613320	188	015533314430	219	022224426620
158	014431117730	189	015534413330	220	022225525520
159	014432216630	190	015540016640	221	022226624420
160	014433315530	191	015541115540	222	022227723320

续表

序号	T_1 T_2 T_3 T_4	序号	T_1 T_2 T_3 T_4	序号	T_1 T_2 T_3 T_4
223	022232227730	254	023351125550	285	024462222260
224	022233326630	255	023352224450	286	024471122270
225	022234425530	256	023353323350	287	025520027720
226	022235524430	257	023354422250	288	025521126620
227	022236623330	258	023360025560	289	025522225520
228	022241127740	259	023361124460	290	025530026630
229	022242226640	260	023362223360	291	025531125530
230	022243325540	261	023363322260	292	025532224430
231	022244424440	262	023370024470	293	025533323330
232	022250027750	263	023371123370	294	025540025540
233	022251126650	264	023372222270	295	025541124440
234	022252225550	265	024421127720	296	025542223340
235	022260026660	266	024422226620	297	025551123350
236	023322227720	267	024423325520	298	025552222250
237	023323326620	268	024424424420	299	025561122260
238	023324425520	269	024430027730	300	026620026620
239	023325524420	270	024431126630	301	026631124430
240	023326623320	271	024432225530	302	026632223330
241	023331127730	272	024433324430	303	026641123340
242	023332226630	273	024434423330	304	027731123330
243	023333325530	274	024440026640	305	033330037730
244	023334424430	275	024441125540	306	033331136630
245	023335523330	276	024442224440	307	033332235530
246	023336622230	277	024443323340	308	033333334430
247	023340027740	278	024444422240	309	033334433330
248	023341126640	279	024450025550	310	033340036640
249	023342225540	280	024451124450	311	033341135540
250	023343324440	281	024452223350	312	033342234440
251	023344423340	282	024453322250	313	033350035550
252	023345522240	283	024460024460	314	034430036630
253	023350026650	284	024461123360	315	034431135530

续表

序号	T_1 T_2 T_3 T_4	序号	T_1 T_2 T_3 T_4	序号	T_1 T_2 T_3 T_4
316	034432234430	347	112255512251	378	115511117711
317	034440035540	348	113313317711	379	115512216611
318	034441134440	349	113314416611	380	115513315511
319	034442233340	350	113315515511	381	115522215521
320	034450034450	351	113316614411	382	115523314421
321	034451133350	352	113317713311	383	115524413321
322	035530035530	353	113322217721	384	115525512221
323	044440044440	354	113323316621	385	115533313331
324	111124417721	355	113324415521	386	115534412231
325	111125516621	356	113325514421	387	116611116611
326	111133317731	357	113326613321	388	116622214421
327	111134416631	358	113327712221	389	116623313321
328	111135515531	359	113333315531	390	116624412221
329	111144415541	360	113334414431	391	116633312231
330	112214417711	361	113335513331	392	117722213321
331	112215516611	362	113336612231	393	117723312221
332	112216615511	363	113344413341	394	122222227721
333	112217714411	364	113345512241	395	122223326621
334	112223317721	365	114412217711	396	122224425521
335	112224416621	366	114413316611	397	122225524421
336	112225515521	367	114414415511	398	122226623321
337	112226614421	368	114415514411	399	122227722221
338	112227713321	369	114422216621	400	122231127731
339	112233316631	370	114423315521	401	122232226631
340	112234415531	371	114424414421	402	122233325531
341	112235514431	372	114425513321	403	122234424431
342	112236613331	373	114426612221	404	122235523331
343	112237712231	374	114433314431	405	122241126641
344	112244414441	375	114434413331	406	122242225541
345	112245513341	376	114435512231	407	122243324441
346	112246612241	377	114444412241	408	122251125551

续表

序号	T_1　T_2　T_3　T_4	序号	T_1　T_2　T_3　T_4	序号	T_1　T_2　T_3　T_4
409	123321127721	425	123353322251	441	133332234431
410	123322226621	426	123361123361	442	133333333331
411	123323325521	427	123362222261	443	133341134441
412	123324424421	428	124421126621	444	134431134431
413	123325523321	429	124422225521	445	222222226622
414	123331126631	430	124423324421	446	222223325522
415	123332225531	431	124431125531	447	222224424422
416	123333324431	432	124432224431	448	222233324432
417	123334423331	433	124433323331	449	223322225522
418	123335522231	434	124441124441	450	223323324422
419	123341125541	435	124442223341	451	223324423322
420	123342224441	436	124443322241	452	223333323332
421	123343323341	437	124452222251	453	223334422232
422	123344422241	438	125521125521	454	224422224422
423	123351124451	439	125532223331	455	233332233332
424	123352223351	440	133331135531	456	233333332232

同理，采用程序方法生成 CG2 所对应的 456 组特征数组，列于表 6-4 中。对应的含 $4T16B$ 的 456 个有效的数字拓扑图如图 6-4 所示。

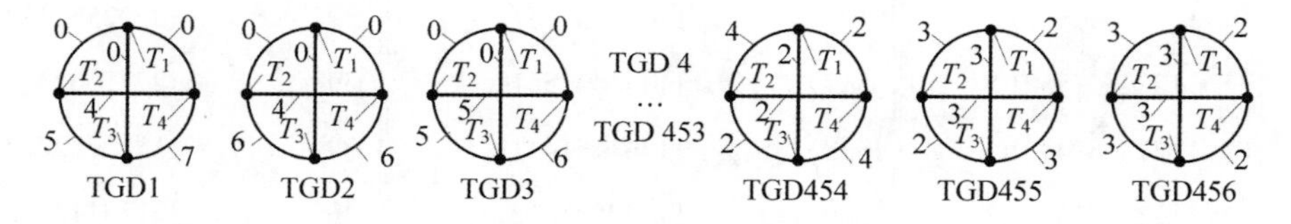

图 6-4　含 $4T16B$ 的 456 个数字拓扑图

6.3.2　四自由度机构含 $1Q2T17B$ 的数字拓扑图的综合

当一个四自由度并联机构包含 $1Q2T$ 时，其有效拓扑胚图可由表 6-1 中的关联杆组 AL 6 建立，共有 1 个，如图 6-5 所示。

由 AL 6 可知，包含 1Q2T 的四自由度并联机构的拓扑图含有 17 个二元杆 B，根据条件（1）~（3），由程序计算得到 212 组有效特征数组，如表 6-5 所示。

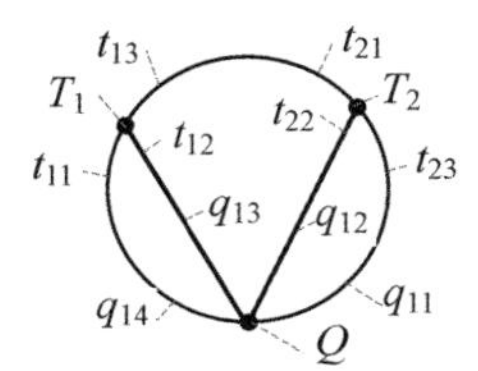

图 6-5　含 1*Q*2*T* 的拓扑胚图

表 6-5　描述图 6-5 推导的含 1*Q*2*T*17*B* 的数字拓扑图的 212 组特征数组

序号	T_1　T_2　Q	序号	T_1　T_2　Q	序号	T_1　T_2　Q
1	0500577550	28	0611377360	55	0733166170
2	0500666650	29	0611466460	56	0733255270
3	0511477450	30	0611555560	57	0733344370
4	0511566550	31	0622277260	58	0744155170
5	0522377350	32	0622366360	59	0744244270
6	0522466450	33	0622455460	60	0744333370
7	0522555550	34	0633177160	61	0755144170
8	0533277250	35	0633266260	62	0755233270
9	0533366350	36	0633355360	63	1400577541
10	0533455450	37	0633444460	64	1400666641
11	0544177150	38	0644077060	65	1411477441
12	0544266250	39	0644166160	66	1411566541
13	0544355350	40	0644255260	67	1422377341
14	0544444450	41	0644344360	68	1422466441
15	0555077050	42	0655066060	69	1422555541
16	0555166150	43	0655155160	70	1433277241
17	0555255250	44	0655244260	71	1433366341
18	0555344350	45	0655333360	72	1433455441
19	0566066050	46	0666144160	73	1444177141
20	0566155150	47	0666233260	74	1444266241
21	0566244250	48	0700466470	75	1444355341
22	0566333350	49	0700555570	76	1444444441
23	0577055050	50	0711366370	77	1455166141
24	0577144150	51	0711455470	78	1455255241
25	0577233250	52	0722266270	79	1455344341
26	0600477460	53	0722355370	80	1466155141
27	0600566560	54	0722444470	81	1466244241

续表

序号	T_1 T_2 Q	序号	T_1 T_2 Q	序号	T_1 T_2 Q
82	1466333341	113	1622444461	144	2355344332
83	1477144141	114	1633166161	145	2366244232
84	1477233241	115	1633255261	146	2366333332
85	1500477451	116	1633344361	147	2377233232
86	1500566551	117	1644244261	148	2400477442
87	1511377351	118	1644333361	149	2400566542
88	1511466451	119	1655233261	150	2411377342
89	1511555551	120	1700366371	151	2411466442
90	1522277251	121	1700455471	152	2411555542
91	1522366351	122	1711266271	153	2422277242
92	1522455451	123	1711355371	154	2422366342
93	1533177151	124	1711444471	155	2422455442
94	1533266251	125	1722255271	156	2433266242
95	1533355351	126	1722344371	157	2433355342
96	1533444451	127	1733244271	158	2433444442
97	1544166151	128	1733333371	159	2444255242
98	1544255251	129	1744233271	160	2444344342
99	1544344351	130	2300577532	161	2455244242
100	1555155151	131	2300666632	162	2455333342
101	1555244251	132	2311477432	163	2500377352
102	1555333351	133	2311566532	164	2500466452
103	1566233251	134	2322377332	165	2500555552
104	1600377361	135	2322466432	166	2511277252
105	1600466461	136	2322555532	167	2511366352
106	1600555561	137	2333277232	168	2511455452
107	1611277261	138	2333366332	169	2522266252
108	1611366361	139	2333455432	170	2522355352
109	1611455461	140	2344266232	171	2522444452
110	1622177161	141	2344355332	172	2533255252
111	1622266261	142	2344444432	173	2533344352
112	1622355361	143	2355255232	174	2544333352

续表

序号	T_1　T_2　Q	序号	T_1　T_2　Q	序号	T_1　T_2　Q
175	2600277262	188	3300566533	201	3411366343
176	2600366362	189	3311377333	202	3411455443
177	2600455462	190	3311466433	203	3422355343
178	2611266262	191	3311555533	204	3422444443
179	2611355362	192	3322366333	205	3433344343
180	2611444462	193	3322455433	206	3500366353
181	2622344362	194	3333355333	207	3500455453
182	2633333362	195	3333444433	208	3511355353
183	2700355372	196	3344344333	209	3511444453
184	2700444472	197	3355333333	210	3600444463
185	2711344372	198	3400377343	211	4400455444
186	2722333372	199	3400466443	212	4411444444
187	3300477433	200	3400555543		

同时，由这 212 个特征数组所描述的含 $1Q2T17B$ 的数字拓扑图如图 6-6 所示，一共有 212 个。

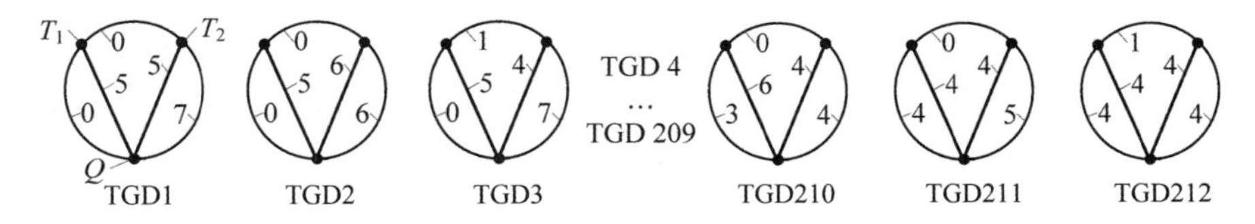

图 6-6　含 $1Q2T17B$ 的 212 个数字拓扑图

6.3.3　四自由度机构含 $2Q2T21B$ 的数字拓扑图的综合

当一个四自由度并联机构包含 $2Q2T$ 时，其有效拓扑胚图可由表 6-1 中的关联杆组 AL 7 建立。

在自动绘制并联机构拓扑胚图系统中，输入关联杆组 $2Q2T$，得到有效的基本连杆排列方式，共两种：*TTQQ* 和 *TQTQ*。同时，自动生成两种排列方式下的特征字符串和连接方式子串，列于表 6-6 中。

由表 6-6 中的有效特征字符串得到有效的拓扑胚图共有 5 个，如图 6-7 所示。其中，CG1～CG3 为 *TTQQ* 排列方式下的三个有效拓扑胚图，CG4～CG5 为 *TQTQ* 排列方式下的两个有效拓扑胚图。图中，基本连杆绕基圆以顺时针方向排列。

表 6-6　描述关联杆组 $2Q2T$ 的特征字符串

序号	基本连杆排列方式	特征字符串	连接方式子串
1	$T_1\ \ T_2\ \ Q_1\ \ Q_2$	{21, 12, 22, 22}	—
2		{12, 21, 13, 31}	—
3		{111, 111, 112, 211}	{13, 24}
1	$T_1\ \ Q_1\ \ T_2\ \ Q_2$	{12, 211, 12, 211}	{24}
2		{111, 121, 111, 121}	{13, 24}

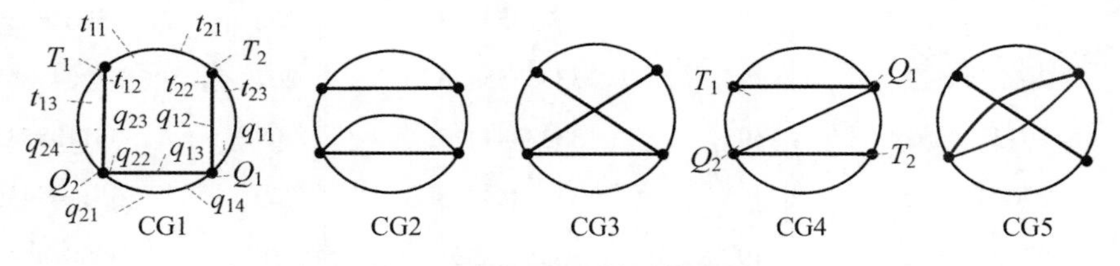

图 6-7　含 $2Q2T$ 的拓扑胚图

由 AL 7 可知，包含 $2Q2T$ 的空间四自由度并联机构的拓扑图含有 21 个二元杆 B。对于不同的拓扑胚图，根据条件（1）～（3），由程序可以计算得到相应的特征数组。表 6-7 中为由 CG1 推导的 1908 组有效特征数组。

表 6-7　描述图 6-7 中 CG1 推导的含 $2Q2T21B$ 的数字拓扑图的 1908 组特征数组

序号	$T_1\ \ T_2\ \ Q_1\ \ Q_2$	序号	$T_1\ \ T_2\ \ Q_1\ \ Q_2$	序号	$T_1\ \ T_2\ \ Q_1\ \ Q_2$
1	05005005477450	17	05007117355350	33	05007227344350
2	05005005566550	18	05007117444450	34	05003333377350
3	05006006377350	19	05003223477450	35	05003333466450
4	05006006466450	20	05003223566550	⋮	⋮
5	05006006555550	21	05004224377350	646	23114444344332
6	05007007366350	22	05004224466450	647	33443333144133
7	05007007455450	23	05004224555550	648	33443333233233
8	05004114477450	24	05005225277250	649	34004334077043
9	05004114566550	25	05005225366350	650	34004334166143
10	05005115377350	26	05005225455450	651	34004334255243
11	05005115466450	27	05006226177150	652	34004334344343
12	05005115555550	28	05006226266250	653	34005335066043
13	05006116277250	29	05006226355350	654	34005335155143
14	05006116366350	30	05006226444450	655	34005335244243
15	05006116455450	31	05007227166150	656	34005335333343
16	05007117266250	32	05007227255250	657	34006336055043

续表

序号	T_1　T_2　Q_1　Q_2	序号	T_1　T_2　Q_1　Q_2	序号	T_1　T_2　Q_1　Q_2
658	34006336144143	1278	34005445233243	1898	34114444233243
659	05003333555550	1279	34114334066043	1899	34224334055043
660	05004334277250	1280	34114334244243	1900	34224334144143
⋮	⋮	1281	34114334333343	1901	35005335144153
1271	34006336233243	1282	34115335055043	1902	35005335233253
1272	34004444066043	1283	34115335233243	1903	35004444055053
1273	34004444155143	1284	05004334366350	1904	35004444144153
1274	34004444244243	1285	05004334455450	1905	35004444233253
1275	34004444333343	⋮	⋮	1906	44004444055044
1276	34005445055043	1896	34114444055043	1907	44004444144144
1277	34005445144143	1897	34114444144143	1908	44004444233244

由上述 1908 组特征数组所描述的含 2*Q*2*T*21*B* 的数字拓扑图如图 6-8 所示，一共有 1908 个。

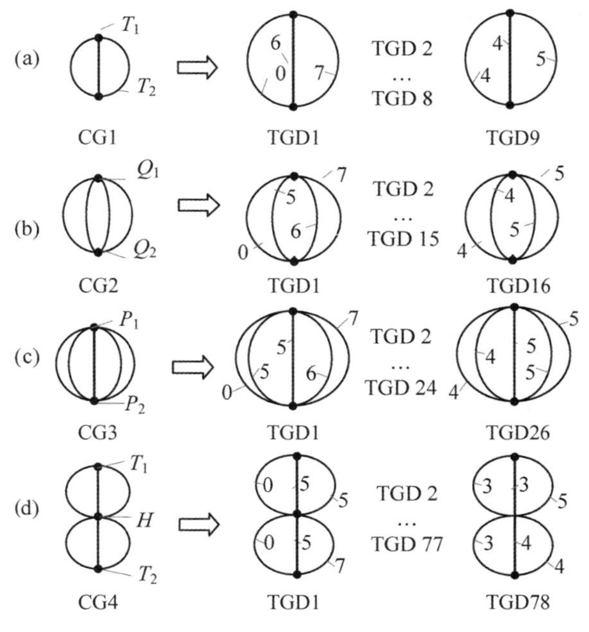

图 6-8　含 2*Q*2*T*21*B* 的 1908 个数字拓扑图

6.3.4 四自由度机构含 3*T*1*P*21*B* 的数字拓扑图的综合

当一个四自由度并联机构包含 3*T*1*P* 时，其有效拓扑胚图可由表 6-1 中的关联杆组 AL 8 建立，共有 1 个，如图 6-9 所示。

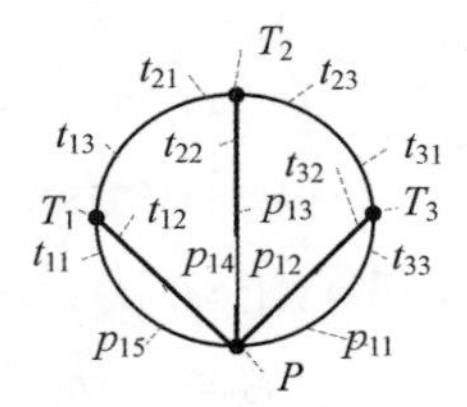

图 6-9 含 3*T*1*P* 的拓扑胚图

由 AL 8 可知，包含 3*T*1*P* 的空间四自由度并联机构的拓扑图含有 21 个二元杆 *B*，根据条件（1）~（3），由程序计算得到 4938 组有效特征数组，如表 6-8 所示。

表 6-8 描述图 6-9 推导的含 3*T*1*P*21*B* 的数字拓扑图的 4938 组特征数组

序号	T_1 T_2 T_3 P	序号	T_1 T_2 T_3 P	序号	T_1 T_2 T_3 P
1	05004005775450	1638	45000114774054	1656	05004770550450
2	05004006666450	1639	45000115665054	1657	05004771441450
3	05004114774450	1640	45000224664054	1658	05004772332450
4	05004115665450	1641	45000225555054	1659	05005004774550
5	05004223773450	1642	45000334554054	⋮	⋮
6	05004224664450	1643	45001004774154	3280	45001224554154
7	05004225555450	1644	45001005665154	3281	45002004664254
8	05004332772450	1645	45001114664154	3282	45002005555254
9	05004333663450	1646	45001115555154	3283	45002114554254
10	05004334554450	1647	05004444444450	3284	45003004554354
11	05004441771450	1648	05004550770450	3285	45110004774054
12	05004442662450	1649	05004551661450	3286	45110005665054
13	05004443553450	1650	05004552552450	3287	45110114664054
⋮	⋮	1651	05004553443450	3288	45110115555054
1634	44005004444544	1652	05004660660450	3289	45110224554054
1635	44440004554044	1653	05004661551450	3290	45111004664154
1636	45000005775054	1654	05004662442450	3291	45111005555154
1637	45000006666054	1655	05004663333450	3292	45111114554154

续表

序号	T_1　T_2　T_3　P	序号	T_1　T_2　T_3　P	序号	T_1　T_2　T_3　P
3293	05005005665550	3302	05005333553550	4930	46000114664064
3294	05005113773550	3303	05005334444550	4931	46000115555064
3295	05005114664550	3304	05005440770550	4932	46001004664164
3296	05005115555550	3305	05005441661550	4933	46001005555164
3297	05005222772550	⋮	⋮	4934	46110005555064
3298	05005223663550	4926	45220004664054	4935	47000005555074
3299	05005224554550	4927	45220005555054	4936	55000005665055
3300	05005331771550	4928	46000004774064	4937	55000115555055
3301	05005332662550	4929	46000005665064	4938	55001005555155

同时，由这 4938 个特征数组所描述的含 1*P*3*T*21*B* 的数字拓扑图如图 6-10 所示，一共有 4938 个。

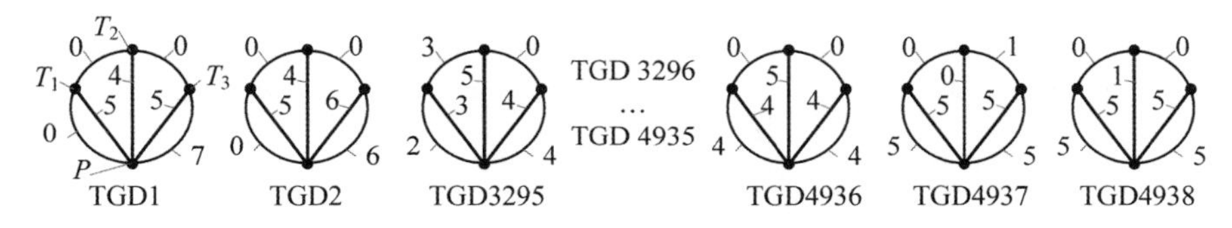

图 6-10　含 1*P*3*T*21*B* 的 4938 个数字拓扑图

6.4　四自由度并联机构型综合的应用举例

在进行机构型综合时，运动副类型及数目的确定是其中一个比较重要的问题。在数字拓扑图及拓扑图中，连接点 *J* 具有 1 个自由度。图 6-11 所示为机构运动副与串联连接的连接点 *J* 之间的等价对应关系。

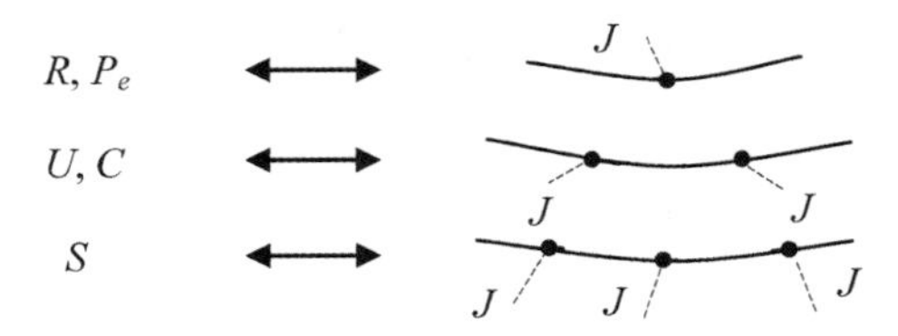

图 6-11　运动副与连接点 *J* 的等价关系

其中，*R* 为转动副，P_e 为移动副，均具有一个自由度；*U* 为球销副，*C* 为圆柱副，均具有两个自由度；*S* 为球面副，具有三个自由度。

由此可见，以一定数目串联连接的 *J* 与不同类型运动副之间的替换关系符合以下三个准则：

①拓扑图中的一个连接点 J 可以用 R 副或 P_e 副替代。

②拓扑图中串联连接的 2 个连接点 J 可以用 U 副或 C 副替代。

③拓扑图中串联连接的 3 个连接点 J 可以用 S 副替代。

基于前文综合出的四自由度并联机构的有效数字拓扑图和对应的特征数组，连接基本连杆的各分支支链上的二元杆数已知。而对于每个由几个二元杆组成的单个支链来说，通过变换不同的运动副组合就可将数字拓扑图中串联连接的不同数目的二元杆变化成有效的运动副分支，从而由不同的支链组成不同结构的并联机构。

图 6-12 所示为关联杆组 $2T$ 的 4 个数字拓扑图综合出的 8 个四自由度并联机构结构简图。由关联杆组理论可知，对于不含被动自由度和冗余约束的四自由度并联机构，其二元杆 B 的数目为 13。

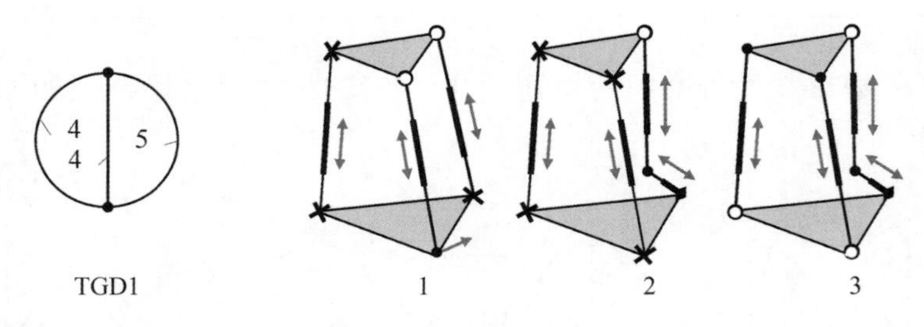

（a）由 TGD1 综合出的 3 个四自由度并联机构

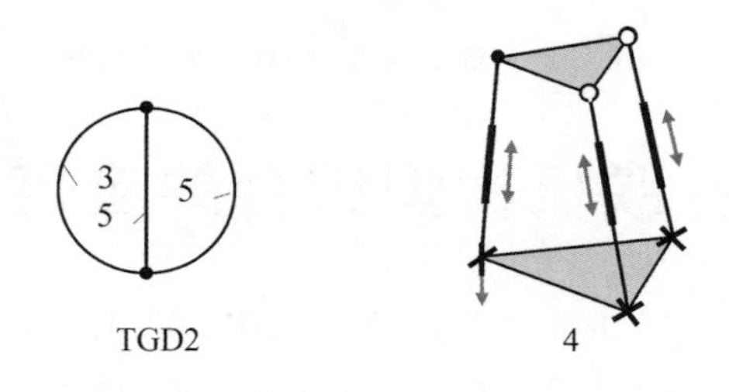

（b）由 TGD2 综合出的 3 个四自由度并联机构

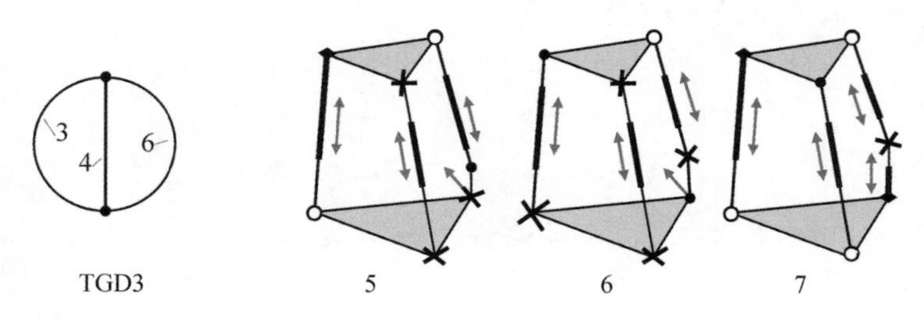

（c）由 TGD3 综合出的 3 个四自由度并联机构

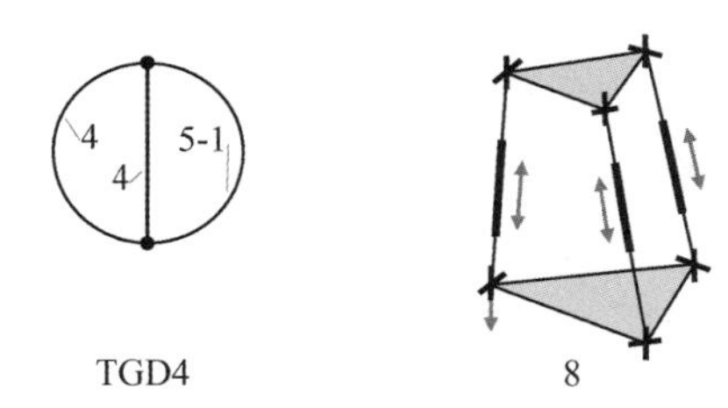

（d）由 TGD4 综合出的 3 个四自由度并联机构

图 6-12　由 2*T* 的 4 个数字拓扑图综合的 8 个四自由度并联机构

为了便于说明，图中用一定的图形符号来表示机构中不同类型的运动副和局部机构，其对应关系如表 6-9 所示。

表 6-9　不同类型运动副的图形符号及含义

图形符号	符号含义	图形符号	符号含义
▬	移动副 P_e	○	球面副 S
●	转动副 R	⇆	驱动移动副
↗	圆柱副 C	●→	驱动转动副
×	球销副 U	⬭	平面局部机构

对于图 6-12（d）中所综合出的四自由度并联机构，因为含有 1 个冗余约束，所以，其所对应的数字拓扑图中二元杆的数目就会减少 1，即为 12。

图 6-13、图 6-14 和图 6-15 分别为由关联杆组 2*Q*、1*Q*2*T* 和 2*P* 的 3 个、1 个和 2 个数字拓扑图综合出的 16 个四自由度并联机构结构简图。

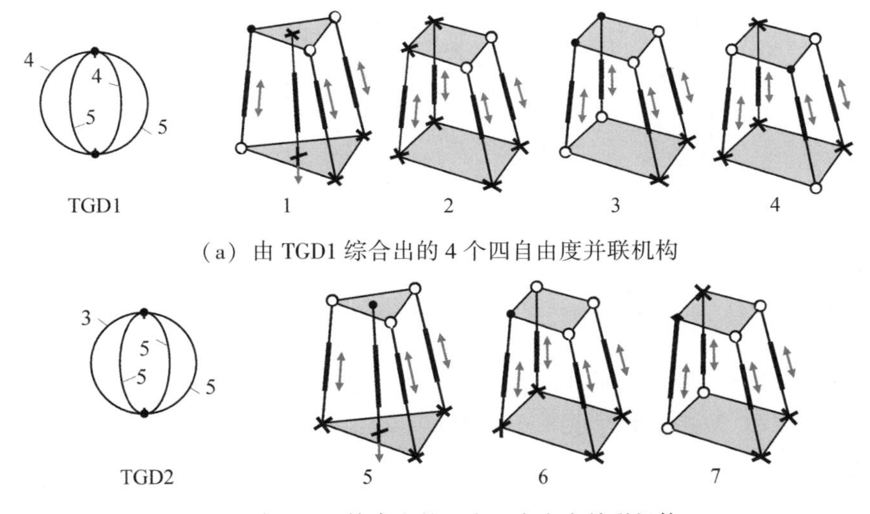

（a）由 TGD1 综合出的 4 个四自由度并联机构

（b）由 TGD2 综合出的 3 个四自由度并联机构

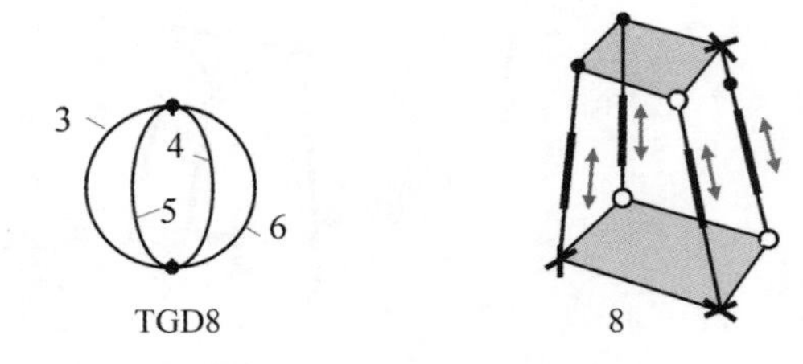

（c）由 TGD3 综合出的 1 个四自由度并联机构

图 6-13　由 2Q 的 3 个数字拓扑图综合的 8 个四自由度并联机构

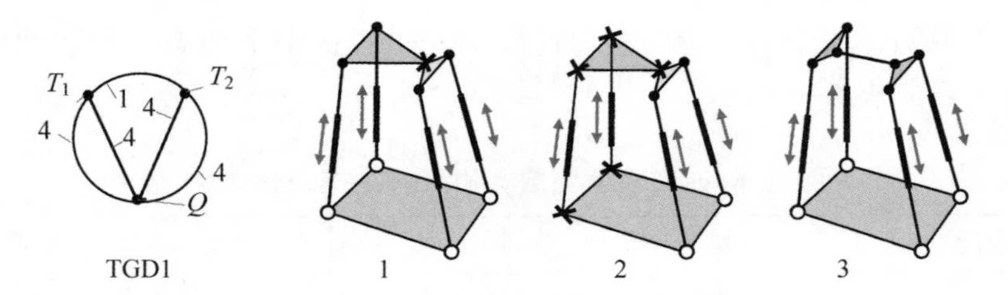

图 6-14　由 1Q2T 的 1 个数字拓扑图综合的 3 个四自由度并联机构

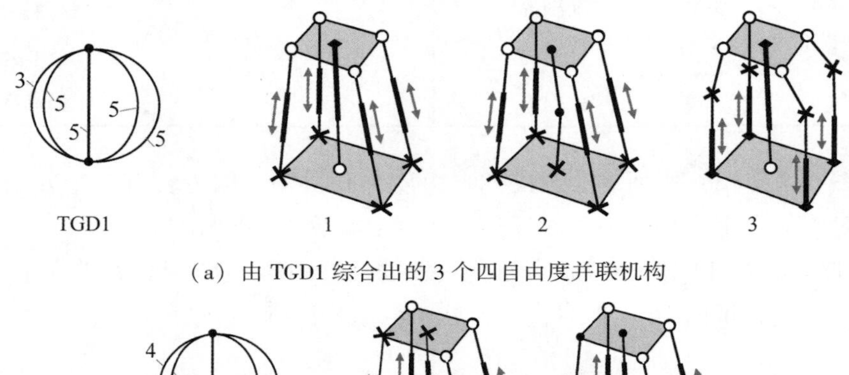

（a）由 TGD1 综合出的 3 个四自由度并联机构

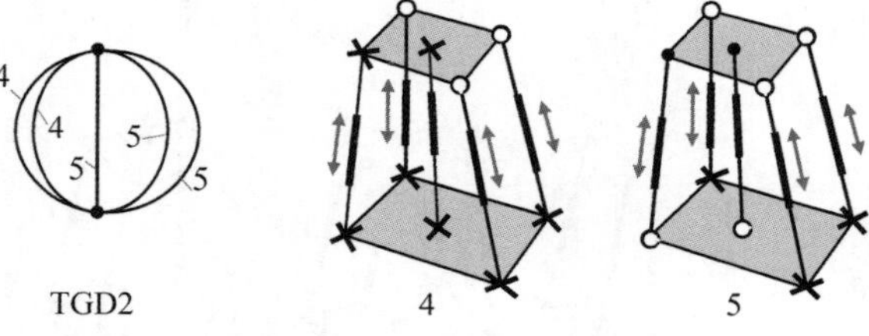

（b）由 TGD2 综合出的 2 个四自由度并联机构

图 6-15　由 2P 的 2 个数字拓扑图综合的 5 个四自由度并联机构

采用同样的方法，可以对含 4T 的关联杆组进行四自由度并联机构综合，构型简图如图 6-16 所示。

由关联杆组理论，当一个四自由度并联机构含有冗余约束 ν 时，其所含二元杆 B 的数目 n_2 就会减小。在这种情况下，每含有一个平面局部机构，其有效数字拓扑图对应的特征数组中 n_2 就会减小 3。依据这一原则，由关联杆组 4T16B 的数字拓扑图（图 6-2 中 CG1）和其对应的特征数组｛114，412，244，441｝（表 6-3 标号 210 的数组），将数组转变为｛102，202，244，441｝就能构建含冗余约束四自由度并联机构，如图

6-16 (b)的构型 1 和 2 所示。

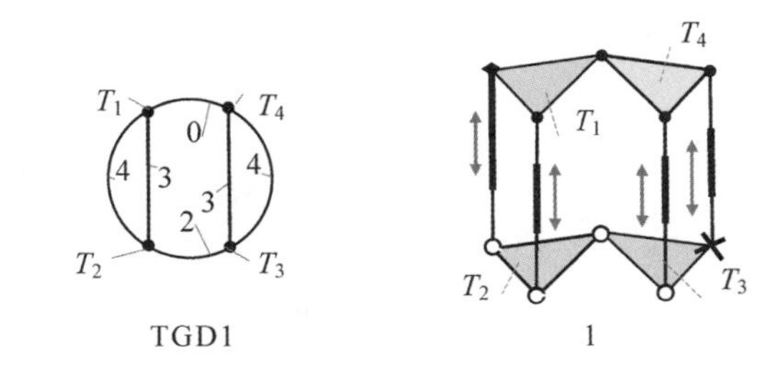

(a) 由 TGD1 综合出的 1 个四自由度并联机构

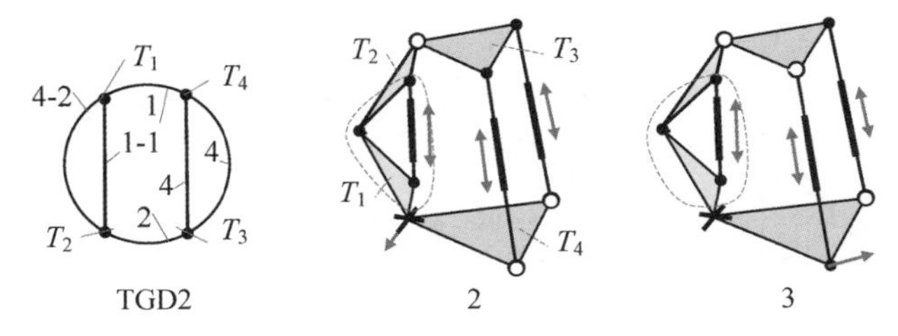

(b) 由 TGD2 综合出的 2 个四自由度并联机构

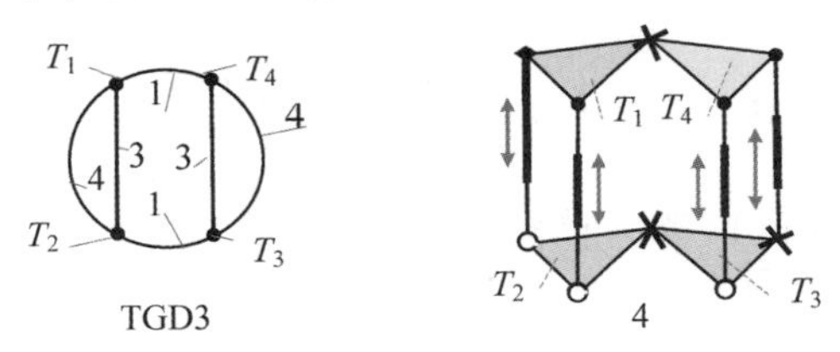

(c) 由 TGD3 综合出的 1 个四自由度并联机构

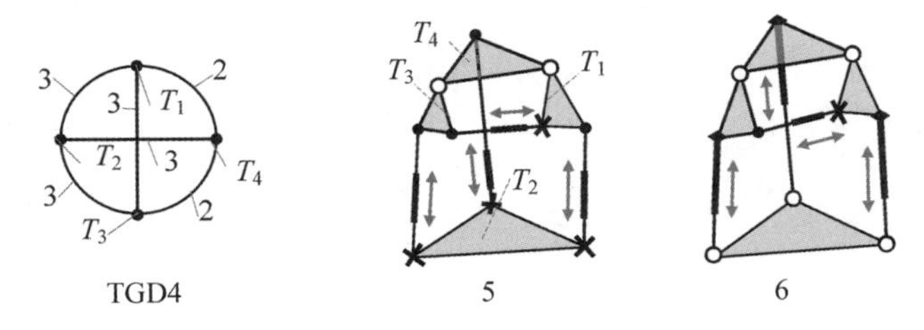

(d) 由 TGD4 综合出的 2 个四自由度并联机构

图 6-16　由 4*T* 的 4 个数字拓扑图综合的 6 个四自由度并联机构

图 6-17 是由关联杆组 1*P*3*T* 所综合出的 3 个四自由度并联机构构型。其中，(a) 图中的构型因为含有了一个最简单的平面局部机构而含有冗余约束。其对应的数字拓扑图的特征数组为 {44511，113，350，044}。

而当一个四自由度并联机构含有被动自由度 ζ 时，由关联杆组理论可知，其所含二元杆 *B* 的数目 n_2 就会增加 ζ。图 6-17 (b) 图中的两个含被动自由度 $\zeta=2$ 的空间四自由度并联机构，是由已综合出的关联杆组 1*P*3*T*21*B* 的有效数字拓扑图（图 6-10）和对应的特征数组 {440，050，044，44544}（表 6-8 中标号 4900 的数组）推导得到的。具体是通过构建两个 *SPS* 分支，n_2 由 21 增大到 23，特征数组变为｛440，050，055，55544｝，如图 6-17（b）所示。

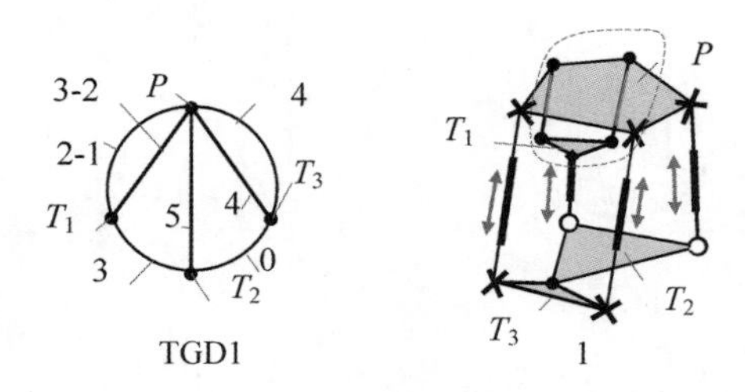

（a）由 TGD1 综合出的 1 个四自由度并联机构

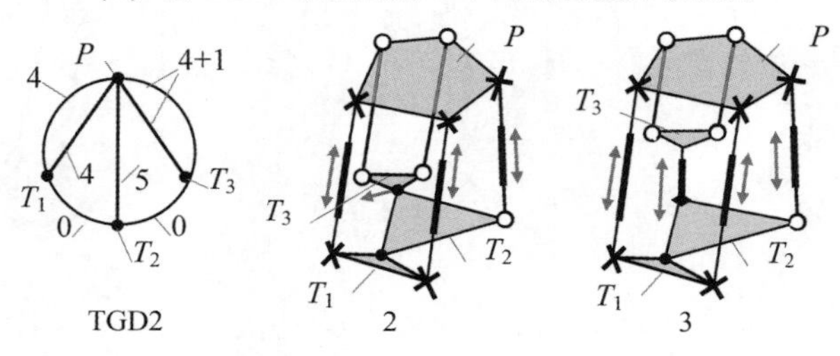

（b）由 TGD2 综合出的 3 个四自由度并联机构

图 6-17　由 1*P*3*T* 的 2 个数字拓扑图综合的 3 个四自由度并联机构

同理，可以对含更多杆件的关联杆组 2*Q*4*T* 进行构型综合，得出 4 个不同的四自由度并联机构，如图 6-18 所示。

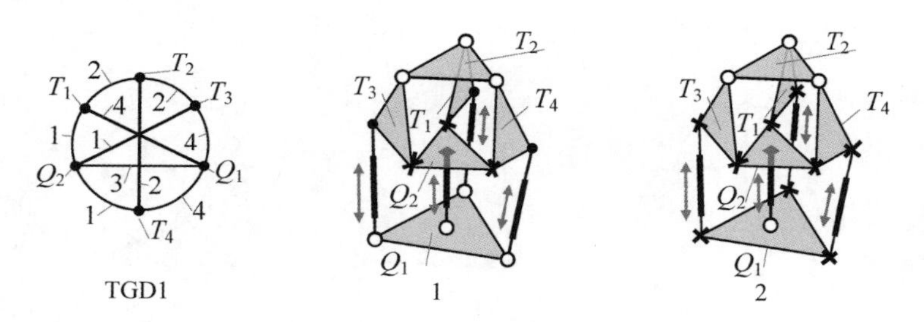

（a）由 TGD1 综合出的 2 个四自由度并联机构

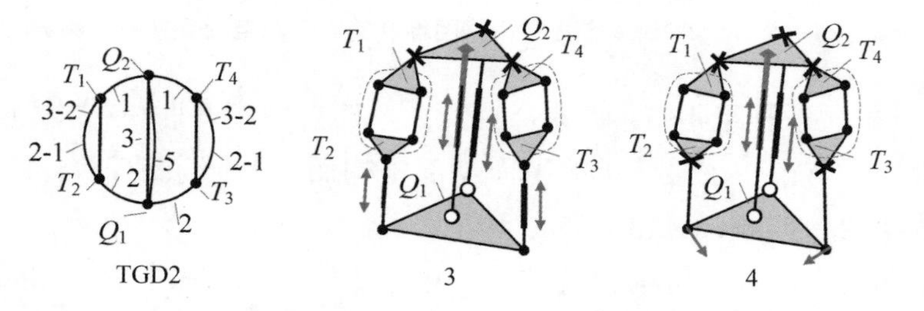

（b）由 TGD2 综合出的 2 个四自由度并联机构

图 6-18　由 2*Q*4*T* 的 2 个数字拓扑图综合的 4 个四自由度并联机构

6.5　新型四自由度并联机构建模及自由度验证

在并联机构型综合上，其运动副类型和配置关系等极为复杂，以图 6-15（b）为例，标号为 4 的机构含 3 个 UPS 和 2 个 UPU 分支。其中，UPS 分支对应数字拓扑图 TGD 2 中标号为 5 的连接两个五元杆 P 的支链，因为并联机构分支的自由度必须和数字拓扑图分支的相同，所以自由度为 6 的由 5 个二元杆串联的支链，在机构型综合时可以用自由度为 6 的 UPS 分支替换。在进行运动副具体配置时，U 副包括两个 R 副，其中一个 R 副和平台对边平行，另一个 R 副和 P_e 副及第一个 R 副垂直。

根据上述已综合出的并联机构结构简图，很容易建立机构的 CAD 模型。图 6-19 和图 6-20 为使用先进 CAD 软件建立的两种新型的四自由度并联机构。其中，图 6-19 为对应图 6-12（c）中标号为 7 的 SP+SPR+PUPS 并联机构，该机构所包含的 SP 分支以 S 副与底座相连，通过 P_e 副与动平台固连；所包含的 SPR 分支以 S 副与底座相连，通过 R 副与动平台相连，该 R 副和动平台对边平行；而 PUPS 分支，共含有 4 个运动副，分别以 P_e 副与底座固连，通过 S 副与动平台相连。而 U 副可以等效为两个轴线互相垂直的 R 副，记为 R_1 和 R_2，其具体配置关系为 R_1 与 R_2 垂直，R_1 和 R_2 分别与和它们相互连接的杆件垂直。

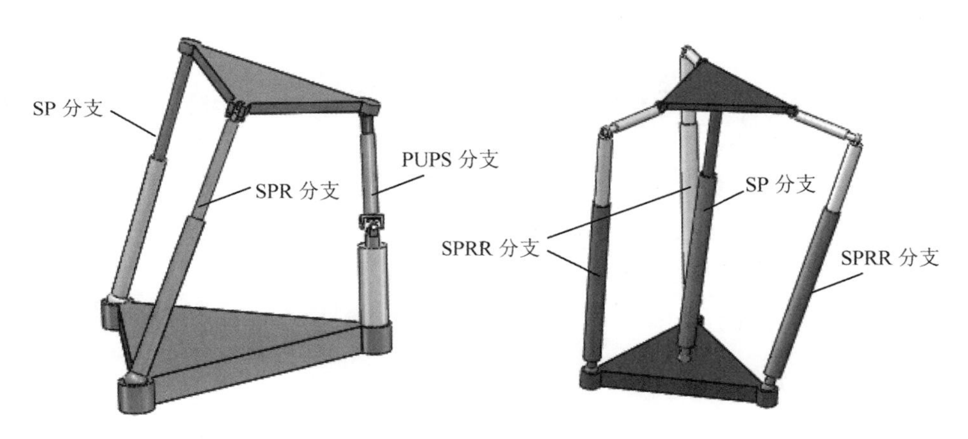

图 6-19　SP+SPR+PUPS 并联机构　　**图 6-20　3-SPRR+SP 并联机构**

图 6-20 所示为 3-SPRR+SP 并联机构，其主要由基座、动平台、3 个均布的 SPRR 分支和一个中间 SP 分支组成。其中，SP 分支由两个运动副和上、下两个杆件组成，下杆件通过 S 副与基座相连，上杆件与下杆件构成 P_e 副，且与动平台固连。3 个 SPRR 分支均含 4 个运动副，分别为两个转动副、一个移动副和一个球面副。每一个 SPRR 分支以 S 副与底座相连，通过 R 副与动平台相连，且该 R 副轴线与动平台对边平行。另一个 R 副轴线与其垂直。

为了检验机构的可动性，基于修正的 G-K 公式，对上述已综合出的四自由度并联机构的自由度进行计算，并同相关文献资料对比，验证了该方法的可行性和综合机构的新颖性，结果如表 6-9 所示。

表 6-9 综合出的 37 个四自由度并联机构的自由度计算结果

关联杆组	序号	n_2	n_3	n_4	n_5	N	g	ζ	ν	F	是否新型
$2T$	1	13	2	0	0	8	9	0	0	4	是
	2	13	2	0	0	9	10	0	0	4	是
	3	13	2	0	0	9	10	0	0	4	是
	4	13	2	0	0	8	9	0	0	4	否
	5	13	2	0	0	8	9	0	0	4	是
	6	13	2	0	0	9	10	0	0	4	是
	7	13	2	0	0	8	9	0	0	4	是
	8	12	2	0	0	8	9	0	1	4	否
$2Q$	1	18	0	2	0	10	12	0	0	4	否
	2	18	0	2	0	10	12	0	0	4	是
	3	18	0	2	0	10	12	0	0	4	否
	4	18	0	2	0	10	12	0	0	4	是
	5	18	0	2	0	10	12	0	0	4	是
	6	18	0	2	0	10	12	0	0	4	是
	7	18	0	2	0	10	12	0	0	4	否
	8	18	0	2	0	11	13	0	0	4	是
$1Q2T$	1	17	2	1	0	11	13	0	0	4	是
	2	17	2	1	0	11	13	0	0	4	是
	3	17	2	1	0	12	14	0	0	4	是
$2P$	1	23	0	0	2	11	14	0	0	4	否
	2	23	0	0	2	12	15	0	0	4	否
	3	23	0	0	2	12	15	0	0	4	否
	4	23	0	0	2	12	15	0	0	4	是
	5	23	0	0	2	12	15	0	0	4	是
$4T$	1	16	4	0	0	11	13	0	0	4	是
	2	13	4	0	0	10	12	0	3	4	是
	3	13	4	0	0	10	12	0	3	4	是
	4	16	4	0	0	11	13	0	0	4	是
	5	16	4	0	0	11	13	0	0	4	是
	6	16	4	0	0	9	11	0	0	4	是

续表

关联杆组	序号	n_2	n_3	n_4	n_5	N	g	ζ	ν	F	是否新型
$1P3T$	1	18	3	0	1	13	16	0	3	4	是
	2	23	3	0	1	12	15	2	0	4	是
	3	23	3	0	1	12	15	2	0	4	是
$2Q4T$	1	24	4	2	0	13	17	0	0	4	是
	2	24	4	2	0	13	17	0	0	4	是
	3	18	4	2	0	17	21	0	6	4	是
	4	18	4	2	0	17	21	0	6	4	是

综上，通过该方法，就能综合出一些新型的四自由度并联机构。根据以上实例分析，在对并联机构进行型综合研究时，可以依据以下 5 条准则进行驱动器位置的确定：

①尽量将所有驱动器放在基座或靠近基座的位置上以便减小振动对机构精度的影响；

②当并联机构用于重载和低速场合时，尽量选用直线驱动器；

③当并联机构用于高速和低载场合时，尽量选用旋转驱动器；

④当并联机构用于重载场合时，尽量选用具有高刚度的局部平面机构分支；

⑤为增加机构的稳定性，选择含较多运动副关节的基本连杆作为机构的基座。

采用同样的方法，可以建立图 6-11（a）中标号为 4 的 2-UPS+SPR+UPU 并联机构和图 6-15（b）中标号为 5 的 3-UPS+2-SPR 并联机构，如图 6-21 所示，其他构型以此类推。

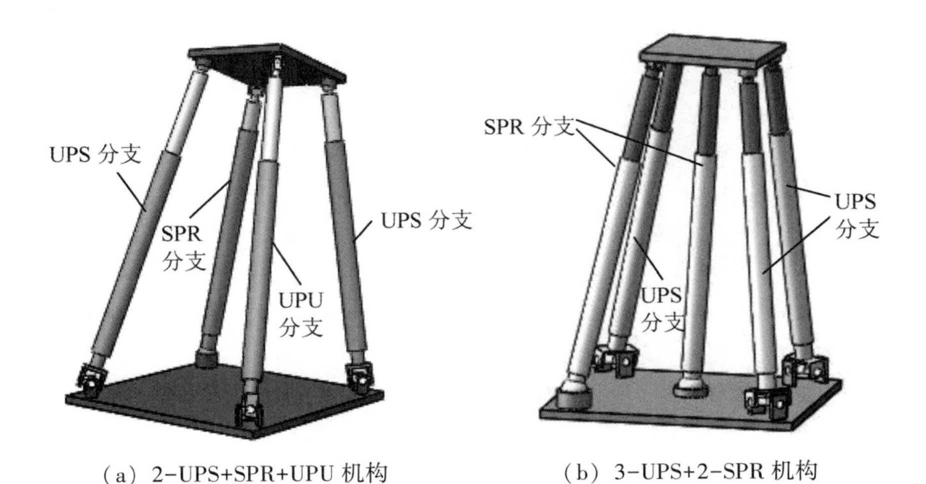

（a）2-UPS+SPR+UPU 机构　　（b）3-UPS+2-SPR 机构

图 6-21　两种新型四自由度并联机构 CAD 模型

当四自由度空间并联机构的复杂度系数大于等于 7 时，采用关联杆组理论，很容易确定各个基本连杆的数目。根据机构所含被动自由度数目及冗余约束数，采用上述方法，利用数字拓扑图就能综合出新型的四自由度空间并联机构。

6.6 本章小结

本章基于数学描述方法和数字拓扑图的概念进行四自由度空间并联机构型综合的研究。首先，基于前述章节的内容很容易建立不含二元杆的机构拓扑胚图，选择其中的 9 个闭环机构拓扑胚图进行四自由度空间并联机构型综合。根据数字拓扑图的概念和基本结构，由一个拓扑胚图可以推导出许多特征数组，通过识别和删除无效及同构的特征数组，得到构建有效数字拓扑图的特征数组。由此实现了将一个复杂的拓扑图用一个简单的数字拓扑图来表示，尤其是为实现由人工进行拓扑图同构及无效识别转为计算机自动识别与处理奠定了理论基础。

同时，采用特征数组对四自由度空间并联机构含数目较多基本连杆的数字拓扑图进行综合，根据运动副与数字拓扑图各分支串联连接二元杆的替换关系，构建了运动副分支，从而组成不同结构的并联机构。通过实例证明了运用该方法可以很容易地综合出新颖的空间并联机构，进一步证实了基于数学描述方法和数字拓扑图的概念进行机构型综合的有效性。事实上，本章只选用了前文综合出的 18 个有效数字拓扑图进行四自由度空间并联机构综合。通过已综合出的数字拓扑图还可以综合出更多新颖的四自由度空间并联机构。

7 一种新型并联臂手机构分析

7.1 引言

本章基于上一章综合出的4DOF并联机构3-SPRR+SP（图6-20所示），进行了运动副替换，提出一种含中间约束的分支与手指复合式并联臂手机构，该机构周边3个分支与运动平台的连接杆实现手指功能，通过协调这3个连接杆的位置，实现对物体的抓取。

该复合式并联臂手机构的驱动电机全部安装在靠近定平台的位置，手指无须安装电机，避免了手指电机振动对抓取精度的影响；彻底的并联构型，很大程度上消除了累计误差，进一步提高了末端精度；4个分支的分布与自由度特性，使其可以通过收缩中间分支为手指提供较大的抓持力，同时，并联构型还充分保证了整体的刚度；节省了手指部分的电机，使整体结构更为紧凑，降低了电机和控制器的成本，提高了整体的稳定性，使控制更为简单。

对符号表示进行说明，在本章中，B 代表机构的固定平台，不再是关联杆组、胚图及拓扑图中的二元杆。

7.2 结构描述

本章提出的新型分支与手指复合式并联臂手机构如图7-1所示，其主体结构为3-UPUR+SP并联机构，与第6章图6-20中3-SPRR+SP机构的区别在于，通过运动副替换，将3个均布的SPRR分支替换为三个UPUR分支。该机构由固定平台 B、运动平台 m、3个均布的UPUR分支（分支1、2、3）和一个中间SP分支（分支0）组成。该机构的结构简图如图7-2所示，B 的形心为 O，m 的形心为 o，点 $B_{i1}(i=1,\ 2,\ 3)$ 均布在 B 上，即以 O 为圆心、以 E 为半径的圆周上，点 $B_{i3}(i=1,\ 2,\ 3)$ 均布在 m 上，即以 o 为圆心、以 e 为半径的圆周上。根据此并联臂手机构搭建的样机如图7-3所示。

SP分支记为分支0，它由两个运动副（移动副 P_e、球副 S）和两个杆件构成，两个杆件分别称为上杆件和下杆件，下杆件在点 O 处以球副 S 与 B 相连，上杆件在点 o 处与 m 垂直固连在一起，上杆件与下杆件以移动副 P_e 相连，且三者轴线重合。

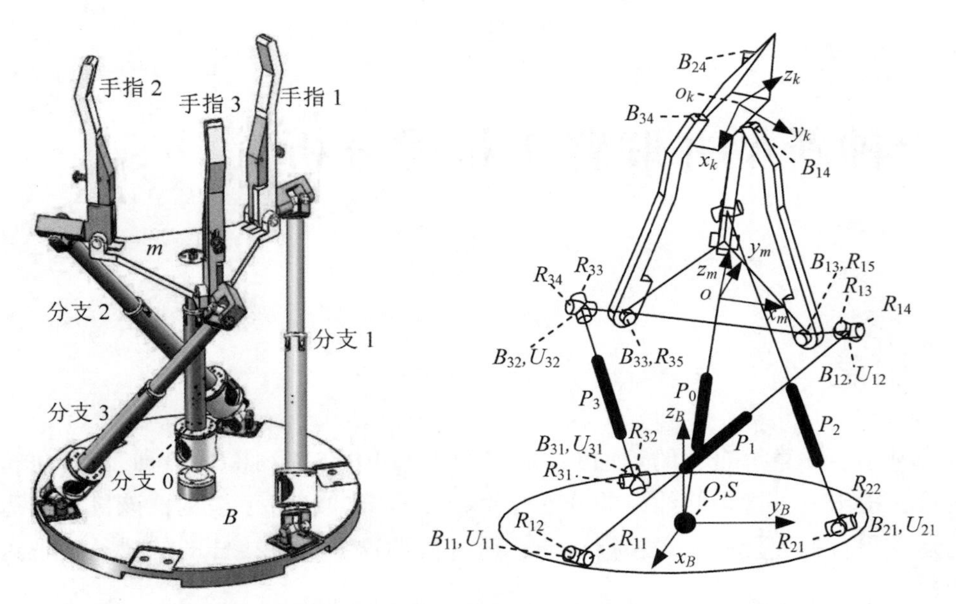

图 7-1　3-UPUR+SP 型并联臂手机构　　**图 7-2　3-UPUR+SP 结构简图**

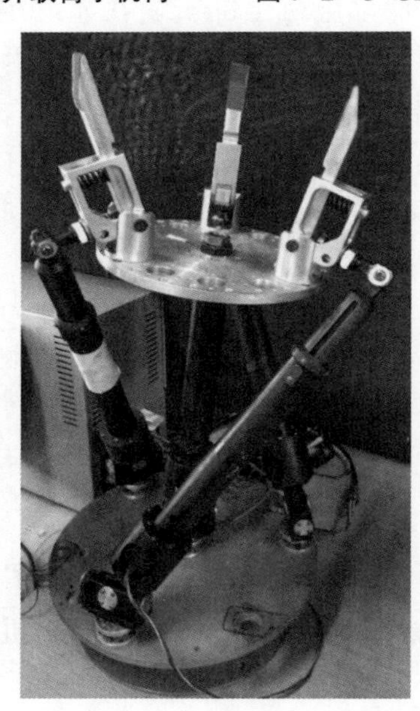

图 7-3　3-UPUR+SP 型并联臂手机构样机

3 个 UPUR 分支分别记为分支 $i(i=1,\ 2,\ 3)$，它们都分别由四个运动副和 3 个杆件构成，四个运动副包括两个万向副、一个移动副和一个转动副，三个杆件分别称为下杆件、上杆件和手指杆。下杆件通过万向副 U_{i1} 在 B_{i1} 处与 B 连接，U_{i1} 可等效为两个轴线互相垂直的转动副，与 B 相连的记为 R_{i1}，与下杆件相连的记为 R_{i2}，$R_{11}||B_{31}B_{21}$，$R_{21}||B_{11}B_{31}$，$R_{31}||B_{21}B_{11}$，$R_{i1}\perp R_{i2}$，R_{i2}垂直于下杆件。上杆件通过移动副 P_i 与下杆件

相连，分支 i 上杆件、分支 i 下杆件、移动副 P_i 三者的轴线重合。上杆件通过万向副 U_{i2} 在 B_{i2} 处与手指杆连接，U_{i2} 可等效为两个轴线互相垂直的转动副，与上杆件相连的记为 R_{i3}，与手指杆相连的记为 R_{i4}，$R_{i3} \perp R_{i4}$，$R_{i3} || R_{i2}$，R_{i4} 由 B_{i2} 指向 B_{i3}。手指杆是一个同时充当手指的连接杆，它通过转动副 R_{i5} 在 B_{i3} 处与 m 连接，$R_{15} || B_{35}B_{25}$，$R_{25} || B_{15}B_{35}$，$R_{35} || B_{25}B_{15}$，$R_{i5} \perp B_{i2}B_{i3}$，手指杆的指尖点记为 B_{i4}，且 $B_{i3}B_{i4} \perp B_{i2}B_{i3}$。

分支 $i(i=0,1,2,3)$ 中下杆件的质心记为点 Q_{i1}，上杆件的质心记为点 Q_{i2}，分支 $i(i=1,2,3)$ 中手杆的质心记为点 Q_{i3}。

该机构的构件（含基座）数目为12，运动副数目为14，所有运动副的总自由度数为22，无冗余约束和局部自由度，由修正的 Kutzbach-Grübler 公式可得该机构的自由度数为 $M=6\times(12-14-1)+22+0-0=4$。根据约束力/矩的判断准则可以知道，被约束的是与中间分支垂直的两个移动自由度，因而该机构的 4 个自由度性质为 3 转 1 移，允许的移动自由度始终沿 SP 分支的轴线方向。该机构的四个驱动加在四个 $P_i(i=0,1,2,3)$ 副上。

7.3 位置求解

7.3.1 坐标系的建立原则

为含多个独立手指单元的并联臂手机构建立坐标系，应按照以下原则：

①所有坐标系均采用右手坐标系；

②为并联机构建立定坐标系 $\{B\}$（后文简称为定系），$\{B\}$ 固连在并联机构的固定平台上，一般以固定平台的形心 O 为原点，z 轴垂直于固定平台，指向运动平台所在的一侧，x 轴、y 轴位于固定平台平面内，方向根据机构的具体情况指定；

③为并联机构建立动坐标系 $\{m\}$，$\{m\}$ 固连在并联机构的运动平台上，一般以运动平台的形心 o 为原点，z 轴垂直于运动平台，指向远离固定平台的一侧，x 轴、y 轴位于运动平台平面内，方向根据机构的具体情况指定；

④为手指 i 建立手指坐标系 $\{t_i\}$（后文简称手指系），$\{t_i\}$ 的原点位置和坐标轴方向的选择原则以方便对手指进行单独分析为准；

⑤为并联机构分支 i 各构件建立质心连体坐标系 $\{A_{ik}\}$，在运动过程中始终与各构件固连，$\{A_{ik}\}$ 以构件质心 Q_{ik} 为原点，各坐标轴方向的选取以方便在运动过程中跟踪其姿态为准；

⑥为并联机构分支 i 各构件建立质心惯性主轴坐标系 $\{Q_{ik}\}$，在运动过程中始终与构件固连，以构件质心 Q_{ik} 为原点，各坐标轴方向始终与构件的惯性主轴重合；

⑦为运动平台建立质心惯性主轴坐标系 $\{o\}$，以 m 的质心 o 为原点，以 m 的惯性主轴作为坐标轴，在运动过程中始终与 m 固连；

⑧为手指 i 各构件建立质心连体坐标系 $\{C_{ik}\}$，在运动过程中始终与各构件相固连，$\{C_{ik}\}$ 以构件质心 N_{ik} 为原点，各坐标轴方向的选取以方便在运动过程中跟踪其姿态为准；

⑨为手指各构件建立质心惯性主轴坐标系 $\{N_{ik}\}$，以构件质心 N_{ik} 为原点，各坐标轴方向始终与构件的惯性主轴重合，在运动过程中始终与构件固连；

⑩为机构中所有运动构件建立质心平行坐标系，在运动过程中，原点始终位于各构件的质心上，各坐标轴方向始终与 $\{B\}$ 的各坐标轴相同。

以 $\boldsymbol{x}_B$、$\boldsymbol{y}_B$、$\boldsymbol{z}_B$ 分别表示 $\{B\}$ 的 x、y、z 轴的单位方向向量，类似的，$\{m\}$、$\{t_i\}$、…的坐标轴单位方向向量的下标分别为 m、ti、…。$\{A\}$ 相对于 $\{B\}$ 的旋转变换矩阵以 ${}^B_A\boldsymbol{R}$ 表示。某矢量 $\boldsymbol{x}$ 在 $\{B\}$、$\{m\}$、$\{t_i\}$、…中的表示分别记为 $\boldsymbol{x}$、${}^m\boldsymbol{x}$、${}^{ti}\boldsymbol{x}$、…。并联机构的自由度数记为 n，手指 i 的自由度数记为 s_i。

构件的惯性主轴原则上由构件的形状及质量分布决定，但是在零部件的加工装配过程中由于各种误差（加工误差、装配误差等）的存在，使得理论值和实际值之间不可避免地存在偏差，需要通过对动力学参数进行辨识获得真实的惯性主轴姿态、惯性张量等参数，目前有大量文献针对此问题进行了大量研究并提出了多种方法，本文不再对其进行深入研究，而是建立质心连体坐标系和质心惯性主轴坐标系，通过两者之间的旋转变换矩阵（${}^{Aik}_{Qik}\boldsymbol{R}$、${}^m_0\boldsymbol{R}$、${}^{Cik}_{Nik}\boldsymbol{R}$），将构件的形状、质量分布以及各种误差造成的质量属性变化考虑进动力学模型中。虽然在后面给定的数值实例中将两者设定为重合，但是在所建立的动力学模型中仍然包含有反映这种影响的参数。

依据以上坐标系建立原则建立各坐标系：

①为 3-UPUR+SP 并联机构建立定坐标系 $\{B\}$，$\{B\}$ 固连在 B 上，以 O 为原点，x 轴与 $B_{31}B_{11}$ 平行，y 轴指向 B_{21}，z 轴垂直于 B。

②为 3-UPUR+SP 并联机构建立动坐标系 $\{m\}$，$\{m\}$ 固连在 m 上，以 o 为原点，x 轴与 $B_{33}B_{13}$ 平行，y 轴指向 B_{23}，z 轴垂直于 m。

③在被抓物体上建立质心惯性主轴坐标系 $\{K\}$，以物体质心 o_k 为原点，各坐标轴方向与物体的惯性主轴重合，在运动过程中始终与物体固连。

④此外，还需要在被抓物体上建立夹持坐标系 $\{s\}$，以抓取物体时物体上与 B_{34} 接触的夹持点为原点，x 轴指向与 B_{14} 接触的夹持点，z 轴与三个夹持点所确定的平面垂直，在运动过程中始终与物体固连。

⑤其他坐标系的建立在后文需要使用时再进行描述。

以 $\boldsymbol{x}_B$、$\boldsymbol{y}_B$、$\boldsymbol{z}_B$ 表示 $\{B\}$ 坐标系的 x、y、z 轴单位方向向量，类似的，$\{m\}$、$\{K\}$、$\{s\}$ 坐标系的坐标轴单位方向向量下标分别为 m、K、s。$\{A\}$ 相对于 $\{B\}$ 的旋转变换矩阵以 ${}^B_A\boldsymbol{R}$ 表示。

7.3.2 位置反解

7.3.2.1 给定运动平台位姿时的位置反解

本小节在给定运动平台位姿的前提下求解机构的位置反解，并求解指尖的位置。

点 o 的位置矢量记为 $\boldsymbol{o}$，动平台位姿可用 $\boldsymbol{o}$ 和 ${}_m^B\boldsymbol{R}$ 来表示，那么

$$
\begin{gathered}
{}^m\boldsymbol{x}_m=[1\quad 0\quad 0]^{\mathrm{T}},{}^m\boldsymbol{y}_m=[0\quad 1\quad 0]^{\mathrm{T}},{}^m\boldsymbol{z}_m=[0\quad 0\quad 1]^{\mathrm{T}}、\boldsymbol{z}_B=[0\quad 0\quad 1]^{\mathrm{T}},\\
\boldsymbol{x}_m={}_m^B\boldsymbol{R}^m\boldsymbol{x}_m,\ \boldsymbol{y}_m={}_m^B\boldsymbol{R}^m\boldsymbol{y}_m,\ \boldsymbol{z}_m={}_m^B\boldsymbol{R}^m\boldsymbol{z}_m
\end{gathered}
\tag{7-1}
$$

以 $\boldsymbol{r}_0$、r_0 分别表示由点 O 到点 o 的向量和距离，以 $\boldsymbol{\delta}_{r0}$ 表示由点 O 指向点 o 的单位方向向量，因中间的 SP 分支始终与上平台垂直，那么

$$\boldsymbol{\delta}_{r_0}=\boldsymbol{z}_m,\ \boldsymbol{r}_0=r_0\boldsymbol{\delta}_{r0}=r_0\boldsymbol{z}_m=\boldsymbol{o} \tag{7-2}$$

点 B_{ij}（i，$j=1$，2，3）的位置矢量记为 $\boldsymbol{B}_{ij}$，那么

$$
\begin{gathered}
\boldsymbol{B}_{11}=\frac{\boldsymbol{E}}{2}[\sqrt{3}\quad -1\quad 0]^{\mathrm{T}},\ \boldsymbol{B}_{21}=[0\quad E\quad 0]^{\mathrm{T}},\ \boldsymbol{B}_{31}=\frac{E}{2}[-\sqrt{3}\quad -1\quad 0]^{\mathrm{T}},\\
{}^{\mathrm{m}}\boldsymbol{B}_{13}=\frac{e}{2}[\sqrt{3}\quad -1\quad 0]^{\mathrm{T}},{}^m\boldsymbol{B}_{23}=[0\quad e\quad 0]^{\mathrm{T}},{}^m\boldsymbol{B}_{33}=\frac{e}{2}[-\sqrt{3}\quad -1\quad 0]^{\mathrm{T}},\\
\boldsymbol{B}_{i3}={}_m^B\boldsymbol{R}^m\boldsymbol{B}_{i3}+\boldsymbol{o}(i=1,\ 2,\ 3)
\end{gathered}
\tag{7-3}
$$

以 $\boldsymbol{r}_i$、r_i 分别表示由点 B_{i1} 到点 B_{i3} 的向量和距离，以 $\boldsymbol{\delta}_{ri}$ 表示由点 B_{i1} 指向点 B_{i3} 的单位方向向量，那么

$$\boldsymbol{r}_i=\boldsymbol{B}_{i3}-\boldsymbol{B}_{i1},\ r_i|\boldsymbol{r}_i|=\sqrt{\boldsymbol{r}_i\cdot\boldsymbol{r}_i},\ \boldsymbol{\delta}_{ri}=\boldsymbol{r}_i/r_i \tag{7-4}$$

以 $\boldsymbol{e}_{ij}$ 表示由点 o 到点 B_{ij} 的矢量，以 $\boldsymbol{e}_{ijk}$ 表示由点 B_{ij} 到点 B_{ik} 的矢量，那么

$$\boldsymbol{e}_{ij}=\boldsymbol{B}_{ij}-\boldsymbol{o},\ \boldsymbol{e}_{ijk}=\boldsymbol{B}_{ik}-\boldsymbol{B}_{ij}=\boldsymbol{e}_{ik}-\boldsymbol{e}_{ij} \tag{7-5}$$

转动副 R_{ij}($i=1$，2，3；$j=1$，2，3，4，5）的单位方向向量记为 $\boldsymbol{R}_{ij}$，因 $\boldsymbol{z}_B\perp\boldsymbol{B}_{i1}$，$z_m\perp\boldsymbol{e}_{i3}$，那么

$$\boldsymbol{R}_{i1}=\boldsymbol{z}_B\times(\boldsymbol{B}_{i1}/|\boldsymbol{B}_{i1}|),\ \boldsymbol{R}_{i5}=\boldsymbol{z}_m\times(\boldsymbol{e}_{i3}/|\boldsymbol{e}_{i3}|) \tag{7-6}$$

令

$$\boldsymbol{r}_{i2}=\boldsymbol{r}_{i3}=\boldsymbol{r}_i\times\boldsymbol{R}_{i1},\ \boldsymbol{r}_{i4}=\boldsymbol{R}_{i5}\times\boldsymbol{R}_{i3} \tag{7-7}$$

那么

$$\boldsymbol{R}_{i4}=\boldsymbol{r}_{i4}/|\boldsymbol{r}_{i4}| \tag{7-8}$$

因为 $\boldsymbol{R}_{i2}||\boldsymbol{R}_{i3}$，$\boldsymbol{R}_{i3}\perp B_{i2}B_{i3}$，$\boldsymbol{R}_{i2}\perp B_{i1}B_{i2}$，故

$$\boldsymbol{R}_{i2}\perp B_{i2}B_{i3},\ \boldsymbol{R}_{i2}\perp B_{i1}B_{i3} \tag{7-9}$$

又 $\boldsymbol{R}_{i2}\perp\boldsymbol{R}_{i1}$，所以 $\boldsymbol{R}_{i2}$、$\boldsymbol{R}_{i2}$ 都与 $\boldsymbol{r}_{i2}$、$\boldsymbol{r}_{i3}$ 共线，那么

$$\boldsymbol{R}_{i2}=\boldsymbol{R}_{i3}=\boldsymbol{r}_{i2}/|\boldsymbol{r}_{i2}| \tag{7-10}$$

以 l_t 表示点 B_{i2} 与点 B_{i3} 间的距离，那么点 B_{i2} 的位置矢量为

$$\boldsymbol{B}_{i2}=\boldsymbol{B}_{i3}-l_t\boldsymbol{R}_{i4} \tag{7-11}$$

以 $\boldsymbol{p}_0$ 表示由点 O 到点 o 的矢量，以 $\boldsymbol{p}_i$($i=1$，2，3）表示由点 B_{i1} 到点 B_{i2} 的矢量，以 p_i（$i=0$，1，2，3）表示 $\boldsymbol{p}_i$ 的长度，以 $\boldsymbol{\delta}_{pi}$ 表示 $\boldsymbol{p}_i$ 的单位方向向量，那么

$$
\begin{gathered}
\boldsymbol{p}_0=\boldsymbol{r}_0=\boldsymbol{o},\ \boldsymbol{p}_i=\boldsymbol{B}_{i2}-\boldsymbol{B}_{i1}=\boldsymbol{B}_{i3}-l_t\boldsymbol{R}_{i4}-\boldsymbol{B}_{i1},\ (i=1,\ 2,\ 3)\\
p_0=r_0,\ p_i=|\boldsymbol{p}_i|,\ (i=1,\ 2,\ 3)\\
\boldsymbol{\delta}_{pi}=\boldsymbol{p}_i/p_i,\ (i=0,\ 1,\ 2,\ 3)
\end{gathered}
\tag{7-12}
$$

至此得到了机构的位置反解。

以 l_{34} 表示由点 B_{i3} 到点 B_{i4} 的距离，因为 $B_{i3}B_{i4} \perp B_{i2}B_{i3}$，所以可得手指指尖点 B_{i4} 的位置矢量为

$$\boldsymbol{B}_{i4}=\boldsymbol{B}_{i3}+l_{34}(\boldsymbol{R}_{i5}\times\boldsymbol{R}_{i4}) \tag{7-13}$$

7.3.2.2　给定运动平台独立参数时的位置反解

以 α、β、γ 表示 $\{m\}$ 相对于 $\{B\}$ 的 ZYZ 欧拉角，根据机构的自由度性质，可以将 α、β、γ、r_0 作为表示上平台位姿的 4 个独立参数。本小节在给定 α、β、γ、γ_0 的前提下求解机构的位置反解。那么

$${}_m^B\boldsymbol{R}=R_Z(\alpha)R_Y(\beta)R_Z(\gamma) \tag{7-14}$$

由式（7-1）和（7-2）可求得 o，接下来可以由给定运动平台位姿时的位置反解求得各驱动副的输入。

7.3.2.3　给定被夹持物体位姿参数时的位置反解

以 α_K、β_K 和 γ_K 表示 $\{K\}$ 相对于 $\{B\}$ 的 ZYZ 欧拉角，以 r_K 表示点 o_K 与点 O 之间的距离，那么

$${}_K^B\boldsymbol{R}=R_Z(\alpha_K)R_Y(\beta_K)R_Z(\gamma_K) \tag{7-15}$$

物体的三个稳定夹持点取决于物体的形状，此三点为手指抓取物体时三个手指尖端 B_{i4} 的接触点，以 ${}^K\boldsymbol{B}_{i4}(i=1,\ 2,\ 3)$ 表示此三个稳定夹持点在 $\{K\}$ 中的位置坐标。那么

$$\begin{gathered}{}_s^K\boldsymbol{R}=[{}^K\boldsymbol{x}_s\quad {}^K\boldsymbol{y}_s\quad {}^K\boldsymbol{z}_s],\ {}^K\boldsymbol{x}_s=\frac{{}^K\boldsymbol{B}_{14}-{}^K\boldsymbol{B}_{34}}{|{}^K\boldsymbol{B}_{14}-{}^K\boldsymbol{B}_{34}|},\\ {}^K\boldsymbol{z}_s=\frac{({}^K\boldsymbol{B}_{14}-{}^K\boldsymbol{B}_{34})\times({}^K\boldsymbol{B}_{24}-{}^K\boldsymbol{B}_{14})}{|({}^K\boldsymbol{B}_{14}-{}^K\boldsymbol{B}_{34})\times({}^K\boldsymbol{B}_{24}-{}^K\boldsymbol{B}_{14})|},\ {}^K\boldsymbol{y}_s={}^K\boldsymbol{z}_s\times{}^K\boldsymbol{x}_s\end{gathered} \tag{7-16}$$

点 o_K 的位置矢量记为 $\boldsymbol{o}_K$，设

$${}^m\boldsymbol{o}_K=[{}^mx_K\quad {}^my_K\quad {}^mz_K]^{\mathrm{T}} \tag{7-17}$$

由图 7-4 可得

$$r_o=\sqrt{r_K{}^2-{}^mx_K{}^2-{}^my_K{}^2}-{}^mz_K \tag{7-18}$$

$\{m\}$ 相对于 $\{B\}$ 的旋转变换矩阵可由下式求出

$${}_m^B\boldsymbol{R}={}_s^B\boldsymbol{R}{}_s^m\boldsymbol{R}^{\mathrm{T}}={}_K^B\boldsymbol{R}{}_s^K\boldsymbol{R}{}_s^m\boldsymbol{R}^{\mathrm{T}} \tag{7-19}$$

对于某个形状固定的物体，${}_s^K\boldsymbol{R}$ 是固定不变的，抓住物体后，${}_s^m\boldsymbol{R}$ 与 ${}^m\boldsymbol{o}_K$ 将保持不变，r_o 只受 r_K 的影响，${}_m^B\boldsymbol{R}$ 只受 ${}_K^B\boldsymbol{R}$ 的影响，因此，可以将 α_K、β_K、γ_K 和 r_K 作为表示被抓物体位姿的 4 个独立参数。本小节在给定 α_K、β_K、γ_K、r_K 以及 ${}^K\boldsymbol{B}_{i4}(i=1,\ 2,\ 3)$ 的前提下求解抓取物体时机构的位置反解。

以 θ_{i5} 表示由 $-\boldsymbol{e}_{i_3}$ 绕 $\boldsymbol{R}_{i5}$ 转动到手指边 $B_{i3}B_{i4}$ 所转过的角度，由 $\boldsymbol{R}_{i5}$ 正向往负向看去，逆时针为正，θ_{i5} 可以表示关节 $\boldsymbol{R}_{i5}$ 的转角。那么

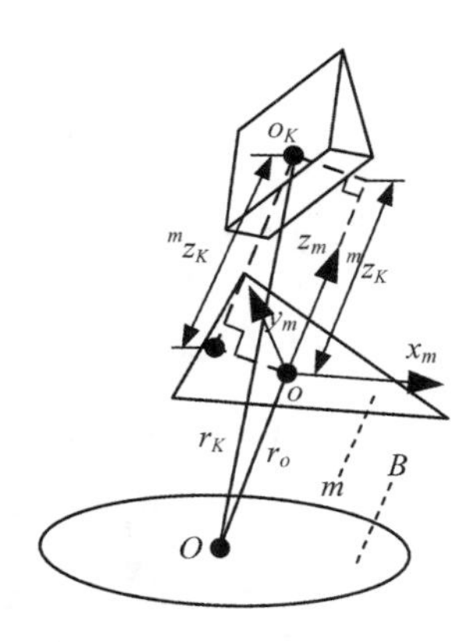

图 7-4 r_o的求解示意图

$$\begin{aligned}
&{}^m\boldsymbol{B}_{14}={}^m\boldsymbol{B}_{13}+l_{34}\left[-\frac{\sqrt{3}}{2}\cos\theta_{15}\quad \frac{1}{2}\cos\theta_{15}\quad \sin\theta_{15}\right]^{\mathrm{T}},\\
&m\boldsymbol{B}_{24}=m\boldsymbol{B}_{23}+l_{34}\left[0\quad -\cos\theta_{25}\quad \sin\theta_{25}\right]^{\mathrm{T}},\\
&{}^m\boldsymbol{B}_{34}=m\boldsymbol{B}_{33}+l_{34}\left[\frac{\sqrt{3}}{2}\cos\theta_{35}\quad \frac{1}{2}\cos\theta_{35}\quad \sin\theta_{35}\right]^{\mathrm{T}}
\end{aligned} \tag{7-20}$$

因为三个夹持点之间的距离满足

$$\begin{cases}
|{}^K\boldsymbol{B}_{14}-K\boldsymbol{B}_{24}|=|{}^m\boldsymbol{B}_{14}-{}^m\boldsymbol{B}_{24}|\\
|{}^K\boldsymbol{B}_{24}-K\boldsymbol{B}_{34}|=|{}^m\boldsymbol{B}_{24}-{}^m\boldsymbol{B}_{34}|\\
|{}^K\boldsymbol{B}_{34}-K\boldsymbol{B}_{14}|=|{}^m\boldsymbol{B}_{34}-{}^m\boldsymbol{B}_{14}|
\end{cases} \tag{7-21}$$

将式（7-20）代入式（7-21），并由式（7-3）可得

$$\begin{cases}
|{}^K\boldsymbol{B}_{14}-{}^K\boldsymbol{B}_{24}|^2=l_{34}{}^2c\theta_{15}c\theta_{25}-2l_{34}{}^2s\theta_{15}s\theta_{25}-3el_{34}c\theta_{15}-3el_{34}c\theta_{25}+3e^2+2l_{34}{}^2\\
|{}^K\boldsymbol{B}_{24}-{}^K\boldsymbol{B}_{34}|^2=l_{34}{}^2c\theta_{25}c\theta_{35}-2l_{34}{}^2s\theta_{25}s\theta_{35}-3el_{34}c\theta_{35}-3el_{34}c\theta_{25}+3e^2+2l_{34}{}^2\\
|{}^K\boldsymbol{B}_{34}-{}^K\boldsymbol{B}_{14}|^2=l_{34}{}^2c\theta_{35}c\theta_{15}-2l_{34}{}^2s\theta_{35}s\theta_{15}-3el_{34}c\theta_{35}-3el_{34}c\theta_{15}+3e^2+2l_{34}{}^2
\end{cases} \tag{7-22}$$

三个手指尖端相交于一点时的 θ_{i5} 记为 Θ_{i5}，因为三个手指的尺寸相同，那么

$$\left.\begin{aligned}
&l_{34}\cos\Theta_{i5}=e,\\
&0<\Theta_{i5}<\pi
\end{aligned}\right\}\Rightarrow\Theta_{i5}=\arccos(e/l_{34}) \tag{7-23}$$

解方程组（7-22）会求出 θ_{i5}的多组解，手指正常抓取时，都是位于运动平台的上方，且要求手指内侧接触物体，那么应取满足 $\Theta_{i5}<\theta_{i5}<\pi$ 范围的解。将求得的 θ_{i5} 代入式（7-20），可得到${}^m\boldsymbol{B}_{i4}$。那么

$$\begin{aligned}
&{}^m\boldsymbol{x}_s=\frac{{}^m\boldsymbol{B}_{14}-{}^m\boldsymbol{B}_{34}}{|{}^m\boldsymbol{B}_{14}-{}^m\boldsymbol{B}_{34}|},\ {}^m\boldsymbol{z}_s=\frac{({}^m\boldsymbol{B}_{14}-m\boldsymbol{B}_{34})\times({}^m\boldsymbol{B}_{24}-{}^m\boldsymbol{B}_{14})}{|({}^m\boldsymbol{B}_{14}-{}^m\boldsymbol{B}_{34})\times({}^m\boldsymbol{B}_{24}-{}^m\boldsymbol{B}_{14})|},\\
&{}^m\boldsymbol{y}_s={}^m\boldsymbol{z}_s\times{}^m\boldsymbol{x}_s,\ {}^m_s\boldsymbol{R}=[{}^m\boldsymbol{x}_s\quad {}^m\boldsymbol{y}_s\quad {}^m\boldsymbol{z}_s],\ {}^m_K\boldsymbol{R}={}^m_s\boldsymbol{R}{}^K_s\boldsymbol{R}^{\mathrm{T}}
\end{aligned} \tag{7-24}$$

由式（7-15）、(7-16)、(7-19）和（7-24）求得${}^B_m\boldsymbol{R}$ 和${}^m_K\boldsymbol{R}$。

由点 B_{34} 在 $\{m\}$ 和 $\{K\}$ 中的变换关系可得

$$^{m}\boldsymbol{B}_{34}={}^{m}\boldsymbol{o}_{K}+{}^{m}_{K}\boldsymbol{R}^{K}\boldsymbol{B}_{34}\Rightarrow{}^{m}\boldsymbol{o}_{K}={}^{m}\boldsymbol{B}_{34}-{}^{m}_{K}\boldsymbol{R}^{K}\boldsymbol{B}_{34} \tag{7-25}$$

由式（7-17）、（7-18）和（7-25）求得 r_o，由式（7-1）和（7-2）求得 $\boldsymbol{o}$，至此得到了上平台的位姿 $\boldsymbol{o}$ 和${}^{B}_{m}\boldsymbol{R}$，接下来可以由给定运动平台位姿时的位置反解求得各驱动副的输入。

以 $\boldsymbol{e}_K$ 表示由 o 到 o_K 的矢量，那么可求得被抓物体质心和夹持点（指尖）的位置

$$\boldsymbol{e}_K=\boldsymbol{o}_K-\boldsymbol{o}={}^{B}_{m}\boldsymbol{R}^{m}\boldsymbol{o}_K,\ \boldsymbol{o}_K=\boldsymbol{e}_K+\boldsymbol{o},\ \boldsymbol{B}_{i4}={}^{B}_{K}\boldsymbol{R}^{K}\boldsymbol{B}_{i4}+\boldsymbol{o}_K \tag{7-26}$$

7.3.2.4　给定被抓物体夹持点坐标时的位置反解

对于某个固定形状的被抓物体，给定三个夹持点的坐标 $\boldsymbol{B}_{i4}(i=1,2,3)$，其中将隐含被抓物体的位姿信息。本小节在给定三个夹持点坐标的前提下求解抓取物体时机构的位置反解。

因为三个夹持点之间的距离满足式（7-21）以及下式

$$\begin{cases}|\boldsymbol{B}_{14}-\boldsymbol{B}_{24}|=|{}^{m}\boldsymbol{B}_{14}-{}^{m}\boldsymbol{B}_{24}|\\|\boldsymbol{B}_{24}-\boldsymbol{B}_{34}|=|{}^{m}\boldsymbol{B}_{24}-{}^{m}\boldsymbol{B}_{34}|\\|\boldsymbol{B}_{34}-\boldsymbol{B}_{14}|=|{}^{m}\boldsymbol{B}_{34}-{}^{m}\boldsymbol{B}_{14}|\end{cases} \tag{7-27}$$

由式（7-21）、（7-27）和（7-22）可得

$$\begin{cases}|\boldsymbol{B}_{14}-\boldsymbol{B}_{24}|^2=\boldsymbol{l}_{34}{}^2c\theta_{15}c\theta_{25}-2l_{34}{}^2s\theta_{15}s\theta_{25}-3el_{34}c\theta_{15}-3el_{34}c\theta_{25}+3e^2+2ol_{34}{}^2\\|\boldsymbol{B}_{24}-\boldsymbol{B}_{34}|^2=l_{34}{}^2c\theta_{25}c\theta_{35}-2l_{34}{}^2s\theta_{25}s\theta_{35}-3el_{34}c\theta_{35}-3el_{34}c\theta_{25}+3e^2+2l_{34}{}^2\\|\boldsymbol{B}_{34}-\boldsymbol{B}_{14}|^2=l_{34}{}^2c\theta_{35}c\theta_{15}-2l_{34}{}^2s\theta_{35}s\theta_{15}-3el_{34}c\theta_{35}-3el_{34}c\theta_{15}+3e^2+2l_{34}{}^2\end{cases} \tag{7-28}$$

解方程组（7-28）会求出 θ_{i5}的多组解，应取满足 $\Theta_{i5}<\theta_{i5}<\pi$ 范围的解。将求得的 θ_{i5}代入式（7-20），可得到${}^{m}\boldsymbol{B}_{i4}$，再由式（7-24）求得。而${}^{B}_{s}\boldsymbol{R}$ 可由下式得到

$$x_s=\frac{\boldsymbol{B}_{14}-\boldsymbol{B}_{34}}{|\boldsymbol{B}_{14}-\boldsymbol{B}_{34}|},\ \boldsymbol{z}_s=\frac{(\boldsymbol{B}_{14}-\boldsymbol{B}_{34})\times(\boldsymbol{B}_{24}-\boldsymbol{B}_{14})}{|(\boldsymbol{B}_{14}-\boldsymbol{B}_{34})\times(\boldsymbol{B}_{24}-\boldsymbol{B}_{14})|}, \tag{7-29}$$

$$\boldsymbol{y}_s=\boldsymbol{z}_s\times\boldsymbol{x}_s,{}^{B}_{s}\boldsymbol{R}=[\boldsymbol{x}_s\quad \boldsymbol{x}_s\quad \boldsymbol{z}_s]$$

进而由式（7-19）求得${}^{B}_{m}\boldsymbol{R}$。

由点 B_{34} 在 $\{m\}$ 和 $\{s\}$ 中的变换关系可得

$${}^{s}_{m}\boldsymbol{R}^{m}\boldsymbol{B}_{34}+{}^{s}\boldsymbol{o}={}^{s}\boldsymbol{B}_{34}=0_{3\times1}\Rightarrow{}^{s}\boldsymbol{o}=-{}^{m}_{s}\boldsymbol{R}^{\mathrm{T}m}\boldsymbol{B}_{34} \tag{7-30}$$

那么

$$\boldsymbol{o}={}^{B}_{s}\boldsymbol{R}^{s}\boldsymbol{o}+\boldsymbol{B}_{34}=-{}^{B}_{m}\boldsymbol{R}^{m}\boldsymbol{B}_{34}+\boldsymbol{B}_{34} \tag{7-31}$$

至此得到了上平台的位姿 $\boldsymbol{o}$ 和${}^{B}_{m}\boldsymbol{R}$，接下来可以由给定运动平台位姿时的位置反解求得各驱动副的输入。

在已知被抓物体形状参数（即已知${}^{K}\boldsymbol{B}_{i4}$（$i=1,2,3$））的前提下，由式（7-16）和（7-29）求得${}^{K}_{s}\boldsymbol{R}$ 和${}^{B}_{s}\boldsymbol{R}$，那么由下式可求得${}^{B}_{K}\boldsymbol{R}$

$${}^{B}_{K}\boldsymbol{R}={}^{B}_{s}\boldsymbol{R}^{K}_{s}\boldsymbol{R}^{\mathrm{T}} \tag{7-32}$$

根据点 B_{i4} 在 $\{K\}$ 和 $\{B\}$ 中的位置关系可以求得被抓物体质心的坐标

$$\boldsymbol{B}_{i4}={}_K^B\boldsymbol{R}^K\boldsymbol{B}_{i4}+\boldsymbol{o}_K\Rightarrow\boldsymbol{o}_K=\boldsymbol{B}_{i4}-{}_K^B\boldsymbol{R}^K\boldsymbol{B}_{i4} \tag{7-33}$$

再由式（7-26）可求得 $\boldsymbol{e}_K$。

7.3.3　位置正解

以 $\varphi_{\partial\iota 1}$ 表示将 $\boldsymbol{x}_B$ 绕 $\boldsymbol{z}_B$ 转动到 $\boldsymbol{R}_{i1}$ 方向所绕过的角度，沿 $\boldsymbol{z}_B$ 负向看去，逆时针为正，那么

$$\varphi_{R11}=\pi/3,\ \varphi_{R21}=\pi,\ \varphi_{R31}=-\pi/3 \tag{7-34}$$

如图 7-5 所示，以 $\varphi_{i1}(i=1,\ 2,\ 3)$ 表示 U_{i1} 副绕 $\boldsymbol{R}_{i1}$ 转过的角度，沿 $\boldsymbol{R}_{i1}$ 负向看去，逆时针为正，并规定 $\boldsymbol{R}_{i2}$ 由点 B_{i1} 指向点 O 时，$\varphi_{i1}=0$。

以 $\phi_{i2}(i=1,\ 2,\ 3)$ 表示分支 i 下杆件绕 $\boldsymbol{R}_{i2}$ 转过的角度，沿 $\boldsymbol{R}_{i2}$ 负向看去，逆时针为正，并规定 $\boldsymbol{\delta}_{Pi}=\boldsymbol{R}_{i1}$ 时，$\phi_{i2}=0$。

以 $\phi_{i3}(i=1,\ 2,\ 3)$ 表示分支 i 的手指杆绕 $\boldsymbol{R}_{i3}$ 转过的角度，沿 $\boldsymbol{R}_{i3}$ 负向看去，逆时针为正，并规定 $\boldsymbol{R}_{i4}=\delta_{Pi}$ 时，$\phi_{i3}=0$。那么

$$\begin{aligned}
&\boldsymbol{B}_{i2}=\boldsymbol{B}_{i1}+R_Z(\varphi_{Ri1})R_X(\phi_{i1})R_Y(\pi/2+\phi_{i2})[0\quad 0\quad p_i]^{\mathrm{T}},\\
&\boldsymbol{B}_{i3}=\boldsymbol{B}_{i2}+R_Z(\varphi_{Ri1})R_X(\phi_{i1})r_Y(\pi/2+\phi_{i2}+\phi_{i3})[0\quad 0\quad l_t]^{\mathrm{T}},\quad \boldsymbol{o}=\frac{\boldsymbol{B}_{13}+\boldsymbol{B}_{23}+\boldsymbol{B}_{33}}{3}\\
&\boldsymbol{B}_{i3}-\boldsymbol{B}_{i2}=R_Z(\varphi_{Ri1})R_X(\phi_{i1})R_Y(\pi/2+\phi_{i2}+\phi_{i3})[0\quad 0\quad l_t]^{\mathrm{T}},
\end{aligned} \tag{7-35}$$

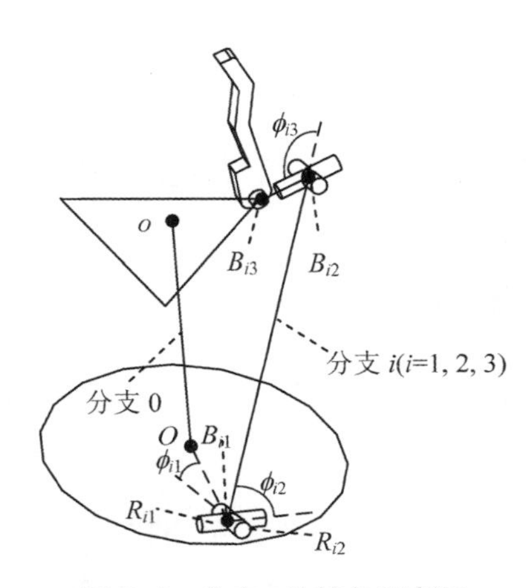

图 7-5　分支 i 的转角示意图

根据机构自身的特征，可以得到如下一组方程

$$\begin{cases}|\boldsymbol{B}_{13}-\boldsymbol{B}_{23}|^2=3e^2\\|\boldsymbol{B}_{23}-\boldsymbol{B}_{33}|^2=3e^2\\|\boldsymbol{B}_{33}-\boldsymbol{B}_{13}|^2=3e^2\\|\boldsymbol{o}|^2={p_0}^2\\(\boldsymbol{B}_{13}-\boldsymbol{B}_{23})\cdot\boldsymbol{o}=0\\(\boldsymbol{B}_{23}-\boldsymbol{B}_{33})\cdot\boldsymbol{o}=0\\(\boldsymbol{B}_{13}-\boldsymbol{B}_{23})\cdot(\boldsymbol{B}_{33}-\boldsymbol{B}_{32})=0\\(\boldsymbol{B}_{23}-\boldsymbol{B}_{33})\cdot(\boldsymbol{B}_{13}-\boldsymbol{B}_{12})=0\\(\boldsymbol{B}_{33}-\boldsymbol{B}_{13})\cdot(\boldsymbol{B}_{23}-\boldsymbol{B}_{22})=0\end{cases}\tag{7-36}$$

在求解该机构的位置正解时，已知量为四个 P 副的驱动长度 $p_i(i=0,1,2,3)$，将 $p_i(i=0,1,2,3)$ 代入式（7-35）求出各个量，再代入方程组（7-36），可以看到该方程组是一个含有 9 个未知数的非线性方程组（这 9 个未知数为 $\phi_{ij}(i,j=1,2,3)$），该方程组就是该机构的约束方程组。若使用解析方法，应通过消元法得到一个高次的一元方程，再通过求解该方程得到所有的位置正解，但是过程将会非常烦琐困难，计算效率也无法保证。在此，得到约束方程组后，使用 Matlab 提供的最小二乘法求解函数解出了该方程组的数值解。在求解该方程组时，考虑到机构运动的连续性，可将前一刻的 ϕ_{ij} 作为初值，求得 $\phi_{ij}(i,j=1,2,3)$ 的一组解，再将其代入式（7-35）可求得 $\boldsymbol{o}$ 和 $\boldsymbol{B}_{i3}(i=1,2,3)$，接着使用下式就可求得 ${}_m^B\boldsymbol{R}$。

$$\boldsymbol{x}_m=\frac{\boldsymbol{B}_{13}-\boldsymbol{B}_{33}}{|\boldsymbol{B}_{13}-\boldsymbol{B}_{33}|},\ \boldsymbol{z}_m=\frac{\boldsymbol{o}}{|\boldsymbol{o}|},\ \boldsymbol{y}_m=\boldsymbol{z}_m\times\boldsymbol{x}_m,{}_m^B\boldsymbol{R}=[\boldsymbol{x}_m\quad\boldsymbol{y}_m\quad\boldsymbol{z}_m]\tag{7-37}$$

至此得到了机构运动平台的位姿 $\boldsymbol{o}$ 和 ${}_m^B\boldsymbol{R}$，而其他主要特征点的位姿可以借助前面建立的位置反解模型求得。

7.3.4 各构件质心位姿求解

为各分支构件建立质心连体坐标系 $\{A_{ik}\}$，在运动过程中始终与各构件固连，$\{A_{ik}\}$ 以构件质心 Q_{ik} 为原点。$\{A_{01}\}$、$\{A_{02}\}$ 的各个坐标轴始终与 $\{m\}$ 的坐标轴方向相同。$\{A_{i1}\}$、$\{A_{i2}\}$ $(i=1,2,3)$ 的 z 轴与构件轴线重合，由构件质心点指向点 B_{i2}，y 轴与 R_{i2} 同向。$\{A_{i3}\}$ $(i=1,2,3)$ 的 x 轴正向与 $\boldsymbol{R}_{i4}$ 相反，y 轴与 $\boldsymbol{R}_{i5}$ 同向。那么

$${}_{Ai1}^{B}\boldsymbol{R}={}_{Ai2}^{B}\boldsymbol{R}=\begin{cases}{}_m^B\boldsymbol{R},\ (i=0)\\[\boldsymbol{R}_{i2}\times\boldsymbol{\delta}_{pi}\quad\boldsymbol{R}_{i2}\quad\boldsymbol{\delta}_{\rho\iota}],\ (i=1,2,3)\end{cases},$$

$${}_{Ai3}^{B}\boldsymbol{R}=[-\boldsymbol{R}_{i4}\quad\boldsymbol{R}_{i5}\quad\boldsymbol{R}_{i5}\times\boldsymbol{R}_{i4}],\ (i=1,2,3)\tag{7-38}$$

为各分支构件建立质心惯性主轴坐标系 $\{Q_{ik}\}$，以构件质心 Q_{ik} 为原点，各坐标轴方向始终与构件的惯性主轴重合，在运动过程中始终与构件固连。根据 $\{A_{ik}\}$ 和

$\{Q_{ik}\}$ 的建立规则可知，${}^{Aik}_{Qik}\boldsymbol{R}$ 只由构件的形状及质量分布决定，不受运动参数的影响。那么

$$ {}^{B}_{Qik}\boldsymbol{R}={}^{B}_{Aik}\boldsymbol{R}{}^{Aik}_{Qik}\boldsymbol{R} \tag{7-39}$$

为运动平台建立质心惯性主轴坐标系 $\{o\}$，以 m 的质心 o 为原点，以 m 的惯性主轴作为坐标轴，在运动过程中始终与 m 固连。${}^{m}_{o}\boldsymbol{R}$ 是由 m 的形状及质量分布决定的，不受运动参数的影响。那么

$$ {}^{B}_{o}\boldsymbol{R}={}^{B}_{m}\boldsymbol{R}{}^{m}_{o}\boldsymbol{R} \tag{7-40}$$

Q_{01}与点 O 的距离记为 r_{O01}，Q_{02}与点 o 的距离记为 r_{Q02}，点 $Q_{i1}(i=1,\ 2,\ 3)$ 与点 B_{i1}的距离记为 r_{Oi1}，点 $Q_{i2}(i=1,\ 2,\ 3)$ 与点 B_{i2}的距离记为 r_{Qi2}。

$$\boldsymbol{Q}_{i1}=\begin{cases} r_{Qi1}\boldsymbol{\delta}_{pi},\ (i=0)\\ \boldsymbol{B}_{i1}+r_{Qi1}\boldsymbol{\delta}_{pi},\ (i=1,\ 2,\ 3)\end{cases},\quad \boldsymbol{Q}_{i2}=\begin{cases} (p_i-r_{Qi2})\boldsymbol{\delta}_{pi},\ (i=0)\\ \boldsymbol{B}_{i1}+(p_i-r_{Qi2})\boldsymbol{\delta}_{pi},\ (i=1,\ 2,\ 3)\end{cases} \tag{7-41}$$

点 B_{i3}在 $\{A_{i3}\}$ 中的坐标${}^{Ai3}\boldsymbol{B}_{i3}$是由手指杆的形状决定的，且满足

$$\boldsymbol{B}_{i3}={}^{B}_{Ai3}\boldsymbol{R}{}^{Ai3}\boldsymbol{B}_{i3}+\boldsymbol{Q}_{i3} \tag{7-42}$$

由上式可得

$$\boldsymbol{Q}_{i3}=\boldsymbol{B}_{i3}-{}^{B}_{Ai3}\boldsymbol{R}{}^{Ai3}\boldsymbol{B}_{i3} \tag{7-43}$$

7.4　速度求解

运动副的广义输入速度记为 $\boldsymbol{V}_a$，运动平台上点 o 的线速度矢量记为 $\boldsymbol{v}$，角速度矢量记为 $\boldsymbol{\omega}$，广义速度矢量记为 $\boldsymbol{V}$，那么

$$\boldsymbol{V}=\begin{bmatrix}\boldsymbol{v}\\ \boldsymbol{\omega}\end{bmatrix} \tag{7-44}$$

7.4.1　UPUR 分支的等效虚拟分支

7.4.1.1　虚拟分支的建立

为了便于分析，在点 B_{i1}与 B_{i3}之间建立 UPUR 分支的等效虚拟直线 UPU 分支，如图 7-6 所示。

该虚拟分支在点 B_{i1}处以万向副 U_{ri_1}与 B 相连，在点 B_{i3}处以万向副 U_{ri2}与手指杆相连（并不是直接与运动平台相连），P 副记为 P_{ri}。U_{ri1} 与 P_{ri}间的虚拟杆称为虚拟下杆件，U_{ri2}与 P_{ri}间的虚拟杆称为虚拟上杆件。U_{ri1}副与固定平台相连的转动轴记为 R_{ri1}，与虚拟下杆件相连的转动轴记为 R_{ri2}。U_{ri2}副与手指杆相连的转动轴记为 R_{ri4}，与虚拟上杆件相连的转动轴记为 R_{ri3}。由式（7-9）可知虚拟分支也与 R_{i2}、R_{i3}垂直，因此，为便于计算，可令 R_{ri1}、R_{ri2}分别与 U_{i1}副的轴线 R_{i1}、R_{i2}重合，R_{ri3}、R_{ri4}分别与 U_{i2}副的轴线 R_{i3}、R_{i4}平行。那么 R_{ri1}、R_{ri2}、R_{ri3}、R_{ri4}的轴线单位方向向量仍然可以分别用 $\boldsymbol{R}_{i1}$、

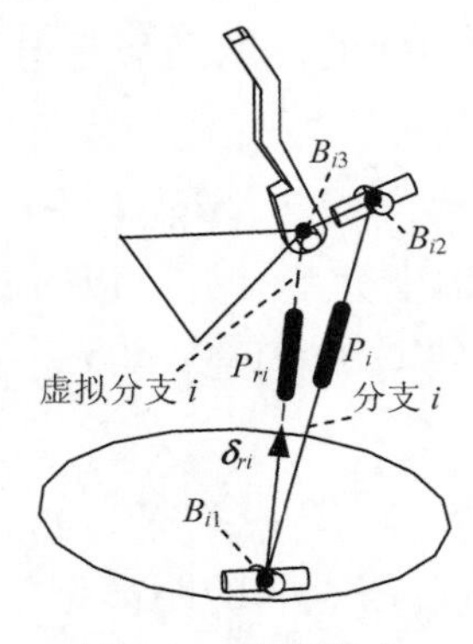

图 7-6 虚拟分支

$\boldsymbol{R}_{i2}$、$\boldsymbol{R}_{i3}$、$\boldsymbol{R}_{i4}$表示，P_{ri}的单位方向向量可以用$\boldsymbol{\delta}_{ri}$表示。

7.4.1.2 虚拟分支的角速度求解

点 B_{i3}的线速度矢量记为 $\boldsymbol{v}_{Bi3}$，P_{ri}副的线速度标量记为 v_{ri}，虚拟分支的角速度记为 $\boldsymbol{\omega}_{ri}$，大小记为 ω_{ri}，那么

$$\begin{aligned} &\boldsymbol{v}_{Bi3}=\boldsymbol{B}'_{i3}\boldsymbol{r}'_i,\\ &\boldsymbol{v}_{Bi3}=\boldsymbol{v}+\boldsymbol{\omega}\times\boldsymbol{e}_{i3}\\ &\boldsymbol{v}_{Bi3}=v_{ri}\boldsymbol{\delta}_{ri}+\boldsymbol{\omega}_{rii}\times\boldsymbol{r}_i=v_{ri}\boldsymbol{\delta}_{ri}+\boldsymbol{\omega}_{ri}\times r_i\boldsymbol{\delta}_{ri},\\ &v_{ri}=r'_i=\boldsymbol{v}_{Bi3}\cdot\boldsymbol{\delta}_{ri} \end{aligned} \tag{7-45}$$

U_{ri_1}副两个转动轴的角速度分别记为 $\boldsymbol{\omega}_{ri1}$、$\boldsymbol{\omega}_{ri_2}$，大小分别记为 ω_{ri1}、ω_{ri2}。那么

$$\boldsymbol{\omega}_{ri}=\boldsymbol{\omega}_{ri1}+\boldsymbol{\omega}_{ri2}=\omega_{ri1}\boldsymbol{R}_{i1}+\omega_{ri2}\boldsymbol{R}_{i2} \tag{7-46}$$

对式（7-46）等号两边同时叉乘 $\boldsymbol{r}_i$，并由式（7-45）可得

$$\begin{aligned} \omega_{ri1}\boldsymbol{R}_{i1}\times\boldsymbol{r}_i+\omega_{ri2}\boldsymbol{R}_{i2}\times\boldsymbol{r}_i&=\boldsymbol{\omega}_{ri}\times\boldsymbol{r}_i=\boldsymbol{v}_{Bi3}-v_{ri}\boldsymbol{\delta}_{ri}=(\boldsymbol{\delta}_{ri}\cdot\boldsymbol{\delta}_{ri})\boldsymbol{v}_{Bi3}-(\boldsymbol{v}_{Bi3}\cdot\boldsymbol{\delta}_{ri})\boldsymbol{\delta}_{ri}\\ &=\boldsymbol{\delta}_{ri}\times(\boldsymbol{v}_{Bi3}\times\boldsymbol{\delta}_{ri})=-\hat{\boldsymbol{\delta}}_{ri}{}^2\boldsymbol{v}_{Bi3}=-\hat{\boldsymbol{\delta}}_{ri}{}^2(\boldsymbol{v}\times\boldsymbol{\omega}\times\boldsymbol{e}_{i3}) \end{aligned} \tag{7-47}$$

对式（7-47）两边同时点乘 $\boldsymbol{R}_{i1}$可得

$$\omega_{ri2}(\boldsymbol{R}_{i2}\times\boldsymbol{r}_i)\cdot\boldsymbol{R}_{i1}=\boldsymbol{R}_{i1}{}^{\mathrm{T}}(\boldsymbol{v}_{Bi3}-\boldsymbol{v}_{ri}\boldsymbol{\delta}_{ri})=-\boldsymbol{R}_{i1}{}^{\mathrm{T}}\hat{\delta}_{ri}{}^2(\boldsymbol{v}+\boldsymbol{\omega}\times\boldsymbol{e}_{i3}) \tag{7-48}$$

因为$\boldsymbol{\delta}_{ri}\perp\boldsymbol{R}_{i2}$，对式（7-47）两边同时点乘 $\boldsymbol{R}_{i2}$，并由式（7-45）可得

$$\omega_{ri1}(\boldsymbol{R}_{i1}\times\boldsymbol{r}_i)\cdot\boldsymbol{R}_{i2}=\boldsymbol{R}_{i2}{}^{\mathrm{T}}\boldsymbol{v}_{Bi3}=\boldsymbol{R}_{i2}{}^{\mathrm{T}}(\boldsymbol{v}-\hat{\boldsymbol{e}}_{i3}\boldsymbol{\omega}) \tag{7-49}$$

令

$$\begin{aligned} &\boldsymbol{D}_{i1}=\boldsymbol{R}_{i1}\times\boldsymbol{R}_{i2},\ \boldsymbol{D}_{i2}=\boldsymbol{R}_{i3}\times\boldsymbol{R}_{i4},\\ &\boldsymbol{D}_{ri1}=\hat{\boldsymbol{\delta}}_{ri}{}^2\boldsymbol{R}_{i1},\ \boldsymbol{D}_{ri2}=-(\boldsymbol{R}_{i1}\boldsymbol{R}_{i2}{}^{\mathrm{T}}+\boldsymbol{R}_{i2}\boldsymbol{D}_{ri1}{}^{\mathrm{T}}),\ \boldsymbol{D}_{ri3}=\boldsymbol{D}_{ri2}{}^{\mathrm{T}}\boldsymbol{D}_{i2} \end{aligned} \tag{7-50}$$

那么

$$(\boldsymbol{R}_{i2}\times\boldsymbol{r}_i)\cdot\boldsymbol{R}_{i1}=\boldsymbol{r}_i\cdot\boldsymbol{D}_{i1},\ (\boldsymbol{R}_{i1}\times\boldsymbol{r}_i)\cdot\boldsymbol{R}_{i2}=-\boldsymbol{r}_i\cdot\boldsymbol{D}_{i1},\ \boldsymbol{D}_{ri1}{}^{\mathrm{T}}=\boldsymbol{R}_{i1}{}^{\mathrm{T}}\hat{\boldsymbol{\delta}}_{ri}{}^2 \tag{7-51}$$

由式（7-48）、（7-49）和（7-51）可得

$$\omega_{ri1}=\frac{-\boldsymbol{R}_{i2}{}^{\mathrm{T}}(\boldsymbol{v}-\hat{\boldsymbol{e}}_{i3}\boldsymbol{\omega})}{\boldsymbol{r}_i\cdot\boldsymbol{D}_{i1}}=(\boldsymbol{J}_{\omega ri1})_{1\times6}V,\ \omega_{ri2}=\frac{-\boldsymbol{D}_{ri1}{}^{\mathrm{T}}(\boldsymbol{v}-\hat{\boldsymbol{e}}_{i3}\boldsymbol{\omega})}{r_i\cdot\boldsymbol{D}_{i1}}=((\boldsymbol{J}_{\omega ri2})_{1\times6})_{1\times6}\boldsymbol{V} \tag{7-52}$$

其中

$$(\boldsymbol{J}_{\omega ri1})_{1\times6}=\frac{-\boldsymbol{R}_{i2}^{\mathrm{T}}}{\boldsymbol{r}_i\cdot\boldsymbol{D}_{i1}}[\boldsymbol{E}_{3\times3}\quad -\hat{\boldsymbol{e}}_{i3}],(\boldsymbol{J}_{\omega ri2})_{1\times6}=\frac{-\boldsymbol{D}_{ri1}^{\mathrm{T}}}{\boldsymbol{r}_i\cdot\boldsymbol{D}_{i1}}[\boldsymbol{E}_{3\times3}\quad -\hat{\boldsymbol{E}}_{i3}] \tag{7-53}$$

将式（7-52）代入式（7-46），并由式（7-50）和（7-52）可得

$$\boldsymbol{\omega}_{ri}=\omega_{ri1}\boldsymbol{R}_{i1}+\omega_{ri2}\boldsymbol{R}_{i2}=\boldsymbol{R}_{i1}\boldsymbol{J}_{\omega ri1}\boldsymbol{V}+\boldsymbol{R}_{i2}\boldsymbol{J}_{\omega ri2}\boldsymbol{V}=\frac{\boldsymbol{D}_{ri2}}{\boldsymbol{r}_i\cdot\boldsymbol{D}_{i1}}(\boldsymbol{v}-\hat{\boldsymbol{e}}_{i3}\boldsymbol{\omega})=(\boldsymbol{J}_{\omega ri})_{3\times6}\boldsymbol{V} \tag{7-54}$$

其中

$$(\boldsymbol{J}_{\omega ri})_{3\times6}=\frac{\boldsymbol{D}_{ri2}}{\boldsymbol{r}_i\cdot\boldsymbol{D}_{ri}}[\boldsymbol{E}\quad -\hat{\boldsymbol{e}}_{i3}] \tag{7-55}$$

7.4.2　手指杆速度求解

7.4.2.1　手指杆和转动副 $\boldsymbol{R}_{i5}$ 的角速度求解

手指杆的角速度矢量记为 $\boldsymbol{\omega}_{ti}$，U_{ri2} 副两个转动轴的角速度分别记为 $\boldsymbol{\omega}_{ri3}$、$\boldsymbol{\omega}_{ri4}$，大小分别记为 ω_{ri3}、ω_{ri4}，运动平台绕转动副 R_{i5} 的角速度记为 $\boldsymbol{\omega}_{i5}$，大小记为 ω_{i5}。那么

$$\begin{aligned}&\boldsymbol{\omega}_{i5}=\boldsymbol{R}_{i5}\omega_{i5},\\&\boldsymbol{\omega}_{ti}=\boldsymbol{\omega}_{ri}+\boldsymbol{\omega}_{ri3}+\boldsymbol{\omega}_{ri4}=\boldsymbol{\omega}_{ri}+\omega_{ri3}\boldsymbol{R}_{i3}+\omega_{ri4}\boldsymbol{R}_{i4},\\&\boldsymbol{\omega}_{ti}=\boldsymbol{\omega}-\boldsymbol{\omega}_{i5}=\boldsymbol{\omega}-\boldsymbol{R}_{i5}\omega_{i5}\end{aligned} \tag{7-56}$$

以 $\boldsymbol{D}_{i2}$ 点乘式（7-56），并由式（7-54）可得

$$\begin{aligned}&\boldsymbol{\omega}_{ri}\cdot\boldsymbol{D}_{i2}=\boldsymbol{\omega}\cdot\boldsymbol{D}_{i2}-\omega_{i5}\boldsymbol{R}_{i5}\cdot\boldsymbol{D}_{i2}\\&\Rightarrow\omega_{i5}=\frac{\boldsymbol{D}_{i2}^{\mathrm{T}}(\boldsymbol{\omega}-\boldsymbol{\omega}_{ri})}{\boldsymbol{D}_{i2}^{\mathrm{T}}\boldsymbol{R}_{i5}}=\frac{\boldsymbol{D}_{i2}^{\mathrm{T}}(\boldsymbol{\omega}-\boldsymbol{J}_{\omega ri}\boldsymbol{V})}{\boldsymbol{D}_{i2}^{\mathrm{T}}\boldsymbol{R}_{i5}}=(\boldsymbol{J}_{\omega i5})_{1\times6}\boldsymbol{V}\end{aligned} \tag{7-57}$$

其中

$$(\boldsymbol{J}_{\omega i5})_{1\times6}=\frac{\boldsymbol{D}_{i2}^{\mathrm{T}}}{\boldsymbol{D}_{i2}^{\mathrm{T}}\boldsymbol{R}_{i5}}([\boldsymbol{O}_{3\times3}\quad \boldsymbol{E}_{3\times3}]-\boldsymbol{J}_{\omega ri}) \tag{7-58}$$

将 $\boldsymbol{\omega}_{i5}$ 代入式（7-56）可得手指杆的角速度

$$\boldsymbol{\omega}_{ti}=[\boldsymbol{O}_{3\times3}\quad \boldsymbol{E}_{3\times3}]\boldsymbol{V}-\boldsymbol{R}_{i5}\boldsymbol{J}_{\omega i5}\boldsymbol{V}=(\boldsymbol{J}_{\omega ti})_{3\times6}\boldsymbol{V} \tag{7-59}$$

其中

$$(\boldsymbol{J}_{\omega ti})_{3\times6}=[\boldsymbol{O}_{3\times3}\quad \boldsymbol{E}_{3\times3}]-\boldsymbol{R}_{i5}\boldsymbol{J}_{\omega i5} \tag{7-60}$$

7.4.2.2　手指杆上任意点速度求解

以 W_i 表示分支 i 的手指杆上任意一点，点 W_i 的线速度矢量记为 $\boldsymbol{v}_{Wi}$，角速度矢量记为 $\boldsymbol{\omega}_{Wi}$，广义速度矢量记为 $\boldsymbol{V}_{Wi}$，那么

$$\boldsymbol{\omega}_{Wi}=\boldsymbol{\omega}_{ti},\quad \boldsymbol{V}_{Wi}=\begin{bmatrix}\boldsymbol{v}_{Wi}\\ \boldsymbol{\omega}_{ti}\end{bmatrix} \tag{7-61}$$

以 $\boldsymbol{e}_{Wi}$ 表示由点 o 到点 W_i 的矢量，那么

$$\boldsymbol{e}_{Wi}=\boldsymbol{W}_i-\boldsymbol{o} \tag{7-62}$$

点 W_i 的线速度矢量为

$$\boldsymbol{v}_{Wi}=\boldsymbol{v}+\boldsymbol{\omega}\times\boldsymbol{e}_{Wi}-\omega_{i5}\boldsymbol{R}_{i5}\times(\boldsymbol{e}_{Wi}-\boldsymbol{e}_{i3})=(\boldsymbol{J}_{vWi})_{3\times6}\boldsymbol{V} \tag{7-63}$$

其中 $$(\boldsymbol{J}_{vWi})_{3\times6}=[\boldsymbol{E}_{3\times3}-\hat{\boldsymbol{e}}_{Wi}]+(\hat{\boldsymbol{e}}_{Wi}-\hat{\boldsymbol{e}}_{i3})\boldsymbol{R}_{i5}\boldsymbol{J}_{\omega i5} \tag{7-64}$$

由式（7-59）、(7-61) 和（7-63）可得

$$\boldsymbol{V}_{Wi}=\begin{bmatrix}(\boldsymbol{J}_{vWi})_{3\times6}\\(\boldsymbol{J}_{\omega ti})_{3\times6}\end{bmatrix}_{6\times6}\boldsymbol{V}=(\boldsymbol{J}_{Wi\_o})_{6\times6}\boldsymbol{V} \tag{7-65}$$

其中 $$(\boldsymbol{J}_{Wi\_o})_{6\times6}=\begin{bmatrix}[\boldsymbol{E}_{3\times3}\quad -\hat{\boldsymbol{e}}_{Wi}]+(\hat{\boldsymbol{e}}_{Wi}-\hat{\boldsymbol{e}}_{i3})\boldsymbol{R}_{i5}\boldsymbol{J}_{\omega i5}\\ [\boldsymbol{O}_{3\times3}\quad \boldsymbol{E}_{3\times3}]-\boldsymbol{R}_{i5}\boldsymbol{J}_{\omega i5}\end{bmatrix}_{6\times6} \tag{7-66}$$

7.4.3 运动平台质心速度求解

7.4.3.1 移动副的线速度标量求解

P_i 副的线速度标量记为 v_{pi}，那么 P_0 副的线速度标量为

$$\boldsymbol{v}_{p0}=\boldsymbol{v}\cdot\boldsymbol{\delta}_{p0}=[\boldsymbol{\delta}_{p0}{}^{\mathrm{T}}\quad \boldsymbol{O}_{1\times3}]\boldsymbol{V} \tag{7-67}$$

点 $\boldsymbol{B}_{i2}$ 的线速度矢量记为 $\boldsymbol{v}_{Bi2}$，因为点 B_{i2} 属于手指杆上的点，因此由式（7-63）和（7-64）可得

$$\boldsymbol{v}_{Bi2}=(\boldsymbol{J}_{vBi2})_{3\times6}\boldsymbol{V},(\boldsymbol{J}_{vBi2})_{3\times6}=[\boldsymbol{E}_{3\times3}\quad -\hat{\boldsymbol{e}}_{i2}]+\hat{\boldsymbol{e}}_{i32}\boldsymbol{R}_{i5}\boldsymbol{J}_{\omega i5} \tag{7-68}$$

由式（7-68）可得

$$v_{pi}=\boldsymbol{v}_{Bi2}\cdot\boldsymbol{\delta}_{pi}=\boldsymbol{\delta}_{pi}{}^{\mathrm{T}}\boldsymbol{J}_{vBi2}\boldsymbol{V},\ (i=1,\ 2,\ 3) \tag{7-69}$$

由式（7-67）和（7-69）可得 P_i 副的线速度标量

$$v_{pi}=(\boldsymbol{J}_{vpi})_{1\times6}\boldsymbol{V},\ (i=0,\ 1,\ 2,\ 3) \tag{7-70}$$

其中 $$(\boldsymbol{J}_{vpi})_{1\times6}=\begin{cases}[\boldsymbol{\delta}_{p0}{}^{\mathrm{T}}\quad \boldsymbol{O}_{1\times3}],\ (i=0)\\ \boldsymbol{\delta}_{pi}{}^{\mathrm{T}}\quad \boldsymbol{J}_{vBi2},\ (i=1,\ 2,\ 3)\end{cases} \tag{7-71}$$

7.4.3.2 雅可比矩阵的约束力分量分析

由约束力/矩的判断准则可以知道，中间分支存在两个约束力，这两个约束力过中间分支的S副，且与中间分支垂直，可以取为分别与 {$\boldsymbol{m}$} 的 $\boldsymbol{x}$、$\boldsymbol{y}$ 轴平行，以 $\boldsymbol{f}_{c1}$、$\boldsymbol{f}_{c2}$ 表示这两个约束力的单位方向向量，由式（7-1）可知

$$\boldsymbol{f}_{c1}=\boldsymbol{x}_m={}_m^B\boldsymbol{R}^m\boldsymbol{x}_m,\ \boldsymbol{f}_{c2}=\boldsymbol{y}_m={}_m^B\boldsymbol{R}^m y_m \tag{7-72}$$

那么 $$\boldsymbol{f}_{cj}\cdot\boldsymbol{v}(\boldsymbol{f}_{cj}\times\boldsymbol{o})\cdot\boldsymbol{\omega}=0\Rightarrow(\boldsymbol{J}_{cj})_{1\times6}\boldsymbol{V}=0,\ j=1,\ 2 \tag{7-73}$$

其中 $$(\boldsymbol{J}_{cj})_{1\times6}=[\boldsymbol{f}_{cj}{}^{\mathrm{T}}\quad (\boldsymbol{f}_{cj}\times\boldsymbol{o})^{\mathrm{T}}],\ j=1,\ 2 \tag{7-74}$$

7.4.3.3 运动平台的质心速度正反解

结合式（7-70）和（7-73）可得运动平台的速度正反解公式为

$$\boldsymbol{V}_a=(\boldsymbol{J}_{a\_o})_{6\times6}\boldsymbol{V},\boldsymbol{V}=(\boldsymbol{J}_{o\_a})_{6\times6}\boldsymbol{V}_a,\ (\boldsymbol{J}_{o\_a})_{6\times6}=(\boldsymbol{J}_{a\_o})_{6\times6}^{-1},$$

$$\boldsymbol{V}_a=\begin{bmatrix} v_{p0}\\ v_{p1}\\ v_{p2}\\ v_{p3}\\ 0\\ 0\end{bmatrix},\boldsymbol{V}=\begin{bmatrix}\boldsymbol{v}\\ \boldsymbol{\omega}\end{bmatrix},\ (\boldsymbol{J}_{a\_o})_{6\times6}=\begin{bmatrix}(\boldsymbol{J}_{vp0})_{1\times6}\\ (\boldsymbol{J}_{vp1})_{1\times6}\\ (\boldsymbol{J}_{vp2})_{1\times6}\\ (\boldsymbol{J}_{vp3})_{1\times6}\\ (\boldsymbol{J}_{c1})_{1\times6}\\ (\boldsymbol{J}_{c2})_{1\times6}\end{bmatrix} \tag{7-75}$$

7.4.4 被抓物体质心速度求解

被抓物体质心点 o_K 的线速度记为 $\boldsymbol{v}_{oK}$，广义速度记为 $\boldsymbol{V}_{oK}$。因为在抓住物体运动过程中，物体与上平台无相对运行，故${}^m\boldsymbol{o}_K$ 不变，且

$$\boldsymbol{\omega}_{oK}=\boldsymbol{\omega} \tag{7-76}$$

那么对式（7-26）求导可得

$$\boldsymbol{e}_K{}'=\hat{\boldsymbol{\omega}}{}_m^B\boldsymbol{R}^m\boldsymbol{o}_K=\hat{\boldsymbol{\omega}}\boldsymbol{e}_K=-\hat{\boldsymbol{e}}_K\boldsymbol{\omega},\ \ \boldsymbol{v}_{oK}=\boldsymbol{o}_K{}'=-\hat{\boldsymbol{e}}_K\boldsymbol{\omega}+\boldsymbol{v}=[\boldsymbol{E}-\hat{\boldsymbol{e}}_K]\boldsymbol{V} \tag{7-77}$$

由式（7-76）、(7-77）和（7-75）可得

$$\boldsymbol{V}_{oK}=\begin{bmatrix}\boldsymbol{v}_{oK}\\ \boldsymbol{\omega}_{oK}\end{bmatrix}=(\boldsymbol{J}_{oK\_o})_{6\times6}\boldsymbol{V}=\ (\boldsymbol{J}_a,\ \ \boldsymbol{V}=(\boldsymbol{J}_{o\_oK})_{6\times6}\boldsymbol{V}_{oK},$$

$$\boldsymbol{V}_a=(\boldsymbol{J}_{a\_oK})_{6\times6}\boldsymbol{V}_{oK},\ (\boldsymbol{J}_{oK\_o})_{6\times6}=\begin{bmatrix}\boldsymbol{E}_{3\times3} & -\hat{\boldsymbol{e}}_K\\ \boldsymbol{O}_{3\times3} & \boldsymbol{E}_{3\times3}\end{bmatrix}_{6\times6},\ (\boldsymbol{J}_{o\_oK})_{6\times6}=(\boldsymbol{J}_{oK\_o})_{6\times6}{}^{-1},$$

$$(\boldsymbol{J}_{oK\_a})_{6\times6}=(\boldsymbol{J}_{oK\_o})_{6\times6}(\boldsymbol{J}_{o\_a})_{6\times6},\ (\boldsymbol{J}_{a\_oK})_{6\times6}=(\boldsymbol{J}_{oK\_a})_{6\times6}{}^{-1} \tag{7-78}$$

7.4.5 指尖速度求解

7.4.5.1 指尖点的速度通用公式

点 B_{i4}位于手指杆上，因此由式（7-5）、(7-65)、(7-66）和（7-75）可得指尖点 B_{i4}的速度通用公式

$$\boldsymbol{V}_{Bi4}=(\boldsymbol{J}_{Bi4\_o})_{6\times6}\boldsymbol{V}=(\boldsymbol{J}_{Bi4\_a})_{6\times6}\boldsymbol{V}_a,$$

$$(\boldsymbol{J}_{Bi4\_o})_{6\times6}=\begin{bmatrix}[\boldsymbol{E}_{3\times3} & -\hat{\boldsymbol{e}}_{i4}]+\hat{\boldsymbol{e}}_{i4}]+\hat{e}_{i34}\boldsymbol{R}_{i5}\boldsymbol{J}_{\omega i5}\\ [\boldsymbol{O}_{3\times3} & \boldsymbol{E}_{3\times3}]-\boldsymbol{R}_{i5}\boldsymbol{J}_{\omega i5}\end{bmatrix}_{6\times6},\ (\boldsymbol{J}_{Bi4\_a})_{6\times6}=(\boldsymbol{J}_{Bi4\_o})_{6\times6}(\boldsymbol{J}_{o\_a})_{6\times6} \tag{7-79}$$

该式在运动的任何状态下都适用。

7.4.5.2 抓住物体运动时指尖点的速度简化公式

以 $\boldsymbol{e}_{K_i4}$表示由 o_K 到 B_{i4}的矢量，那么由式（7-5）和（7-26）可得

$$\boldsymbol{e}_{K\_i4}=\boldsymbol{B}_{i4}-\boldsymbol{o}_K={}_K^B\boldsymbol{R}^K\boldsymbol{B}_{i4},\ \ \boldsymbol{e}_{K\_i4}+\boldsymbol{e}_K=\boldsymbol{B}_{i4}-\boldsymbol{o}=\boldsymbol{e}_{i4} \tag{7-80}$$

对式（7-26）中的$\boldsymbol{B}_{i4}$求导，并由式（7-76）、（7-77）和（7-80）可得

$$\boldsymbol{v}_{Bi4}=\hat{\boldsymbol{\omega}}_{oK}{}_K^B\boldsymbol{R}^K\boldsymbol{B}_{i4}+\boldsymbol{v}_{oK}=-\hat{\boldsymbol{e}}_{K\_i4}\boldsymbol{\omega}-\hat{\boldsymbol{e}}_K\boldsymbol{\omega}+\boldsymbol{v}=\boldsymbol{v}-\hat{\boldsymbol{e}}_{i4}\boldsymbol{\omega} \tag{7-81}$$

因为抓住物体时，手指与物体间无相对运动，二者的角速度相同，那么由式（7-76）、（7-81）和（7-75）可得

$$\boldsymbol{V}_{Bi4}=\begin{bmatrix}\boldsymbol{E}_{3\times3} & -\hat{\boldsymbol{e}}_{i4}\\ \boldsymbol{O}_{3\times3} & \boldsymbol{E}_{3\times3}\end{bmatrix}_{6\times6}\boldsymbol{V}=(\boldsymbol{J}^g_{Bi4\_o})_{6\times6}\boldsymbol{V}=(\boldsymbol{J}^g_{Bi4\_a})_{6\times6}\boldsymbol{V}_a \tag{7-82}$$

其中　$$(\boldsymbol{J}^g_{Bi4\_o})_{6\times6}=\begin{bmatrix}\boldsymbol{E}_{3\times3} & -\hat{\boldsymbol{e}}_{i4}\\ \boldsymbol{O}_{3\times3} & \boldsymbol{E}_{3\times3}\end{bmatrix}，(\boldsymbol{J}^g_{Bi4\_a})_{6\times6}=(\boldsymbol{J}^g_{Bi4\_o})_{6\times6}(\boldsymbol{J}_{o\_a})_{6\times6} \tag{7-83}$$

式（7-82）与（7-79）相比有如下特点：结构简单清晰，所需计算的变量较少，求解速度较快，但是只适用于抓住物体运动时的计算。

7.4.6　分支构件质心速度求解

7.4.6.1　移动副杆件的角速度求解

P_i 副的上杆件与下杆件具有相同的角速度，其角速度矢量记为 $\boldsymbol{\omega}_{pi}$。

因为分支 O 的上下杆件与运动平台具有相同的角速度，因此

$$\boldsymbol{\omega}_{p0}=\boldsymbol{\omega} \tag{7-84}$$

分支 1、2、3 的 U_{i1} 副两个转动轴的角速度矢量分别记为 $\boldsymbol{\omega}_{pi1}$、$\boldsymbol{\omega}_{pi2}$，大小分别记为 ω_{pi1}、ω_{pi2}。那么

$$\boldsymbol{\omega}_{pi}=\boldsymbol{\omega}_{pi1}+\boldsymbol{\omega}_{pi2}=\omega_{pi1}\boldsymbol{R}_{i1}+\omega_{pi2}\boldsymbol{R}_{i2}，(i=1,2,3) \tag{7-85}$$

令

$$\boldsymbol{D}_{pi1}=\hat{\boldsymbol{\delta}}_{pi}{}^2\boldsymbol{R}_{i1}，\boldsymbol{D}_{pi2}=-(\boldsymbol{R}_{i1}\boldsymbol{R}_{i2}{}^{\mathrm{T}}+\boldsymbol{R}_{i2}\boldsymbol{D}_{pi1}{}^{\mathrm{T}}) \tag{7-86}$$

点 B_{i2} 的线速度矢量满足

$$\boldsymbol{v}_{Bi2}=v_{pi}\boldsymbol{\delta}_{pi}+\boldsymbol{\omega}_{pi}\times\boldsymbol{p}_i=v_{pi}\boldsymbol{\delta}_{pi}+p_i(\boldsymbol{\omega}_{pi}\times\boldsymbol{\delta}_{Pi}) \tag{7-87}$$

对式（7-85）等号两边同时叉乘 $\boldsymbol{p}_i$，并由式（7-69）和（7-85）可得

$$\begin{aligned}\omega_{pi1}\boldsymbol{R}_{i1}\times\boldsymbol{p}_i+\omega_{pi2}\boldsymbol{R}_{i2}\times\boldsymbol{p}_i&=\boldsymbol{\omega}_{pi}\times\boldsymbol{p}_i=\boldsymbol{v}_{Bi2}-\boldsymbol{v}_{pi}\boldsymbol{\delta}_{pi}\\&=(\boldsymbol{\delta}_{pi}\cdot\boldsymbol{\delta}_{pi})\boldsymbol{v}_{Bi2}-(\boldsymbol{v}_{Bi2}\cdot\boldsymbol{\delta}_{pi})\boldsymbol{\delta}_{pi}=\boldsymbol{\delta}_{pi}\times(\boldsymbol{v}_{Bi2}\times\boldsymbol{\delta}_{pi})=-\hat{\boldsymbol{\delta}}_{pi}{}^2\boldsymbol{v}_{Bi2}\end{aligned} \tag{7-88}$$

对式（7-88）两边同时点乘 R_{i1}，并由式（7-50）和（7-86）可得

$$\omega_{pi2}(\boldsymbol{R}_{i2}\times\boldsymbol{p}_i)\cdot\boldsymbol{R}_{i1}=-\hat{\boldsymbol{\delta}}_{pt}{}^2\boldsymbol{v}_{Bi2}\cdot\boldsymbol{R}_{i1}\Rightarrow\omega_{pi2}=\frac{-\boldsymbol{D}_{pi1}{}^{\mathrm{T}}\boldsymbol{v}_{Bi2}}{\boldsymbol{p}_i\cdot\boldsymbol{D}_{i1}}，(i=1,2,3) \tag{7-89}$$

对式（7-88）两边同时点乘 $\boldsymbol{R}_{i2}$，并由式（7-50）可得

$$(\omega_{pi1}\boldsymbol{R}_{i1}\times\boldsymbol{p}_i)\cdot\boldsymbol{R}_{i2}=(\boldsymbol{v}_{Bi2}-v_{pi}\boldsymbol{\delta}_{pi})\cdot\boldsymbol{R}_{i2}\Rightarrow\omega_{pi1}=-\frac{\boldsymbol{R}_{i2}{}^{\mathrm{T}}\boldsymbol{v}_{Bi2}}{\boldsymbol{p}_i\cdot\boldsymbol{D}_{i1}}，(i=1,2,3) \tag{7-90}$$

因为虚拟分支的 $\boldsymbol{R}_{ri2}$ 与 U_{i1} 副的 $\boldsymbol{R}_{i2}$ 重合，因此又有

$$\omega_{pi1}=\omega_{ri1}，(i=1,2,3) \tag{7-91}$$

由式（7-68）、（7-85）、（7-86）、（7-89）和（7-90）可得

$$\boldsymbol{\omega}_{pi}=\omega_{pi1}\boldsymbol{R}_{i1}+\omega_{pi2}\boldsymbol{R}_{i2}$$
$$=-\frac{\boldsymbol{R}_{i1}\boldsymbol{R}_{i2}^{\mathrm{T}}\boldsymbol{v}_{Bi2}}{\boldsymbol{p}_i\cdot\boldsymbol{D}_{i1}}-\frac{\boldsymbol{R}_{i2}\boldsymbol{D}_{pi1}^{\mathrm{T}}\boldsymbol{v}_{Bi2}}{\boldsymbol{p}_i\cdot\boldsymbol{D}_{i1}}=\frac{\boldsymbol{D}_{pi2}}{\boldsymbol{p}_i\cdot\boldsymbol{D}_{i1}}\boldsymbol{v}_{Bi2}=\frac{\boldsymbol{D}_{pi2}\boldsymbol{J}_{vBi2}}{\boldsymbol{p}_i\cdot\boldsymbol{D}_{i1}}\boldsymbol{V} \tag{7-92}$$

那么由式（7-84）和（7-92）可得

$$\boldsymbol{\omega}_{pi}=(\boldsymbol{J}_{\omega pi})_{3\times6}\boldsymbol{V},\ (i=0,\ 1,\ 2,\ 3) \tag{7-93}$$

其中
$$(\boldsymbol{J}_{\omega pi})_{3\times6}=\begin{cases}[\boldsymbol{O}_{3\times3}\quad \boldsymbol{E}_{3\times3}],\ (i=0)\\ \dfrac{\boldsymbol{D}_{pi2}\boldsymbol{J}_{vBi2}}{\boldsymbol{p}_i\cdot\boldsymbol{D}_{i1}},\ (i=1,\ 2,\ 3)\end{cases} \tag{7-94}$$

7.4.6.2　分支各构件质心速度求解

点 Q_{ik} 的线速度矢量为 $\boldsymbol{v}_{Qik}$，角速度矢量为 $\boldsymbol{\omega}_{Qik}$，广义速度矢量为 $\boldsymbol{V}_{Qik}$，那么

$$\boldsymbol{V}_{Qik}=\begin{bmatrix}\boldsymbol{v}_{Qik}\\ \boldsymbol{\omega}_{Qik}\end{bmatrix} \tag{7-95}$$

①Q_{i1}、Q_{i2} 的速度

因为分支 i 的上下杆件具有相同的角速度，因此

$$\boldsymbol{\omega}_{Qi1}=\boldsymbol{\omega}_{Qi2}=\boldsymbol{\omega}_{pi} \tag{7-96}$$

$\boldsymbol{\delta}_{pi}$ 的导数为
$$\boldsymbol{\delta}_{pi}'=\boldsymbol{\omega}_{pi}\times\boldsymbol{\delta}_{pi} \tag{7-97}$$

对式（7-41）中 Q_{i1} 求导，并由式（7-93）和（7-97）可得

$$\boldsymbol{v}_{Qi1}=r_{Qi1}\boldsymbol{\omega}_{pi}\times\boldsymbol{\delta}_{pi}=-r_{Qi1}\hat{\boldsymbol{\delta}}_{pi}\boldsymbol{J}_{\omega pi}\boldsymbol{V} \tag{7-98}$$

对式（7-41）中 Q_{i2} 求导，并由式（7-70）、（7-93）和（7-97）可得

$$\boldsymbol{v}_{Qi2}=(p_i-r_{Qi2})(\boldsymbol{\omega}_{pi}\times\boldsymbol{\delta}_{pi})+\boldsymbol{\delta}_{pi}\boldsymbol{v}_{pi}=-(p_i-r_{Qi2})\hat{\boldsymbol{\delta}}_{pi}\boldsymbol{J}_{\omega pi}\boldsymbol{V}+\boldsymbol{\delta}_{pi}\boldsymbol{J}_{vpi}\boldsymbol{V} \tag{7-99}$$

由式（7-92）、（7-95）、（7-96）、（7-98）和（7-99）可得

$$\begin{aligned}\boldsymbol{V}_{Oi1}&=(\boldsymbol{J}_{OI1\_o})_{6\times6}\boldsymbol{V}=(\boldsymbol{J}_{Oi1\_a})_{6\times6}\boldsymbol{V}_a,\\ \boldsymbol{V}_{Qi2}&=(\boldsymbol{J}_{Qi2\_o})_{6\times6}\boldsymbol{V}=(\boldsymbol{J}_{Qi2\_a})_{6\times6}\boldsymbol{V}_a\end{aligned} \tag{7-100}$$

其中
$$(\boldsymbol{J}_{Qil\_o})_{6\times6}=\begin{bmatrix}-\boldsymbol{r}_{Oi1}\hat{\boldsymbol{\delta}}_{pi}\boldsymbol{J}_{\omega pi}\\ \boldsymbol{J}_{\omega pi}\end{bmatrix}_{6\times6},\ (\boldsymbol{J}_{Qi2\_o})_{6\times6}=\begin{bmatrix}-(p_i-r_{Qi2})\hat{\delta}_{pi}\boldsymbol{J}_{\omega pi}+\boldsymbol{\delta}_{pi}\boldsymbol{J}_{vpi}\\ \boldsymbol{J}_{\omega pi}\end{bmatrix}_{6\times6},$$
$$(\boldsymbol{J}_{Oil\_a})_{6\times6}=(\boldsymbol{J}_{Oil\_o})_{6\times6}(\boldsymbol{J}_{o\_a})_{6\times6},\ (\boldsymbol{J}_{Oi2\_a})_{6\times6}=(\boldsymbol{J}_{Oi2\_o})_{6\times6}(\boldsymbol{J}_{o\_a})_{6\times6} \tag{7-101}$$

②$Q_{i3}(i=1,\ 2,\ 3)$ 的速度

以 $\boldsymbol{e}_{Qi3}$ 表示由点 o 到点 Q_{i3} 的矢量，那么

$$\boldsymbol{e}_{Qi3}=\boldsymbol{Q}_{i3}-\boldsymbol{o} \tag{7-102}$$

点 Q_{i3} 位于手指杆上，那么由式（7-65）、（7-66）和（7-75）可得

$$
\begin{aligned}
&V_{Qi3}=(J_{Qi3\_o})_{6\times6}V=(J_{Qi3\_a})_{6\times6}V_a,\\
&(J_{Qi3\_a})_{6\times6}=(J_{Qi3\_o})_{6\times6}(J_{o\_a})_{6\times6},\\
&(J_{Qi3\_o})_{6\times6}=\begin{bmatrix}[E_{3\times3}\quad -\hat{e}_{Qi3}]+(\hat{e}_{Qi3}-\hat{e}_{i3})R_{i5}J_{\omega i5}\\ [O_{3\times3}\quad E_{3\times3}]-R_{i5}J_{\omega i5}\end{bmatrix}_{6\times6}
\end{aligned} \tag{7-103}
$$

7.5 加速度求解

运动副的广义输入加速度记为 A_a，运动平台上点 o 的线加速度矢量记为 a，角加速度矢量记为 ε，广义加速度矢量记为 A，那么

$$
A=\begin{bmatrix}a\\ \varepsilon\end{bmatrix} \tag{7-104}
$$

7.5.1 手指杆加速度求解

7.5.1.1 各转动副单位方向向量的导数

因为 R_{i2} 是 U_{i1} 的内侧轴，向量 R_{i2} 只能绕轴 R_{i1} 转动，且转速 $\omega_{ri1}=\omega_{ri1}R_{i1}$，那么由式（7-50）和（7-52）可得

$$
R_{i2}'=R_{i3}'=\omega_{ri1}R_{i1}\times R_{i2}=D_{i1}\omega_{ri1}=D_{i1}J_{\omega ri1}V=J_{Ri2}V \tag{7-105}
$$

其中

$$
J_{Ri2}=D_{i1}J_{\omega ri1} \tag{7-106}
$$

对式（7-1）中的 z_m 求导可得

$$
z_m'=\hat{\omega}_m^B R^m z_m=-z_m\times\omega \tag{7-107}
$$

对 e_{i3} 求导，并由式（7-5）和（7-45）可得

$$
e_{i3}''=B_{i3}'-o'=-e_{i3}\times\omega \tag{7-108}
$$

对式（7-6）中的 R_{i5} 求导，并由式（7-107）和（7-108）可得

$$
R_{i5}'=-(z_m\times\omega)\times\frac{e_{i3}}{|e_{i3}|}-z_m\times\frac{e_{i3}\times\omega}{|e_{i3}|}=-\hat{R}_{i5}\omega=J_{Ri5}V \tag{7-109}
$$

其中

$$
J_{Ri5}=[O_{3\times3}-\hat{R}_{i5}] \tag{7-110}
$$

由式（7-7）、（7-8）、（7-105）和（7-109）得

$$
r_{i4}'=(-\hat{R}_{i3}J_{Ri5}+\hat{R}_{i5}J_{Ri2})V,\ |r_{i4}|'=(\sqrt{r_{i4}\cdot r_{i4}})'=R_{i4}^{\mathrm{T}}r_{i4}' \tag{7-111}
$$

对式（7-8）中的 R_{i4} 求导，并由式（7-111）可得

$$
R_{i4}'=\frac{r_{i4}'}{|r_{i4}|}-\frac{R_{i4}R_{i4}^{\mathrm{T}}r_{i4}'}{|r_{i4}|}=-\frac{\hat{R}_{i4}^{2}(-\hat{R}_{i3}J_{Ri5}+\hat{R}_{i5}J_{Ri2})V}{|r_{i4}|}=J_{Ri4}V \tag{7-112}
$$

其中

$$\boldsymbol{J}_{Ri4}=-\frac{\hat{\boldsymbol{R}}_{i4}{}^{2}(-\hat{\boldsymbol{R}}_{i3}\boldsymbol{J}_{Ri5}+\hat{\boldsymbol{R}}_{i5}\boldsymbol{J}_{Ri2})}{|\boldsymbol{r}_{i4}|}\tag{7-113}$$

7.5.1.2 手指杆和转动副 R_{i5} 的角加速度求解

对式（7-50）中的 $\boldsymbol{D}_{i1}$ 求导，并由式（7-45）和（7-105）可得

$$\begin{aligned}&\boldsymbol{D}_{i1}{}'=\boldsymbol{R}_{i1}\times(\omega_{ri1}\boldsymbol{R}_{i1}\times\boldsymbol{R}|_{i2})=-\omega_{ri1}\boldsymbol{R}_{i2},\\&\boldsymbol{r}_{i}\cdot\boldsymbol{D}_{i1}{}'=0,\\&(\boldsymbol{r}_{i}\cdot\boldsymbol{D}_{i1})'=\boldsymbol{D}_{i1}^{\mathrm{T}}(\boldsymbol{v}+\boldsymbol{\omega}\times\boldsymbol{e}_{i3})\end{aligned}\tag{7-114}$$

$\boldsymbol{\delta}_{ri}$ 的导数为

$$\boldsymbol{\delta}_{ri}{}'=\boldsymbol{\omega}_{ri}\times\boldsymbol{\delta}_{ri}\tag{7-115}$$

对式（7-50）中的 $\boldsymbol{D}_{ri1}$ 求导，并由式（7-115）和（7-54）可得

$$\begin{aligned}&\boldsymbol{D}_{ri1}{}'=(\boldsymbol{J}_{Dri1})_{3\times6}\boldsymbol{V},\\&(\boldsymbol{J}_{Dri1})_{3\times6}=-(\boldsymbol{\delta}_{ri}\boldsymbol{R}_{i1}{}^{\mathrm{T}}\hat{\boldsymbol{\delta}}_{ri}+(\boldsymbol{\delta}_{ri}{}^{\mathrm{T}}\boldsymbol{R}_{i1})\hat{\delta}_{ri})(\boldsymbol{J}_{\omega ri})_{3\times6}\end{aligned}\tag{7-116}$$

对式（7-50）中的 $\boldsymbol{D}_{ri2}$ 求导，并由式（7-106）和（7-116）可得

$$\boldsymbol{D}_{i2}{}^{\mathrm{T}}\boldsymbol{D}_{ri2}{}'=-\boldsymbol{V}^{\mathrm{T}}(\boldsymbol{D}_{i2}{}^{\mathrm{T}}\boldsymbol{R}_{i1})\boldsymbol{J}_{Ri2}{}^{\mathrm{T}}-\boldsymbol{V}^{\mathrm{T}}\boldsymbol{J}_{Ri2}{}^{\mathrm{T}}\boldsymbol{D}_{i2}\boldsymbol{D}_{ri1}{}^{\mathrm{T}}-\boldsymbol{V}^{\mathrm{T}}(\boldsymbol{D}_{i2}{}^{\mathrm{T}}\boldsymbol{R}_{i2})\boldsymbol{J}_{Dri1}{}^{\mathrm{T}}\tag{7-117}$$

由式（7-54）、(7-114)、(7-50)、(7-117) 和（7-108）可得

$$\begin{aligned}\boldsymbol{D}_{i2}{}^{\mathrm{T}}\boldsymbol{\omega}_{ri}{}'&=\boldsymbol{D}_{i2}^{\mathrm{T}}\left(\frac{\boldsymbol{D}_{ri2}}{\boldsymbol{r}_{i}\cdot\boldsymbol{D}_{i1}}(\boldsymbol{v}-\hat{\boldsymbol{e}}_{i3}\boldsymbol{\omega})\right)'\\&=-\boldsymbol{V}^{\mathrm{T}}\frac{(\boldsymbol{D}_{i2}{}^{\mathrm{T}}\boldsymbol{R}_{i1})\boldsymbol{J}_{Ri2}{}^{\mathrm{T}}+\boldsymbol{J}_{Ri2}{}^{\mathrm{T}}\boldsymbol{D}_{i2}\boldsymbol{D}_{ril}{}^{\mathrm{T}}+(\boldsymbol{D}_{i2}{}^{\mathrm{T}}\boldsymbol{R}_{i2})\boldsymbol{J}_{Dril}{}^{\mathrm{T}}}{r_{i}\cdot\boldsymbol{D}_{i1}}[\boldsymbol{E}_{3\times3}\quad-\hat{\boldsymbol{e}}_{i3}]\boldsymbol{V}\\&-\frac{\boldsymbol{V}^{\mathrm{T}}\boldsymbol{J}_{\omega ri}{}^{\mathrm{T}}\boldsymbol{D}_{i2}\boldsymbol{D}_{i1}{}^{\mathrm{T}}}{\boldsymbol{r}_{i}\cdot\boldsymbol{D}_{i1}}[\boldsymbol{E}_{3\times3}-\hat{\boldsymbol{e}}_{i3}]\boldsymbol{V}+\boldsymbol{D}_{i2}{}^{\mathrm{T}}\boldsymbol{J}_{\omega ri}\boldsymbol{A}+\frac{1}{\boldsymbol{r}_{i}\cdot\boldsymbol{D}_{i1}}\boldsymbol{V}^{\mathrm{T}}\begin{bmatrix}\boldsymbol{O}_{3\times3}&\boldsymbol{O}_{3\times3}\\\boldsymbol{O}_{3\times3}&\hat{\boldsymbol{e}}_{i3}\hat{\boldsymbol{D}}_{ri3}\end{bmatrix}\boldsymbol{V}\end{aligned}\tag{7-118}$$

对式（7-50）中的 $\boldsymbol{D}_{i2}$ 求导，并由式（7-105）和（7-112）可得

$$\boldsymbol{D}_{i2}{}'=\boldsymbol{R}_{i3}{}'\times\boldsymbol{R}_{i4}+\boldsymbol{R}_{i3}\times\boldsymbol{R}_{i4}{}'=-\hat{\boldsymbol{R}}_{i4}=-\hat{\boldsymbol{R}}_{i4}\boldsymbol{J}_{Ri2}\boldsymbol{V}+\hat{\boldsymbol{R}}_{i3}\boldsymbol{J}_{Ri4}\boldsymbol{V}=(\boldsymbol{J}_{Di2})_{3\times6}\boldsymbol{V}\tag{7-119}$$

其中

$$(\boldsymbol{J}_{Di2})_{3\times6}=-\hat{\boldsymbol{R}}_{i4}\boldsymbol{J}_{Ri2}+\hat{\boldsymbol{R}}_{i3}\boldsymbol{J}_{Ri4}\tag{7-120}$$

转动副 R_{i5} 的角加速度记为 $\boldsymbol{\varepsilon}_{i5}$，大小记为 ε_{i5}，对式（7-57）求导，并由式（7-54）、(7-55)、(7-57)、(7-58)、(7-118) 和（7-119）可得

$$\begin{aligned}\varepsilon_{i5}&=\frac{(\boldsymbol{J}_{Di2}\boldsymbol{V})^{\mathrm{T}}(\boldsymbol{\omega}-\boldsymbol{J}_{\omega ri}\boldsymbol{V})}{(\boldsymbol{D}_{i2}{}^{\mathrm{T}}\boldsymbol{R}_{i5})}+\frac{\boldsymbol{D}_{i2}{}^{\mathrm{T}}\boldsymbol{\varepsilon}}{(\boldsymbol{D}_{i2}{}^{\mathrm{T}}\boldsymbol{R}_{i5})}-\frac{\boldsymbol{D}_{i2}{}^{\mathrm{T}}\boldsymbol{\omega}_{ri}{}'}{(\boldsymbol{D}_{i2}{}^{\mathrm{T}}\boldsymbol{R}_{i5})}\\&-\frac{((\boldsymbol{J}_{Di2}\boldsymbol{V})^{\mathrm{T}}\boldsymbol{R}_{i5}+(-\hat{\boldsymbol{R}}_{i5}\omega)^{\mathrm{T}}\boldsymbol{D}_{i2})\omega_{i5}}{\boldsymbol{D}_{i2}{}^{\mathrm{T}}\boldsymbol{R}_{i5}}\\&=(\boldsymbol{J}_{\omega i5})_{1\times6}\boldsymbol{A}+\boldsymbol{V}^{\mathrm{T}}(\boldsymbol{H}_{\varepsilon i5})_{6\times6}\boldsymbol{V}\end{aligned}\tag{7-121}$$

其中

$$(\boldsymbol{H}_{\varepsilon i5})_{6\times6}=\frac{\boldsymbol{J}_{Di2}{}^{\mathrm{T}}([\boldsymbol{O}_{3\times3}\quad \boldsymbol{E}_{3\times3}]-\boldsymbol{J}_{\omega ri})}{(\boldsymbol{D}_{i2}{}^{T}\boldsymbol{R}_{i5})}$$
$$+\frac{(\boldsymbol{D}_{i2}{}^{\mathrm{T}}\boldsymbol{R}_{i1})\boldsymbol{J}_{Ri2}{}^{\mathrm{T}}+\boldsymbol{J}_{Ri2}{}^{\mathrm{T}}+\boldsymbol{D}_{i2}\boldsymbol{D}_{ri1}{}^{\mathrm{T}}+(\boldsymbol{D}_{i2}{}^{\mathrm{T}}\boldsymbol{R}_{i2})\boldsymbol{J}_{Dri1}{}^{\mathrm{T}}}{\boldsymbol{D}_{r1}{}^{\mathrm{T}}\boldsymbol{r}_{i}\boldsymbol{D}_{i2}{}^{\mathrm{T}}\boldsymbol{R}_{i5}}[\boldsymbol{E}_{3\times3}\quad -\hat{\boldsymbol{e}}_{i3}]$$
$$+\frac{\boldsymbol{J}_{\omega ri}{}^{\mathrm{T}}\boldsymbol{D}_{i2}\boldsymbol{D}_{ri}{}^{\mathrm{T}}}{\boldsymbol{D}_{i1}{}^{\mathrm{T}}\boldsymbol{r}_{i}\boldsymbol{D}_{i2}{}^{\mathrm{T}}\boldsymbol{R}_{i5}}[\boldsymbol{E}_{3\times3}\quad -\hat{\boldsymbol{e}}_{3}]-\frac{1}{\boldsymbol{D}_{i1}{}^{\mathrm{T}}\boldsymbol{r}_{i}\boldsymbol{D}_{i2}{}^{\mathrm{T}}\boldsymbol{R}_{i5}}\begin{bmatrix}\boldsymbol{O}_{3\times3} & \boldsymbol{O}_{3\times3}\\ \boldsymbol{O}_{3\times3} & \hat{\boldsymbol{e}}_{i3}\hat{\boldsymbol{D}}_{ri3}\end{bmatrix} \tag{7-122}$$
$$-\frac{(\boldsymbol{J}_{Di2}{}^{\mathrm{T}}\boldsymbol{R}_{i5}+[\boldsymbol{O}_{3\times3}\quad \boldsymbol{E}_{3\times3}]^{\mathrm{T}}\hat{\boldsymbol{R}}_{i5}\boldsymbol{D}_{i2})\boldsymbol{J}_{\omega i5}}{\boldsymbol{D}_{i2}{}^{\mathrm{T}}\boldsymbol{R}_{i5}}$$

对式（7-56）中的 $\boldsymbol{\omega}_{i5}$求导，并由式（7-109）和（7-121）可得

$$\boldsymbol{\varepsilon}_{i5}=\boldsymbol{R}_{i5}{}'\omega_{i5}+\boldsymbol{R}_{i5}\omega_{i5}{}'=-\hat{\boldsymbol{R}}_{i5}\boldsymbol{\omega}\omega_{i5}+\boldsymbol{R}_{i5}\varepsilon_{i5} \tag{7-123}$$

对式（7-56）中的 $\boldsymbol{\omega}_{ti}$求导，可得手指杆的角加速度为

$$\boldsymbol{\omega}_{ti}=(\boldsymbol{\omega}-\boldsymbol{\omega}_{i5})'=\varepsilon-\varepsilon_{i5} \tag{7-124}$$

7.5.1.3 手指杆上任意点加速度求解

点 W_i 的线加速度矢量为 $\boldsymbol{a}_{Wi}$，角加速度矢量为 $\boldsymbol{\varepsilon}_{Wi}$，广义加速度矢量为 $\boldsymbol{A}_{Wi}$，那么

$$\boldsymbol{\varepsilon}_{Wi}=\boldsymbol{\varepsilon}_{ti},\boldsymbol{A}_{Wi}=\begin{bmatrix}\boldsymbol{a}_{Wi}\\ \boldsymbol{\varepsilon}_{ti}\end{bmatrix} \tag{7-125}$$

因为 $\boldsymbol{R}_{i5}\perp(\boldsymbol{e}_{Wi}-\boldsymbol{e}_{i3})$，那么

$$\boldsymbol{R}_{i5}\times(\boldsymbol{R}_{i5}\times(\boldsymbol{e}_{Wi}-\boldsymbol{e}_{i3}))=(\boldsymbol{R}_{i5}\cdot(\boldsymbol{e}_{Wi}-\boldsymbol{e}_{i3}))\boldsymbol{R}_{i5}-(\boldsymbol{R}_{i5}\cdot\boldsymbol{R}_{i5})(\boldsymbol{e}_{Wi}-\boldsymbol{e}_{i3})=\boldsymbol{e}_{i3}-\boldsymbol{e}_{Wi} \tag{7-126}$$

那么点 W_i 的线加速度矢量为

$$\begin{aligned}\boldsymbol{a}_{Wi}&=\boldsymbol{a}+\varepsilon\times\boldsymbol{e}_{Wi}+\boldsymbol{\omega}\times(\boldsymbol{\omega}\times\boldsymbol{e}_{Wi})-\varepsilon_{i5}\boldsymbol{R}_{i5}\times(\boldsymbol{e}_{Wi}-\boldsymbol{e}_{i3})\\&=-\omega_{i5}\boldsymbol{R}_{i5}\times(-\omega_{i5}\boldsymbol{R}_{i5}\times(\boldsymbol{e}_{Wi}-\boldsymbol{e}_{i3}))+2\boldsymbol{\omega}\times(-\omega_{i5}\boldsymbol{R}_{i5}\times(\boldsymbol{e}_{Wi}-\boldsymbol{e}_{i3}))\\&=\boldsymbol{a}-\hat{\boldsymbol{e}}_{Wi}\boldsymbol{\varepsilon}-\varepsilon_{i5}\boldsymbol{R}_{i5}\times(\boldsymbol{e}_{Wi}-\boldsymbol{e}_{i3})+\boldsymbol{\omega}\times(\boldsymbol{\omega}\times\boldsymbol{e}_{Wi})\\&\quad-\omega_{i5}{}^{2}(\boldsymbol{e}_{Wi}-\boldsymbol{e}_{i3})-2\omega_{i5}\boldsymbol{\omega}\times(\boldsymbol{R}_{i5}\times(\boldsymbol{e}_{Wi}-\boldsymbol{e}_{i3}))\end{aligned} \tag{7-127}$$

7.5.2 运动平台质心加速度求解

7.5.2.1 移动副的线加速度标量求解

P_i 副的线加速度标量记为 a_{pi}，那么

$$\boldsymbol{v}=v_{p0}\delta_{p0}+\boldsymbol{\omega}_{p0}\times\boldsymbol{p}_{0}=v_{p0}\boldsymbol{\delta}_{\rho0}+p_{0}\boldsymbol{\omega}_{p0}\times\boldsymbol{\delta}_{p0} \tag{7-128}$$

那么由式（7-67）和（7-128）可得

$$\boldsymbol{\delta}_{p0}{}'=\boldsymbol{\omega}_{p0}\times\boldsymbol{\delta}_{p0}=\frac{\boldsymbol{v}-v_{p0}\boldsymbol{\delta}_{p0}}{p_{0}}=-\frac{\hat{\boldsymbol{\delta}}_{p0}{}^{2}}{p_{0}}\boldsymbol{v} \tag{7-129}$$

对式（7-67）求导，并由式（7-71）和（7-129）可得

$$a_{p0}=(\boldsymbol{v}\cdot\boldsymbol{\delta}_{p0})'=\boldsymbol{\delta}_{p0}{}^{\mathrm{T}}\boldsymbol{a}-\boldsymbol{v}\cdot\frac{\hat{\boldsymbol{\delta}}_{p0}{}^{2}}{p_0}\boldsymbol{v}=[\boldsymbol{\delta}_{p0}{}^{\mathrm{T}}\quad \boldsymbol{O}_{1\times3}]\boldsymbol{A}+\boldsymbol{V}^{\mathrm{T}}\begin{bmatrix}-\dfrac{\hat{\boldsymbol{\delta}}_{p0}{}^{2}}{p_0} & \boldsymbol{O}_{3\times3}\\ \boldsymbol{O}_{3\times3} & \boldsymbol{O}_{3\times3}\end{bmatrix}\boldsymbol{V} \tag{7-130}$$

$$=(\boldsymbol{J}_{vp0})_{1\times6}\boldsymbol{A}+\boldsymbol{V}^{\mathrm{T}}(\boldsymbol{H}_{p0})_{6\times6}\boldsymbol{V}$$

其中

$$(\boldsymbol{H}_{P0})_{6\times6}=\begin{bmatrix}-\dfrac{\hat{\boldsymbol{\delta}}_{p0}{}^{2}}{p_0} & \boldsymbol{O}_{3\times3}\\ \boldsymbol{O}_{3\times3} & \boldsymbol{O}_{3\times3}\end{bmatrix} \tag{7-131}$$

分支 i（$i=1$，2，3）上点 B_{i2} 的线加速度矢量记为 $\boldsymbol{a}_{Bi2}$，那么由式（7-127）可得

$$\boldsymbol{a}_{Bi2}=\boldsymbol{a}-\hat{\boldsymbol{e}}_{i2}\boldsymbol{\varepsilon}+\varepsilon_{i5}\hat{\boldsymbol{e}}_{i32}\boldsymbol{R}_{i5}-\hat{\boldsymbol{\omega}}\hat{\boldsymbol{e}}_{i2}\boldsymbol{\omega}-\omega_{i5}{}^{2}\boldsymbol{e}_{i32}+2\omega_{i5}\hat{\boldsymbol{\omega}}\hat{\boldsymbol{e}}_{132}\boldsymbol{R}_{i5} \tag{7-132}$$

对式（7-69）求导，并由式（7-57）、（7-68）、（7-71）、（7-121）、（7-132）、（7-92）和（7-97）可得

$$\begin{aligned}&a_{pi}=(\boldsymbol{J}_{vpi})_{1\times6}\boldsymbol{A}+\boldsymbol{V}^{\mathrm{T}}(H_{pi})_{6\times6}\boldsymbol{V},\\ &(\boldsymbol{H}_{pi})_{6\times6}=(\boldsymbol{\delta}_{pi}{}^{\mathrm{T}}\hat{\boldsymbol{e}}_{i132}\boldsymbol{R}_{i5})\boldsymbol{H}_{\varepsilon i5}+\begin{bmatrix}O_{3\times3} & O_{3\times3}\\ O_{3\times3} & \hat{\delta}_{pi}\hat{e}_{i2}\end{bmatrix}-\boldsymbol{J}_{wi5}{}^{\mathrm{T}}\boldsymbol{\delta}_{pi}{}^{\mathrm{T}}\boldsymbol{e}_{i32}\boldsymbol{J}_{\omega i5}\\ &\quad-2\boldsymbol{J}_{\omega i5}{}^{\mathrm{T}}\boldsymbol{R}_{i5}{}^{\mathrm{T}}\hat{\boldsymbol{e}}_{i32}[\boldsymbol{O}_{3\times3}\quad \boldsymbol{\delta}_{pi}]-\boldsymbol{J}_{Bi2}{}^{\mathrm{T}}\frac{\hat{\boldsymbol{\delta}}_{pi}\boldsymbol{D}_{pi2}}{\boldsymbol{p}_i\cdot\boldsymbol{D}_{i1}}\boldsymbol{J}_{Bi2}\end{aligned} \tag{7-133}$$

7.5.2.2 海森矩阵的约束力分量分析

对式（7-72）中的 f_{c_1} 和 f_{c_2} 求导可得

$$\boldsymbol{f}_{c1}'=\hat{\boldsymbol{\omega}}_m^B\boldsymbol{R}^m\boldsymbol{x}_m=-\hat{\boldsymbol{f}}_{c1}\boldsymbol{\omega},\ \boldsymbol{f}_{c2}'=\hat{\boldsymbol{\omega}}_m^B\boldsymbol{R}^m\boldsymbol{y}_m=-\hat{\boldsymbol{f}}_{c2}\boldsymbol{\omega},\ \boldsymbol{f}_{cj}{}^{T'}=\boldsymbol{V}^T\begin{bmatrix}\boldsymbol{O}_{3\times3}\\ \hat{\boldsymbol{f}}_{cj}\end{bmatrix},\ j=1,\ 2 \tag{7-134}$$

对式（7-74）中的 $\boldsymbol{J}_{cj}$ 求导，并由式（7-134）可得

$$\boldsymbol{J}_{cj}'=\boldsymbol{V}^T(\boldsymbol{H}_{cj})_{6\times6},\ j=1,\ 2 \tag{7-135}$$

其中

$$(\boldsymbol{H}_{cj})_{6\times6}=\begin{bmatrix}\boldsymbol{O}_{3\times3} & -\hat{\boldsymbol{f}}_{cj}\\ \hat{\boldsymbol{f}}_{cj} & \hat{\boldsymbol{f}}_{cj}\hat{\boldsymbol{o}}\end{bmatrix},\ j=1,\ 2 \tag{7-136}$$

那么对式（7-73）求导可得

$$(\boldsymbol{J}_{cj})_{1\times6}'\boldsymbol{V}+(\boldsymbol{J}_{cj})_{1\times6}\boldsymbol{V}'=0\Rightarrow(\boldsymbol{J}_{cj})_{1\times6}\boldsymbol{A}+\boldsymbol{V}^{\mathrm{T}}(\boldsymbol{H}_{cj})_{6\times6}\boldsymbol{V}=0 \tag{7-137}$$

7.5.2.3 运动平台质心加速度正反解

结合式（7-75）、（7-133）、（7-130）和（7-137）可得运动平台的加速度反解公式

$$A_a=\begin{bmatrix} a_{P0} \\ a_{P1} \\ a_{P2} \\ a_{P3} \\ 0 \\ 0 \end{bmatrix},\quad \begin{matrix} V=\begin{bmatrix} v \\ \omega \end{bmatrix},\ A_a=(J_{a\_o})_{6\times6}A+V^{\mathrm{T}}(H_{a\_o})_{6\times6\times6}V \\ A=\begin{bmatrix} a \\ \varepsilon \end{bmatrix},\ \begin{matrix} (H_{a\_o}^{(i+1)})_{6\times6}=(H_{pi})_{6\times6},\ i=0,\ 1,\ 2,\ 3 \\ (H_{a\_o}^{(j+4)})_{6\times6}=(H_{cj})_{6\times6},\ j=1,\ 2 \end{matrix} \end{matrix} \tag{7-138}$$

由式（7-138），并结合式（7-75）和（附录 7-12）可得加速度正解公式为

$$A=(J_{o\_a})_{6\times6}A_a+V_a{}^{\mathrm{T}}(H_{o\_a})_{6\times6\times6}V_a,(H_{o\_a})_{6\times6\times6}=-(J_{o\_a})_{6\times6}*(H_{a\_o})_{6\times6\times6} \tag{7-139}$$

7.5.3 被抓物体质心加速度求解

被抓物体质心点 o_K 的线速度记为 a_{oK}，角速度记为 ε_{oK}，广义速度记为 A_{oK}。

对式（7-77）中 v_{oK} 求导可得

$$\begin{aligned} a_{oK}&=v_{oK}'=(\omega\times e_K)'+v'=(\varepsilon\times e_K)+(\omega\times e_K')+a \\ &=-\hat{e}_K\varepsilon+[\omega\times(-\hat{e}_K\omega)]+a=a-\hat{e}_K\varepsilon-\hat{\omega}\hat{e}_K\omega \end{aligned} \tag{7-140}$$

在抓住物体运动过程中物体与上平台无相对运行，因此被抓物体的角加速度与上平台相同，即

$$\varepsilon_{oK}=\varepsilon \tag{7-141}$$

由式（7-140）、（7-141）、（7-75）、（7-139）和（7-25）可得被抓物体的质心加速度正解公式为

$$\begin{aligned} A_{oK}&=\begin{bmatrix} a_{oK} \\ \varepsilon_{oK} \end{bmatrix}=\begin{bmatrix} a-\hat{e}_K\varepsilon-\hat{\omega}\hat{e}_K\omega \\ \varepsilon \end{bmatrix}=\begin{bmatrix} a-\hat{e}_K\varepsilon \\ \varepsilon \end{bmatrix}+\begin{bmatrix} -\hat{\omega}\hat{e}_K\omega \\ O \end{bmatrix} \\ &=\begin{bmatrix} E_{3\times3} & -\hat{e}_K \\ O_{3\times3} & E_{3\times3} \end{bmatrix}_{6\times6}A+\begin{bmatrix} O_{3\times3} & \hat{\omega} \\ O_{3\times3} & O_{3\times3} \end{bmatrix}_{6\times6}\begin{bmatrix} O_{3\times3} & O_{3\times3} \\ O_{3\times3} & -\hat{e}_K \end{bmatrix}_{6\times6}V \\ &=(J_{oK\_o})_{6\times6}A+V^{\mathrm{T}}(H_{oK\_o})_{6\times6\times6}V \\ &=(J_{oK\_a})_{6\times6}A_a+V_a{}^{\mathrm{T}}(H_{oK\_a})_{6\times6\times6}V_a \end{aligned} \tag{7-142}$$

其中

$$(H_{oK\_o})_{6\times6\times6}=H(0,\ 1,\ 0,\ 0)\begin{bmatrix} O_{3\times3} & O_{3\times3} \\ O_{3\times3} & -\hat{e}_K \end{bmatrix}_{6\times6}, \tag{7-143}$$

$$(H_{oK\_o})_{6\times6\times6}=(J_{oK\_o})_{6\times6}(H_{o\_a})_{6\times6\times6}+(J_{o\_a})_{6\times6}{}^{\mathrm{T}}H_{oK\_o}(J_{o\_a})_{6\times6}$$

关于上式中运算符号⊙的相关说明见附录 。

由式（7-142），并结合式（附录 7-12）和（7-78）可得被抓物体的质心加速度反解公式为

$$A_a=(J_{a\_oK})_{6\times6}A_{oK}+V_{oK}{}^{\mathrm{T}}(H_{a\_oK})_{6\times6\times6}V_{oK},$$

$$(\boldsymbol{H}_{a\_oK})_{6\times6\times6}=-(\boldsymbol{J}_{a\_oK})_{6\times6} * (\boldsymbol{H}_{oK\_a})_{6\times6\times6} \tag{7-144}$$

由式（7-142）、（附录 7-12）和（7-78）可得从物体质心加速度到运动平台加速度的求解公式

$$\boldsymbol{A}=(\boldsymbol{J}_{o\_oK})_{6\times6}\boldsymbol{A}_{oK}+\boldsymbol{V}_{oK}^{\mathrm{T}}(\boldsymbol{H}_{o\_oK})_{6\times6\times6}\boldsymbol{V}_{oK},$$
$$(\boldsymbol{H}_{o\_oK})_{6\times6\times6}=-(\boldsymbol{J}_{o\_oK})_{6\times6} * (\boldsymbol{H}_{oK\_o})_{6\times6\times6} \tag{7-145}$$

7.5.4 指尖加速度求解

7.5.4.1 指尖点的加速度通用公式

点 B_{i4}位于手指杆上，因此由式（7-125）和（7-127）可得指尖点 B_{i4}的加速度为

$$\boldsymbol{\varepsilon}_{Bi4}=\boldsymbol{\varepsilon}_{ti},\ \boldsymbol{a}_{Bi4}=\boldsymbol{a}-\hat{\boldsymbol{e}}_{i4}\boldsymbol{\varepsilon}+\varepsilon_{i5}\hat{\boldsymbol{e}}_{i34}\boldsymbol{R}_{i5}-\hat{\boldsymbol{\omega}}\hat{\boldsymbol{e}}_{i4}\boldsymbol{\omega}-\omega_{i5}{}^{2}\boldsymbol{e}_{i34}+2\omega_{i5}\hat{\boldsymbol{\omega}}\hat{\boldsymbol{e}}_{i34}\boldsymbol{R}_{i5} \tag{7-146}$$

该式在运动的任何状态下都适用。

7.5.4.2 抓住物体运动时指尖的加速度简化公式

因为抓住物体时，手指与物体间无相对运动，那么手指、被抓物体、运动平台三者的角速度、角加速度均相同，即

$$\boldsymbol{\omega}_{Bi4}=\boldsymbol{\omega}_{oK}=\boldsymbol{\omega},\ \boldsymbol{\varepsilon}_{Bi4}=\boldsymbol{\varepsilon}_{oK}=\boldsymbol{\varepsilon} \tag{7-147}$$

对 e_{i4}求导，并由式（7-5）和（7-147）可得

$$\boldsymbol{e}_{i4}'=(\boldsymbol{B}_{i4}-\boldsymbol{o})'=\boldsymbol{v}_{Bi4}-\boldsymbol{v}=\boldsymbol{\omega}_{Bi4}\times\boldsymbol{e}_{i4}=\boldsymbol{\omega}\times\boldsymbol{e}_{i4} \tag{7-148}$$

对式（7-80）中的 $\boldsymbol{e}_{K_i4}$求导可得

$$\boldsymbol{e}_{K\_i4}'=\hat{\boldsymbol{\omega}}_{oK}{}_{K}^{B}\boldsymbol{R}^{K}\boldsymbol{B}_{i4}+{}_{K}^{B}\boldsymbol{R}^{K}\boldsymbol{B}_{i4}'=\hat{\boldsymbol{\omega}}_{oK}\boldsymbol{e}_{K\_i4} \tag{7-149}$$

对式（7-81）求导，并由式（7-147）和（7-148）可得

$$\begin{aligned}\boldsymbol{a}_{Bi4}&=(\boldsymbol{v}-\hat{\boldsymbol{e}}_{i4}\boldsymbol{\omega})'=\boldsymbol{a}-\boldsymbol{e}_{i4}\times\boldsymbol{\omega}'-\boldsymbol{e}'_{i4}\times\boldsymbol{\omega}\\&=\boldsymbol{a}-\boldsymbol{e}_{i4}\times\boldsymbol{\varepsilon}-(\boldsymbol{\omega}\times\boldsymbol{e}_{i4})\times\boldsymbol{\omega}=\boldsymbol{a}-\hat{\boldsymbol{e}}_{i4}\boldsymbol{\varepsilon}+\hat{\boldsymbol{\omega}}^{2}\boldsymbol{e}_{i4}\end{aligned} \tag{7-150}$$

由式（7-83）、（7-147）、（7-150）、（7-139）、（7-75）和（附录 7-3）可得抓住物体运动时的指尖加速度为

$$\begin{aligned}\boldsymbol{A}_{Bi4}&=\begin{bmatrix}\boldsymbol{a}_{Bi4}\\\boldsymbol{\varepsilon}_{Bi4}\end{bmatrix}=\begin{bmatrix}\boldsymbol{a}-\hat{\boldsymbol{e}}_{i4}\boldsymbol{\varepsilon}+\hat{\boldsymbol{\omega}}^{2}\hat{\boldsymbol{e}}_{i4}\\\boldsymbol{\varepsilon}\end{bmatrix}_{6\times6}=\begin{bmatrix}\boldsymbol{E}_{3\times3}&-\hat{\boldsymbol{e}}_{i4}\\O_{3\times3}&E_{3\times3}\end{bmatrix}_{6\times6}\boldsymbol{A}+\begin{bmatrix}-\hat{\boldsymbol{\omega}}\hat{\boldsymbol{e}}_{i4}\boldsymbol{\omega}\\\boldsymbol{O}_{3\times1}\end{bmatrix}\\&=(\boldsymbol{J}_{Bi4\_o}^{g})_{6\times6}\boldsymbol{A}+\begin{bmatrix}\boldsymbol{O}_{3\times3}&\hat{\boldsymbol{\omega}}\\\boldsymbol{O}_{3\times3}&\boldsymbol{O}_{3\times3}\end{bmatrix}_{6\times6}\begin{bmatrix}\boldsymbol{O}_{3\times3}&\boldsymbol{O}_{3\times3}\\\boldsymbol{O}_{3\times3}&-\hat{\boldsymbol{e}}_{i4}\end{bmatrix}_{6\times6}\boldsymbol{V}\\&=(\boldsymbol{J}_{Bi4\_o}{}^{g})_{6\times6}\boldsymbol{A}+\boldsymbol{V}^{\mathrm{T}}(\boldsymbol{H}_{Bi4\_o}{}^{g})_{6\times6\times6}\boldsymbol{V}\\&=(\boldsymbol{J}_{Bi4\_a}^{g})_{6\times6}\boldsymbol{A}_{a}+\boldsymbol{V}_{a}{}^{\mathrm{T}}(\boldsymbol{H}_{Bi4\_a}{}^{g})_{6\times6\times6}\boldsymbol{V}_{a}\end{aligned} \tag{7-151}$$

其中

$$(\boldsymbol{H}_{Bi4\_o}{}^{g})_{6\times6\times6}=H(0,1,0,0)\begin{bmatrix}\boldsymbol{O}_{3\times3}&\boldsymbol{O}_{3\times3}\\\boldsymbol{O}_{3\times3}&-\hat{\boldsymbol{e}}_{i4}\end{bmatrix}_{6\times6},$$
$$(\boldsymbol{H}_{Bi4\_a}{}^{g})_{6\times6\times6}=(\boldsymbol{J}_{Bi4\_o}{}^{g})_{6\times6}\cdot(\boldsymbol{H}_{o\_a})_{6\times6\times6}+(\boldsymbol{J}_{o\_a})_{6\times6}{}^{\mathrm{T}}\boldsymbol{H}_{Bi4\_o}{}^{g}(\boldsymbol{J}_{o\_a})_{6\times6} \tag{7-152}$$

式（7-151）与（7-146）相比有如下特点：结构简单清晰，所需计算的变量较少，求解速度较快，但是只适用于抓住物体运动时的计算。

7.5.5 分支构件质心加速度求解

7.5.5.1 移动副杆件的角加速度求解

P_i 副的上杆件与下杆件具有相同的角加速度，其角加速度矢量记为 ε_{pi}。

因为分支 0 的上下杆件与运动平台具有相同的角加速度，因此

$$\boldsymbol{\varepsilon}_{p0}=\boldsymbol{\varepsilon} \tag{7-153}$$

对式（7-86）中的 $\boldsymbol{D}_{pi1}$ 求导，并由式（7-116）、(7-97）和（7-93）可得

$$\boldsymbol{D}_{pi1}'=(\boldsymbol{J}_{Dpi1})_{3\times6}\boldsymbol{V},\ (\boldsymbol{J}_{Dpi1})_{3\times6}=-(\boldsymbol{\delta}_{pi}\boldsymbol{R}_{i1}{}^{\mathrm{T}}\hat{\boldsymbol{\delta}}_{pi}+(\boldsymbol{\delta}_{pi}{}^{\mathrm{T}}\boldsymbol{R}_{i1})\hat{\boldsymbol{\delta}}_{pi})(\boldsymbol{J}_{\omega pi})_{3\times6} \tag{7-154}$$

对式（7-86）中的 $\boldsymbol{D}_{pi2]}$ 求导，并由式（7-106）和（7-154）可得

$$\boldsymbol{D}_{pi2}'=-\boldsymbol{R}_{i1}\boldsymbol{V}^{\mathrm{T}}(\boldsymbol{J}_{Ri2})_{3\times6}{}^{\mathrm{T}}-(\boldsymbol{J}_{Ri2})_{3\times6}\boldsymbol{V}\boldsymbol{D}_{pi1}{}^{\mathrm{T}}-\boldsymbol{R}_{i2}\boldsymbol{V}^{\mathrm{T}}(\boldsymbol{J}_{Dpi1})_{3\times6}{}^{\mathrm{T}} \tag{7-155}$$

由式（7-114）和（7-97）可得

$$\boldsymbol{p}_i\cdot\boldsymbol{D}'_{i1}=0,\ (\boldsymbol{p}_i\cdot\boldsymbol{D}_{i1})'=(\boldsymbol{v}_{pi}\boldsymbol{\delta}_{Pi}+\boldsymbol{p}_i(\boldsymbol{\omega}_{pi}\times\boldsymbol{\delta}_{pi}))\cdot\boldsymbol{D}_{i1} \tag{7-156}$$

对式（7-92）求导，并由式（7-154）、(7-155）和（7-156）可得

$$\begin{aligned}\boldsymbol{\varepsilon}_{pi}=\boldsymbol{\omega}_{pi}'&=\left(\frac{\boldsymbol{D}_{pi2}}{\boldsymbol{p}_i\cdot\boldsymbol{D}_{i1}}\boldsymbol{v}_{Bi2}\right)'\\&=\frac{(-\boldsymbol{R}_{i1}\boldsymbol{V}^{\mathrm{T}}\boldsymbol{J}_{Ri2}{}^{\mathrm{T}}-\boldsymbol{J}_{Ri2}\boldsymbol{V}\boldsymbol{D}_{pi1}{}^{\mathrm{T}}-\boldsymbol{R}_{i2}\boldsymbol{V}^{\mathrm{T}}\boldsymbol{J}_{Dpi1}{}^{\mathrm{T}})\boldsymbol{v}_{Bi2}}{\boldsymbol{p}_i\cdot\boldsymbol{D}_{i1}}+\frac{\boldsymbol{D}_{pi2}\boldsymbol{a}_{Bi2}}{\boldsymbol{p}_i\cdot\boldsymbol{D}_{i1}}\\&\quad-\frac{\boldsymbol{\omega}_{pi}\boldsymbol{D}_{i1}{}^{\mathrm{T}}(v_{pi}\boldsymbol{\delta}_{Pi}-p_i(\hat{\boldsymbol{\delta}}_{pi}\boldsymbol{\omega}_{pi}))}{\boldsymbol{p}_i\cdot\boldsymbol{D}_{i1}},(i=1,2,3)\end{aligned} \tag{7-157}$$

7.5.5.2 分支各构件质心加速度求解

点 Q_{ik} 的线加速度矢量记为 $\boldsymbol{a}_{Qik}$，角速度矢量记为 $\boldsymbol{\varepsilon}_{Qik}$，广义速矢量记为 $\boldsymbol{A}_{Qik}$，那么

$$\boldsymbol{A}_{Qik}=\begin{bmatrix}\boldsymbol{a}_{Qik}\\\boldsymbol{\varepsilon}_{Qik}\end{bmatrix} \tag{7-158}$$

①Q_{i1}、Q_{i2} 的加速度

因为分支 i 的上下杆件具有相同的角加速度，因此

$$\boldsymbol{\varepsilon}_{Qi1}=\boldsymbol{\varepsilon}_{Qi2}=\boldsymbol{\varepsilon}_{pi} \tag{7-159}$$

对式（7-98）求导，并由式（7-157）和（7-97）可得点 Q_{i1} 的线加速度矢量

$$\begin{aligned}\boldsymbol{a}_{Qi1}&=\boldsymbol{r}_{Qi1}\boldsymbol{\omega}_{pi}'\times\boldsymbol{\delta}_{pi}+r_{Qi1}\boldsymbol{\omega}_{pi}\times\boldsymbol{\delta}_{pi}'\\&=\boldsymbol{r}_{Qi1}\boldsymbol{\varepsilon}_{pi}\times\boldsymbol{\delta}_{pi}+r_{Qi1}\boldsymbol{\omega}_{pi}\times(\boldsymbol{\omega}_{pi}\times\boldsymbol{\delta}_{pi})\\&=-\boldsymbol{r}_{Qi1}\hat{\boldsymbol{\delta}}_{pi}\boldsymbol{\varepsilon}_{pi}-r_{Qi1}\hat{\boldsymbol{\omega}}_{pi}\hat{\boldsymbol{\delta}}_{pi}\boldsymbol{\omega}_{pi}\end{aligned} \tag{7-160}$$

对式（7-99）求导，并由式（7-157）和（7-97）可得点 Q_{i2} 的线加速度矢量

$$\begin{aligned}\boldsymbol{a}_{Qi2}&=v_{pi}(\boldsymbol{\omega}_{pi}\times\boldsymbol{\delta}_{pi})+(p_i-r_{Qi2})(\boldsymbol{\varepsilon}_{pi}+\boldsymbol{\delta}_{pi})+(p_i-r_{Qi2})(\boldsymbol{\omega}_{pi}\times(\boldsymbol{\omega}_{pi}\times\boldsymbol{\delta}_{pi}))\\&\quad+(\boldsymbol{\omega}_{pi}\times\boldsymbol{\delta}_{pi})v_{pi}+\boldsymbol{\delta}_{pi}a_{pi}\\&=-2v_{pi}\hat{\boldsymbol{\delta}}_{pi}\boldsymbol{\omega}_{pi}-(p_i-r_{Qi2})\hat{\boldsymbol{\delta}}_{pi}\boldsymbol{\varepsilon}_{pi}-(p_i-r_{Qi2})\hat{\boldsymbol{\omega}}_{pi}\hat{\boldsymbol{\delta}}_{pi}\boldsymbol{\omega}_{pi}+\boldsymbol{\delta}_{pi}a_{pi}\end{aligned} \tag{7-161}$$

②Q_{i3}（$i=1$，2，3）的加速度

由式（7-125）和（7-127）可得指尖点 Q_{i3}的加速度为

$$\begin{aligned}&\boldsymbol{\varepsilon}_{Qi3}=\boldsymbol{\varepsilon}_{ti},\\&\boldsymbol{a}_{Qi3}=\boldsymbol{a}-\hat{\boldsymbol{e}}_{Qi3}\boldsymbol{\varepsilon}+\boldsymbol{\varepsilon}_{i5}(\hat{\boldsymbol{e}}_{Qi3}-\hat{\boldsymbol{e}}_{i3})\boldsymbol{R}_{i5}-\hat{\boldsymbol{\omega}}\hat{\boldsymbol{e}}_{Qi3}\boldsymbol{\omega}\\&\qquad-\omega_{i5}^{2}(\boldsymbol{e}_{Qi3}-\boldsymbol{e}_{i3})+2\omega_{i5}\hat{\boldsymbol{\omega}}(\hat{\boldsymbol{e}}_{Qi3}-\hat{\boldsymbol{e}}_{i3})\boldsymbol{R}_{i5}\end{aligned} \tag{7-162}$$

7.6 静力学求解

以$\boldsymbol{f}_a$表示并联机构的驱动力与约束力组成的广义力矢量，即

$$\boldsymbol{f}_a=[f_{a0}\quad f_{a1}\quad f_{a2}\quad f_{a3}\quad f_{c1}\quad f_{c2}]^T \tag{7-163}$$

以$\boldsymbol{f}_{Bi4}$表示指尖$\boldsymbol{B}_{i4}$所受外部广义力，$\boldsymbol{F}_{Bi4}$是它的作用力分量，$\boldsymbol{T}_{Bi_4}$是它的作用力矩分量，即

$$(\boldsymbol{f}_{Bi4})_{6\times1}=\begin{bmatrix}\boldsymbol{F}_{Bi4}\\\boldsymbol{T}_{Bi4}\end{bmatrix}_{6\times1} \tag{7-164}$$

令

$$(\boldsymbol{f}_{B4})_{18\times1}=\begin{bmatrix}(\boldsymbol{f}_{B14})_{6\times1}\\(\boldsymbol{f}_{B24})_{6\times1}\\(\boldsymbol{f}_{B34})_{6\times1}\end{bmatrix},(\boldsymbol{J}_{B4\_Va})_{18\times6}=\begin{bmatrix}(\boldsymbol{J}_{Bi1\_Va})_{6\times6}\\(\boldsymbol{J}_{Bi2\_Va})_{6\times6}\\(\boldsymbol{J}_{Bi3\_Va})_{6\times6}\end{bmatrix} \tag{7-165}$$

根据虚功原理，驱动力做功与载荷做功之和为0，考虑到约束力做功本来即为0，那么由式（7-79）可得

$$\begin{aligned}&\boldsymbol{f}_a^{\mathrm{T}}\boldsymbol{V}_a+\sum_{i=1}^{3}(\boldsymbol{f}_{Bi4}^{\mathrm{T}}\boldsymbol{V}_{Bi4})=0\\&\Rightarrow\boldsymbol{f}_a^{\mathrm{T}}\boldsymbol{V}_a+\sum_{i=1}^{3}[\boldsymbol{f}_{Bi4}^{\mathrm{T}}(\boldsymbol{J}_{Bi4\_a})_{6\times6}\boldsymbol{V}_a]=0\\&\Rightarrow(\boldsymbol{f}_a)_{6\times1}=-(\boldsymbol{J}_{B4\_Va})_{18\times6}^{\mathrm{T}}(\boldsymbol{f}_{B4})_{18\times1}\end{aligned} \tag{7-166}$$

7.7 动力学求解

7.7.1 各构件的质量特性

点o、Q_{ik}所属构件的质量分别记为m_o、m_{Qik}，质心主惯性矩（即在质心惯性主轴

坐标系下的惯性张量）分别记为${}^{o}\boldsymbol{I}_{o}$、${}^{Qik}\boldsymbol{I}_{Qik}$，它们只由构件自身的形状和质量分布相关，为对角阵形式：

$$\boldsymbol{I}=\begin{bmatrix} I_{xx} & & \\ & I_{yy} & \\ & & I_{zz} \end{bmatrix}$$

为机构中所有运动构件（包括被抓物体）建立质心平行坐标系，在运动过程中，原点始终位于各构件的质心上，各坐标轴方向始终与 $\{B\}$ 的各坐标轴相同。

点 o、Q_{ik}所属构件在各自的质心平行坐标系下的惯性张量分别记为$\boldsymbol{I}_{o}$、$\boldsymbol{I}_{Qik}$，可由下式求得。

$$\boldsymbol{I}_{o}={}_{o}^{B}\boldsymbol{R}_{o}{}_{o}^{B}\boldsymbol{R}^{\mathrm{T}},$$

$$\boldsymbol{I}_{Qik}={}_{Qik}^{B}\boldsymbol{R}^{Qik}\boldsymbol{I}_{Qik}{}_{Qik}^{B}\boldsymbol{R}^{\mathrm{T}},$$

$$\boldsymbol{I}_{Nik}={}_{Nik}^{B}\boldsymbol{R}^{Nik}\boldsymbol{I}_{Nik}{}_{Nik}^{B}\boldsymbol{R}^{\mathrm{T}}$$

其中，${}_{o}^{B}\boldsymbol{R}$、${}_{Qik}^{B}\boldsymbol{R}$、${}_{Nik}^{B}\boldsymbol{R}$ 分别为点 o、Q_{ik}和 N_{ik}所属构件质心惯性主轴坐标系相对于 $\{B\}$ 的旋转变换矩阵，也是质心惯性主轴坐标系相对于质心平行坐标系的旋转变换矩阵。

7.7.2 机构及各构件的受力

以 $\boldsymbol{G}_{o}$、$\boldsymbol{F}_{o}$、$\boldsymbol{T}_{o}$分别表示运动平台 m 的重力、惯性力和惯性力矩；以 $\boldsymbol{G}_{Qik}$、$\boldsymbol{F}_{Qik}$、$\boldsymbol{T}_{Qik}$分别表示 Q_{ik}点所属构件（即并联机构第 i 分支中第 k 个构件）的重力、惯性力和惯性力矩。$\boldsymbol{F}_{o}$、$\boldsymbol{F}_{Qik}$，$\boldsymbol{T}_{o}$、$\boldsymbol{T}_{Qik}$可分别由下边两个式子求得。

$$\boldsymbol{F}_{o}=-m_{o}\boldsymbol{a}_{o},\ \boldsymbol{F}_{Oik}=-m_{Qik}\boldsymbol{a}_{Qik},\ \boldsymbol{F}_{Nik}=-m_{Nik}\boldsymbol{a}_{Nik}$$

$$\boldsymbol{T}_{o}=-\boldsymbol{I}_{o}\varepsilon_{o}-\boldsymbol{\omega}_{o}\times(\boldsymbol{I}_{o}\boldsymbol{\omega}_{o}),$$

$$\boldsymbol{T}_{Qik}=-\boldsymbol{I}_{Qik}\boldsymbol{\varepsilon}_{Qik}-\boldsymbol{\omega}_{Qik}\times(\boldsymbol{I}_{Qik}\boldsymbol{\omega}_{Qik}),$$

$$\boldsymbol{T}_{Nik}=-\boldsymbol{I}_{Nik}\boldsymbol{\varepsilon}_{Nik}-\boldsymbol{\omega}_{Nik}\times(\boldsymbol{I}_{Nik}\boldsymbol{\omega}_{Nik})$$

7.7.3 动力学公式

以 q_{i} 表示分支 i 中的构件数目，那么 $q_{0}=2$，$q_{1}=q_{2}=q_{3}=3$。令

$$\boldsymbol{f}_{o}=\begin{bmatrix}\boldsymbol{F}_{o}+\boldsymbol{G}_{o}\\ \boldsymbol{T}_{o}\end{bmatrix}_{6\times1},\ \boldsymbol{f}_{Oik}=\begin{bmatrix}\boldsymbol{F}_{Oik}+\boldsymbol{G}_{Qik}\\ \boldsymbol{T}_{Qik}\end{bmatrix}_{6\times1},$$

$$(\boldsymbol{f}_{Q0})_{12\times1}=\begin{bmatrix}(\boldsymbol{f}_{Q01})_{6\times1}\\ (\boldsymbol{f}_{Q02})_{6\times1}\end{bmatrix},\ (\boldsymbol{f}_{Qi})_{18\times1}=\begin{bmatrix}(\boldsymbol{f}_{Qi1})_{6\times1}\\ (\boldsymbol{f}_{Qi2})_{6\times1}\\ (\boldsymbol{f}_{Qi3})_{6\times1}\end{bmatrix},\ (i=1,\ 2,\ 3),$$

$$(\boldsymbol{J}_{Q0\_Va})_{12\times6}=\begin{bmatrix}(\boldsymbol{J}_{Q01\_Va})_{6\times6}\\ (\boldsymbol{J}_{Q02\_Va})_{6\times6}\end{bmatrix},\ (\boldsymbol{J}_{Qi\_Va})_{18\times6}=\begin{bmatrix}(\boldsymbol{J}_{Qi1\_Va})_{6\times6}\\ (\boldsymbol{J}_{Qi2\_Va})_{6\times6}\\ (\boldsymbol{J}_{Qi3\_Va})_{6\times6}\end{bmatrix},\ i=1,\ 2,\ 3 \quad (7-167)$$

由虚功原理得

$$(\boldsymbol{f}_a^{\mathrm{T}})_{1\times 6}\boldsymbol{V}_a + (\boldsymbol{f}_o^{\mathrm{T}})_{1\times 6}\boldsymbol{V}_o + \sum_{i=0}^{3}\sum_{k=1}^{qi}[\boldsymbol{ff}_{Qik}^{\mathrm{T}})_{1\times 6}\boldsymbol{V}_{Qik}] + \sum_{i=1}^{3}[(\boldsymbol{f}_{Bi4}^{\mathrm{T}})_{1\times 6}\boldsymbol{V}_{Bi4}] = 0 \tag{7-168}$$

将式中的速度量约掉，可得

$$\begin{aligned}(\boldsymbol{f}_a^{\mathrm{T}})_{1\times 6} &= -(\boldsymbol{f}_o^{\mathrm{T}})_{1\times 6}(\boldsymbol{J}_{o\_Va})_{6\times 6} - \sum_{i=0}^{3}\sum_{k=1}^{qi}[(\boldsymbol{f}_{Qik}^{\mathrm{T}})_{1\times 6}(\boldsymbol{J}_{Qik\_Va})_{6\times 6}] - \sum_{i=1}^{3}[(\boldsymbol{f}_{Bi4}^{\mathrm{T}})_{1\times 6}(\boldsymbol{J}_{Bi4\_Va})_{6\times 6}] \\ &= -(\boldsymbol{f}_o^{\mathrm{T}})_{1\times 6}(\boldsymbol{J}_{o\_Va})_{6\times 6} - \sum_{i=0}^{3}[(\boldsymbol{f}_{Qi}^{\mathrm{T}})_{1\times(6*qi)}(\boldsymbol{J}_{Qi\_Va})_{6*qi)\times 6}] - (\boldsymbol{f}_{B4}^{\mathrm{T}})_{1\times 18}(\boldsymbol{J}_{B4\_Va})_{18\times 6}\end{aligned} \tag{7-169}$$

因而

$$(\boldsymbol{f}_a)_{6\times 1} = -\begin{bmatrix}\boldsymbol{J}_{o\_Va})_{6\times 6} \\ \boldsymbol{J}_{Q0\_Va})_{12\times 6} \\ \boldsymbol{J}_{Q1\_Va})_{18\times 6} \\ \boldsymbol{J}_{Q2\_Va})_{18\times 6} \\ \boldsymbol{J}_{Q3\_Va})_{18\times 6} \\ \boldsymbol{J}_{B4\_Va})_{18\times 6}\end{bmatrix}\begin{bmatrix}(\boldsymbol{f}_o)_{6\times 1} \\ \boldsymbol{f}_{Q0})_{12\times 1} \\ \boldsymbol{f}_{Q1})_{18\times 1} \\ \boldsymbol{f}_{Q2})_{18\times 1} \\ \boldsymbol{f}_{Q3})_{18\times 1} \\ \boldsymbol{f}_{B4})_{18\times 1}\end{bmatrix} \tag{7-170}$$

此式即为动力学的驱动力求解公式。

7.8 仿真验证

使用 Matlab/Simulink/SimMechanics 工具箱建立 3-UPUR+SP 型并联臂手机构的仿真模型框图，仿真模型中使用的尺寸参数如表 7-1 所示。对抓取前和抓取后分别建立仿真模型，仿真模型框图分别如图 7-7 和图 7-8 所示。对抓取物体的过程进行运动仿真，仿真时的解算类型设置为定步长方式，步长为 2s，机构从初始状态到抓住物体的运动过程持续时间为 100s，抓住物体后的运动时间为 100s。

运行仿真模型，仿真后提取各构件的运动参数，根据本章建立的理论模型使用 Matlab 编写计算程序，计算出理论结果，将仿真结果与理论结果进行对比，求解出理论结果与仿真结果在各个时刻的绝对误差，以此验证理论模型的正确性。

表 7-1　用于仿真的尺寸参数

参数名	数值	说明
e	230.9 mm	上平台外接圆半径
E	346.4 mm	下平台外接圆半径
l_t	110 mm	点 B_{i2} 与 B_{i3} 间的距离
l_{34}	500 mm	点 B_{i3} 与 B_{i4} 间的距离
$r_{Qi1}(i=0,\ 1,\ 2,\ 3)$	300 mm	点 Q_{i1} 与 B_{i1} 或 O 间的距离
$r_{Qi2}(i=0,\ 1,\ 2,\ 3)$	300 mm	点 Q_{i2} 与 B_{i2} 或 o 间的距离
$^{Ai3}B_{i3}$	[−30 0 −190] mm	点 B_{i3} 在 $\{A_{i3}\}$ 中的坐标
$^{K}B_{14}$	[44.89 46.39 0] mm	夹持点 B_{14} 在 $\{K\}$ 中的坐标
$^{K}B_{24}$	[−146.811 −10.64 0] mm	夹持点 B_{24} 在 $\{K\}$ 中的坐标
$^{K}B_{34}$	[101.92 −35.75 0] mm	夹持点 B_{34} 在 $\{K\}$ 中的坐标
h	200 mm	被抓物体的高度

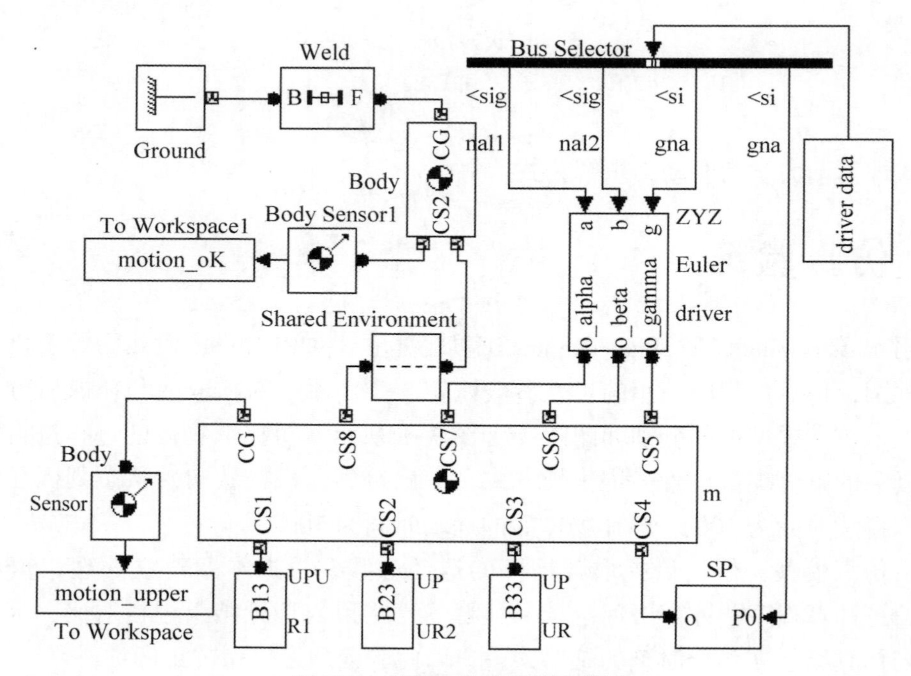

图 7-7　抓取物体前的仿真模型

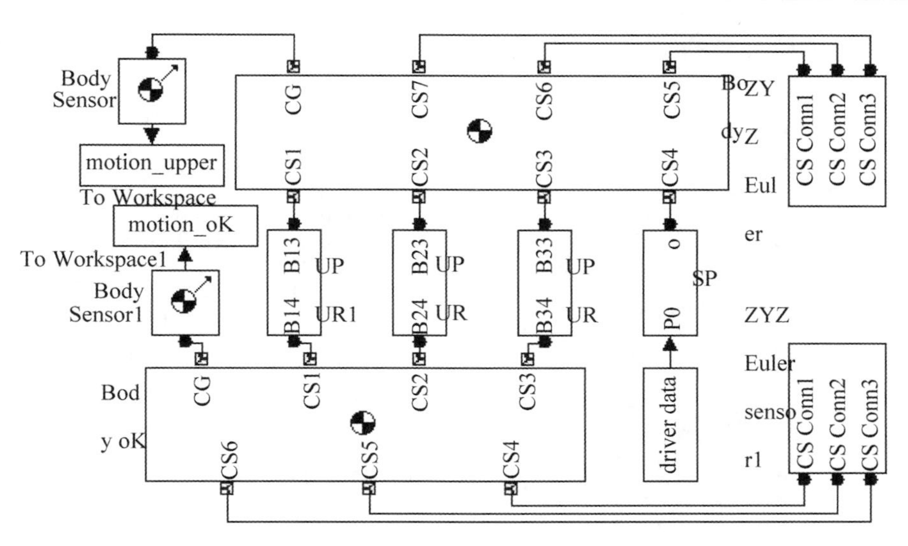

图 7-8　抓取物体后的仿真模型

7.8.1　运动学验证

将整个运动过程中每个时刻各驱动副、主要构件的位置参数提取出来，绘制出它们的位置参数曲线，如图 7-9 所示，包括各个驱动杆的长度、运动平台质心 o 的位置、被抓物体质心 o_K 的位置、$\{m\}$ 相对于 $\{B\}$ 的 ZYZ 欧拉角、$\{K\}$ 相对于 $\{B\}$ 的 ZYZ 欧拉角、指尖的位置等。从图中曲线可以看出：

①点 o、o_k 的 z 坐标变化范围较大，x、y 坐标变化范围虽然小一些，但也有 200mm，从数值上来看点 o、o_k 的运动范围并不小，并且点 o 的欧拉角变化范围也较大，而指尖位置的变化范围较点 o、o_k 大很多，说明运动平台和指尖均具有较大的工作空间。

②在 0～100s 之间，手指逐渐闭合抓住物体，这期间 P_0 的长度几乎没有发生变化，而周边三个分支长度增长剧烈，在 100～200s 之间，四个分支长度一起缩短，且变化量较为接近，反映了该分支与手指复合式并联臂手机构控制手指张合的原理：当中间分支长度增大而周边分支长度缩短时，手指张开，当中间分支长度缩短而周边分支长度增长时，手指夹紧，当四个分支长度同时增长或缩短时，手指维持一定的开合度一起运动。

将整个运动过程中每个时刻各驱动副、主要构件的速度参数提取出来，绘制出它们的速度参数曲线，如图 7-10 所示，包括各个驱动副速度、运动平台质心 o 的速度、被抓物体质心 o_K 的速度、指尖的速度等。从图中曲线可以看出：

①运动平台和指尖的线速度、角速度曲线变化较平滑，在 100s 时为了实现稳定抓取，所有速度都降低到了 0，之后再逐渐增大。

②在 100s 之前主要输入速度由周边三个分支驱动副提供，以控制手指的合拢速

度，100s 之后四个分支的驱动副以相近的速度运动，以维持手指的夹持状态和速度。

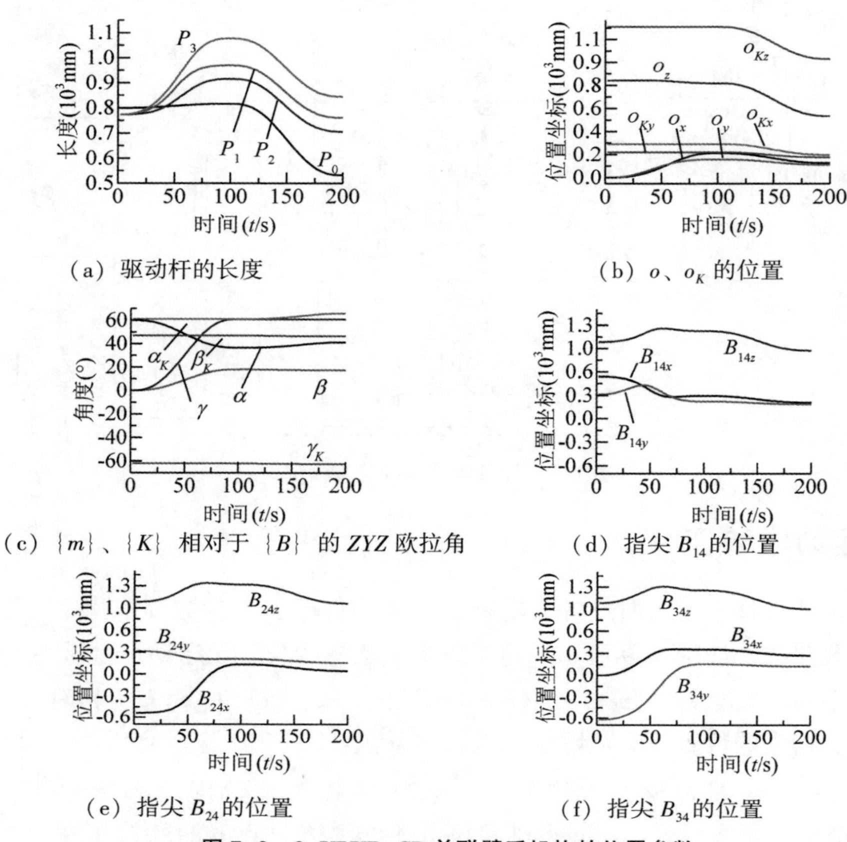

(a) 驱动杆的长度　(b) o、o_K 的位置

(c) {m}、{K} 相对于 {B} 的 ZYZ 欧拉角　(d) 指尖 B_{14}的位置

(e) 指尖 B_{24}的位置　(f) 指尖 B_{34}的位置

图 7-9　3-UPUR+SP 并联臂手机构的位置参数

③在 100s 之后的运动中，手指夹持物体运动，因而点 o、o_K 具有相同的角速度和相近的线速度。

将整个运动过程每个时刻各驱动副和主要构件的加速度参数提取出来，绘制出它们的加速度参数曲线，如图 7-11 所示，包括各驱动副加速度、运动平台质心 o 的加速度、被抓物体质心 o_K 的加速度和指尖的加速度等。从图中可以看出：

①运动平台和指尖的线加速度、角加速度曲线在 100s 前后两个阶段中的变化都较平滑，只在 100s 瞬间存在加速度曲线的曲率突变，但是并不存在加速度数值的突变，不会造成惯性力/力矩的突变。

②在 100s 之后的运动中，手指夹持物体运动，因而点 o 和 o_K 具有相同的角加速度和相似的线加速度变化趋势。

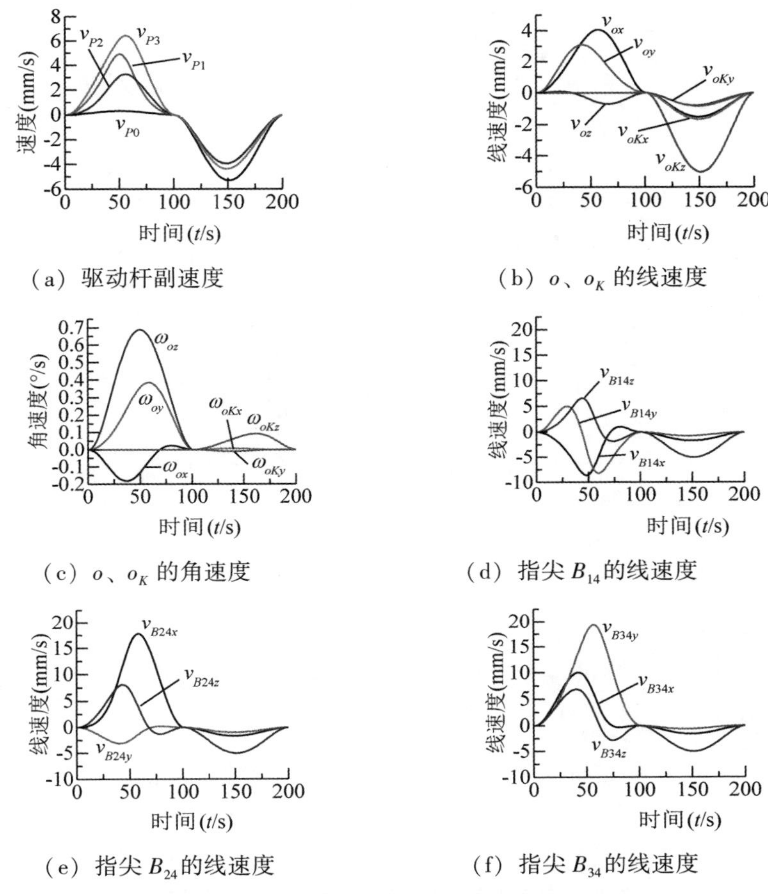

图 7-10 3-UPUR+SP 并联臂手机构的速度参数

表 7-2 列出了位置反解验证结果的最大绝对误差，第 1~4 行依次验证了给定运动平台位姿时、给定运动平台独立参数时、给定被夹持物体位姿参数时、给定被抓物体夹持点坐标时的位置反解。第 3、4 行的绝对误差都在 10^{-2} mm 数量级上，它们相对于第 1 行的精度要低，这是由抓住物体运动时的仿真模型初始状态误差导致的，但是 10^{-2} mm 数量级也足以说明本章所建立的位置反解模型的正确性。

表 7-2 位置反解的最大绝对误差

P_0(mm)	P_1(mm)	P_2(mm)	P_3(mm)
4.4e-13	3.3e-13	3.3e-13	4.4e-13
2.2e-13	6.7e-13	7.8e-13	6.7e-13
6.2e-03	4.2e-02	4.9e-02	6.0e-02
1.7e-02	8.7e-02	9.8e-02	3.9e-02

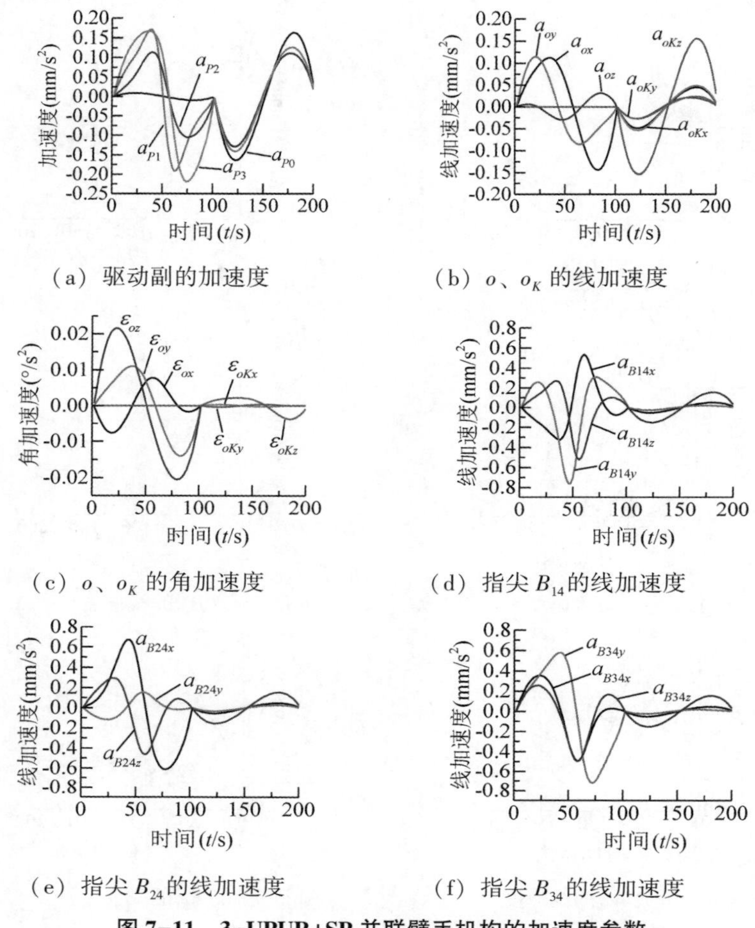

（a）驱动副的加速度　　（b）o、o_K 的线加速度

（c）o、o_K 的角加速度　　（d）指尖 B_{14}的线加速度

（e）指尖 B_{24}的线加速度　　（f）指尖 B_{34}的线加速度

图 7-11　3-UPUR+SP 并联臂手机构的加速度参数

表 7-3 列出了动平台的速度和加速度反解验证结果的最大绝对误差，最大绝对误差在 10^{-15}数量级上，说明本章所建立的运动平台速度和加速度反解模型是正确的。

表 7-3　运动平台速度和加速度反解的最大绝对误差

	P_0	P_1	P_2	P_3
速度（mm/s）	4.7e-15	8.7e-15	5.2e-15	6.9e-15
加速度（mm/s²）	2.1e-15	4.3e-15	2.3e-16	2.5e-15

表 7-4 列出了动平台的位置、速度和加速度正解验证结果的最大绝对误差，点 o 的位置最大绝对误差在 10^{-4}mm 数量级上，速度、加速度最大绝对误差数量级在 10^{-16} ~ 10^{-14}之间，说明本章所建立的运动平台的位置、速度和加速度正解模型是正确的。

表 7-4　运动平台运动学正解的最大绝对误差

o(mm)	${}^{B}_{m}\boldsymbol{R}$	$\boldsymbol{v}_o$(mm/s)	$\boldsymbol{\omega}_o$(°/s)	$\boldsymbol{a}_o$(mm/s^2)	$\boldsymbol{\varepsilon e}_o$(°/s^2)
7. 9e-04	5. 9e-07	1. 3e-14	8. 9e-16	6. 1e-15	4. 8e-16

表 7-5 列出了被抓物体质心速度和加速度反解验证结果的最大绝对误差，最大绝对误差数量级在 $10^{-6}\sim10^{-4}$之间，说明本章所建立的被抓物体质心速度和加速度反解模型是正确的。

表 7-6 列出了被抓物体的质心速度和加速度正解验证结果的最大绝对误差，最大绝对误差数量级在 $10^{-6}\sim10^{-4}$之间，说明本章所建立的被抓物体质心速度和加速度正解模型是正确的。

表 7-7 列出了指尖的速度和加速度验证结果的最大绝对误差，通用公式的最大绝对误差在 10^{-14}数量级上，简化公式的最大绝对误差在 10^{-4}数量级上，后者的精度相对于前者低的缘故是由抓住物体运动时的仿真模型初始状态误差导致的，并不是因为简化公式不够精确，并且 10^{-4}数量级足以说明理论模型的准确性。

表 7-5　被抓物体速度和加速度反解的最大绝对误差

	P_0	P_1	P_2	P_3
速度（mm/s）	4. 6e-05	3. 9e-04	7. 3e-04	6. 3e-05
加速度（mm/s^2）	2. 3e-06	1. 3e-05	2. 4e-05	6. 3e-06

表 7-6　被抓物体的质心速度和加速度正解的最大绝对误差

$\boldsymbol{v}_{oK}$(mm/s)	$\boldsymbol{\omega}_{oK}$(°/s)	$\boldsymbol{a}_{oK}$(mm/s^2)	$\boldsymbol{\varepsilon}_{oK}$(°/s^2)
7. 4e-04	2. 7e-05	2. 7e-05	1. 0e-06

表 7-7　指尖速度和加速度的最大绝对误差

	$\boldsymbol{v}_{B14}$(mm/s)	$\boldsymbol{v}_{B24}$(mm/s)	$\boldsymbol{v}_{B34}$(mm/s)	$\boldsymbol{a}_{B14}$(mm/s^2)	$\boldsymbol{a}_{B24}$(mm/s^2)	$\boldsymbol{a}_{B34}$(mm/s^2)
通用公式	1. 9e-14	1. 2e-14	2. 3e-14	2. 6e-15	7. 6e-16	3. 5e-15
简化公式	8. 3e-04	7. 2e-04	7. 4e-04	2. 9e-05	2. 6e-05	2. 7e-05

表 7-8、表 7-9 和表 7-10 分别列出了各分支构件质心位姿、速度和加速度验证的最大绝对误差，从这三个表中可以看出，各项最大绝对误差数量级在 $10^{-17}\sim10^{-13}$之间，说明本章所建立的各分支构件质心位姿、速度和加速度模型是正确的。

表 7-8　各分支构件质心位姿的最大绝对误差

验证项	误差（mm）	验证项	误差（mm）	验证项	误差（°/s）	验证项	误差（°/s）
Q_{01}	3.9e-13	Q_{22}	6.7e-13	${}^{B}_{Q01}\boldsymbol{R}$	2.8e-16	${}^{B}_{Q22}\boldsymbol{R}$	2.4e-16
Q_{02}	3.3e-13	Q_{23}	6.7e-13	${}^{B}_{Q02}\boldsymbol{R}$	2.8e-16	${}^{B}_{Q23}\boldsymbol{R}$	3.3e-16
Q_{11}	1.1e-13	Q_{31}	1.1e-13	${}^{B}_{Q11}\boldsymbol{R}$	2.3e-16	${}^{B}_{Q21}\boldsymbol{R}$	1.8e-16
Q_{12}	6.7e-13	Q_{32}	6.7e-13	${}^{B}_{Q12}\boldsymbol{R}$	2.3e-16	${}^{B}_{Q32}\boldsymbol{R}$	1.8e-16
Q_{13}	7.8e-13	Q_{33}	6.7e-13	${}^{B}_{Q13}\boldsymbol{R}$	5.1e-16	${}^{B}_{Q33}\boldsymbol{R}$	5.8e-16
Q_{21}	1.1e-13			${}^{B}_{Q21}\boldsymbol{R}$	2.3e-16	2.4e-16	

表 7-9　各分支构件质心速度的最大绝对误差

验证项	误差（mm/s）	验证项	误差（mm/s）	验证项	误差（°/s）	验证项	误差（°/s）
$\boldsymbol{v}_{Q01}$	4.4e-15	$\boldsymbol{v}_{Q22}$	5.2e-15	$\boldsymbol{\omega}_{Q01}$	6.5e-16	$\boldsymbol{\omega}_{Q22}$	5.8e-16
$\boldsymbol{v}_{Q02}$	4.6e-15	$\boldsymbol{v}_{Q23}$	8.7e-15	$\boldsymbol{\omega}_{Q02}$	6.5e-16	$\boldsymbol{\omega}_{Q23}$	1.4e-15
$\boldsymbol{v}_{Q11}$	5.4e-15	$\boldsymbol{v}_{Q31}$	2.4e-15	$\boldsymbol{\omega}_{Q11}$	1.0e-15	$\boldsymbol{\omega}_{Q31}$	4.0e-16
$\boldsymbol{v}_{Q12}$	9.3e-15	$\boldsymbol{v}_{Q32}$	7.8e-15	$\boldsymbol{\omega}_{Q12}$	1.0e-15	$\boldsymbol{\omega}_{Q32}$	2.4e-15
$\boldsymbol{v}_{Q13}$	1.2e-14	$\boldsymbol{v}_{Q33}$	1.0e-14	$\boldsymbol{\omega}_{Q13}$	1.6e-15	$\boldsymbol{\omega}_{Q33}$	2.4e-15
$\boldsymbol{v}_{Q21}$	2.4e-15			$\boldsymbol{\omega}_{Q21}$	5.8e-16		

表 7-10　各分支构件质心加速度的最大绝对误差

验证项	误差（mm/s）	验证项	误差（mm/s）	验证项	误差（°/s）	验证项	误差（°/s）
$\boldsymbol{a}_{Q01}$	2.7e-15	$\boldsymbol{a}_{Q22}$	1.8e-16	$\boldsymbol{\varepsilon}_{Q01}$	0	$\boldsymbol{\varepsilon}_{Q22}$	1.1e-17
$\boldsymbol{a}_{Q02}$	2.7e-15	$\boldsymbol{a}_{Q23}$	4.1e-16	$\boldsymbol{\varepsilon}_{Q02}$	0	$\boldsymbol{\varepsilon}_{Q23}$	5.6e-17
$\boldsymbol{a}_{Q11}$	3.2e-15	$\boldsymbol{a}_{Q31}$	9.4e-16	$\boldsymbol{\varepsilon}_{Q11}$	6.4e-16	$\boldsymbol{\varepsilon}_{Q31}$	2.1e-16
$\boldsymbol{a}_{Q12}$	5.4e-15	$\boldsymbol{a}_{Q32}$	3.0e-15	$\boldsymbol{\varepsilon}_{Q12}$	6.4e-16	$\boldsymbol{\varepsilon}_{Q32}$	2.1e-16
$\boldsymbol{a}_{Q13}$	1.0e-15	$\boldsymbol{a}_{Q33}$	1.4e-15	$\boldsymbol{\varepsilon}_{Q13}$	3.1e-16	$\boldsymbol{\varepsilon}_{Q33}$	3.9e-16
$\boldsymbol{a}_{Q21}$	7.5e-17			$\boldsymbol{\varepsilon}_{Q21}$	1.1e-17		

7.8.2　静力学验证

在静力学仿真时，将所有构件的质量属性和仿真环境的重力加速度设置为 0，各指尖所受力和力矩如表 7-11 所示，进行仿真。

表 7-11 指尖点所受力和力矩

F_{B14}(N)	$[134\ 188\ -14]^T$	T_{B14}(N·m)	$[3.1\ 4\ -1.3]^T$
F_{B24}(N)	$[-13\ 98\ -107]^T$	T_{B24}(N·m)	$[6.3\ -2.1\ 4.7]^T$
F_{B34}(N)	$[64\ -108\ -17]^T$	T_{B34}(N·m)	$[4\ -5.1\ -2.3]^T$

根据本文建立的静力学理论模型编写 Matlab 程序计算各个驱动副的驱动力和约束力 F_{c1}、F_{c2}，绘制出它们的驱动力曲线，如图 7-12 所示。

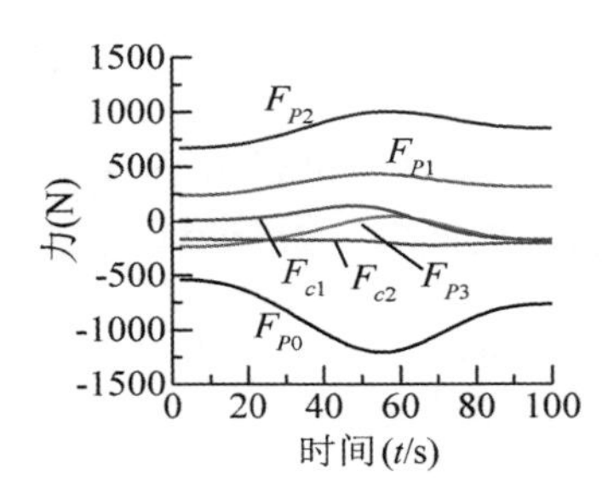

图 7-12 静力学驱动力

从图中可以看出：

①在指尖承受恒定外载荷时，随着机构位姿的变化，中间分支驱动力变化范围较大，其余各分支驱动力变化范围较小，约束力数值较小，所有曲线变化较为平滑。

②中间分支驱动力与周边分支驱动力的变化趋势相反，从力的角度反映了该分支与手指复合式并联臂手机构控制手指张合的原理：当中间分支提供推力而周边分支提供拉力时，手指拥有张开的力和运动趋势，当中间分支提供拉力而周边分支提供推力时，手指拥有夹紧的力和运动趋势。

表 7-12 列出了静力学验证结果的最大绝对误差，最大绝对误差在 10^{-11} 数量级上，说明本章所建立的静力学模型是正确的。

表 7-12 静力学验证的最大绝对误差

F_{P0}(N)	F_{P1}(N)	F_{P2}(N)	F_{P3}(N)
4.3e-11	1.9e-11	1.1e-11	2.2e-11

7.8.3 动力学验证

在动力学仿真时，将仿真环境的重力加速度设置为-9.8m/s^2，各指尖所受力和力矩如表 7-11 所示，各构件的质量属性如表 7-13 所示，进行仿真。

表 7-13 各构件的质量属性

	质量 m(kg)	质心主惯性矩 I(kg·m^2)
运动平台	6.7	diag([0.09 0.09 0.36])
分支 0 中下杆件	2.5	diag([0.00044 0.00044 0.02])
分支 0 中上杆件	2.5	diag([0.00016 0.00016 0.02])
分支 i 中下杆件(i=1, 2, 3)	2.5	diag([0.00033 0.02454 0.02456])
分支 i 中上杆件(i=1, 2, 3)	2.5	diag([0.00033 0.02454 0.02456])
分支 i 中手指杆(i=1, 2, 3)	3	diag([0.00078 0.0229 0.0234])

根据本文建立的动力学理论模型编写 Matlab 程序，计算各个驱动副的驱动力和约束力 F_{c1}、F_{c2}，绘制出它们的驱动力曲线，如图 7-13 所示。

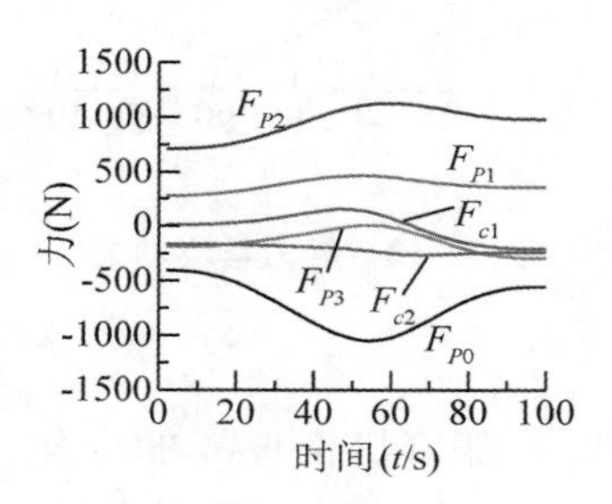

图 7-13 动力学驱动力

从图中可以看出：

①在指尖承受恒定外载荷时，随着机构位姿的变化，中间分支驱动力大小变化范围较大，其余各分支上驱动力大小变化范围较小，约束力数值较小，所有曲线变化较为平滑。

②在相同外载荷作用下，驱动力的动力学曲线与静力学曲线变化趋势相似，但数值存在差别，反映了惯性力/力矩的影响。

表 7-14 列出了动力学验证结果的最大绝对误差，最大绝对误差在 10^{-11} 数量级上，说明本章所建立的动力学模型是正确的。

表 7-14 动力学验证的最大绝对误差

F_{P0}(N)	F_{P1}(N)	F_{P2}(N)	F_{P3}(N)
2.4e-11	1.1e-11	6.0e-12	1.1e-11

7.9 本章小结

①提出了一种新型分支与手指复合式并联臂手机构，主体机构为 3-UPUR+SP 并

联机构，分支与动平台的连接杆提供手指功能，节省了构件、驱动的数目。

②建立了该并联臂手机构的位置正、反解模型，求解了各主要特征点的位置，通过为三个周边分支建立虚拟直线分支求解了运动平台的质心速度和加速度正反解，被抓物体质心速度、加速度正反解，手指杆速度、加速度正解，指尖速度、加速度正解，其中指尖速度、加速度正解各自推导出了通用公式和抓住物体运动时的简化公式。使用虚功原理为该并联臂手机构建立了静力学和动力学模型。

③使用 Matlab/SimMechanics 工具箱建立了 3-UPUR+SP 型并联臂手机构的仿真模型，通过数值算例对本章所求解的各项参数进行了验证，证明了所建理论模型的正确性。

结　论

本书以机构学主要研究内容的发展变化为线索，从传统机构学、机器人机构学以及现代机构学三个方面展开，从一个新的角度了解机构学及机构结构综合发展的历史，阐述了机构学及机构结构综合理论的研究进展和所取得的成果，同时分析机构拓扑结构综合和数字化构型综合的基本问题及研究现状。

基于闭环机构杆组，以字符串数组为主要手段研究了并联机构型综合。对关联杆组中基本连杆排列问题进行了探讨，确定了有效的基本连杆排列方式。从揭示拓扑胚图基本组成规律出发，给出了特征字符串和连接方式子串的概念，提出了一种描述并联及闭环机构拓扑胚图特征的方法。深入分析了拓扑胚图综合中图的同构识别问题，并提出了解决方案。本文取得的主要成果如下：

（1）采用计算机程序实现了不同复杂度闭环机构关联杆组的推导，提出选择性插入法，建立有效的基本连杆排列方式，清除了同构的基本连杆排列方式，减轻后续拓扑胚图同构判断的工作。

（2）提出一种新的拓扑胚图特征描述方法，给出了特征字符串和连接方式子串的概念和求解方法。将特征字符串和连接方式子串结合使用，准确描述了拓扑胚图中基本连杆的类型、数目和杆件之间的连接关系，实现了拓扑胚图与其特征描述的一一对应。

（3）对以特征字符串和连接方式子串为基础的拓扑胚图综合方法中，不同阶段和将会产生的不同类型的同构关系，提出不同的解决方案和判别准则，避免研究大量无效及同构的机构。所提方法便于计算机操作与处理。

（4）基于所提出的新拓扑胚图特征描述方法，设计了一个拓扑胚图自动综合系统。该系统能自动生成有效特征字符串和连接方式子串，并能自动绘制拓扑图型。实现了将烦琐的拓扑胚图综合过程简单化和可视化。

（5）应用数字拓扑图，研究了四自由度并联机构的构型综合，综合出 37 个四自由度并联机构。为机构结构类型优选，尤其是四自由度并联机构构型提供了更多可以比较的方案。

（6）提出了一种 3-UPUR+SP 型分支与手指复合式新型并联臂手机构，并对并联臂手机构的运动学进行了分析。使用虚功原理为该并联臂手机构建立了静力学和动力学模型，并通过 Matlab/Simulink/SimMechanics 工具箱建立了机构仿真模型，对理论模型进行了验证，证明了模型的正确性。

本书提出了一种新的机构综合方法，对研究工作有重要的理论和实际价值，在以下方面具有创新：

（1）在对闭环机构拓扑胚图结构分析和相关参数确定的基础上，提出一种新的拓扑胚图特征描述方法，给出特征字符串和连接方式子串的求解方法，实现拓扑胚图与特征描述的对应。

（2）该方法便于计算机操作和处理，基于新特征描述方法，设计了一套可自动生成特征字符串和连接方式子串的数字化处理系统，并可自动绘制闭环机构拓扑胚图。

（3）利用提出的机构综合方法，对四自由度并联机构进行了综合，综合出了多种新机构，为机构构型优选及工程实际应用提供了更多新的构型和选择。

本书以描述图的数学理论——图论的基本知识为基础，综合过程可以借助计算机实现，使得综合效率和成果显著提高，为机构构型综合研究工作的发展方向提供指引。

参考文献

[1] 黄真，赵永生，赵铁石. 高等空间机构学 [M]. 北京：高等教育出版社，2006：25-48.
[2] 王树禾. 图论 [M]. 北京：科学出版社，2004：20-48.
[3] 杨廷力，刘安心，罗玉峰，等. 机器人机构拓扑结构设计 [M]. 北京：科学出版社，2012：58-76.
[4] 于靖军，刘辛军，丁希仑，等. 机构学的数学基础 [M]. 北京：机械工业出版社，2008：225-274.
[5] 高峰，杨加伦，葛巧德. 并联机器人型综合的 GF 集理论 [M]. 北京：科学出版社，2011：40-168.
[6] Concepts via Freedom and Constraint Topology (FACT). Part I：Principles [J]. Precision Engineering，2010，34 (2)：259-270.
[7] Hopkins J B，Culpepper M L. Synthesis of Multi-Degree of Freedom，Parallel Flexure System Concepts via Freedom and Constraint Topology (FACT). Part II：Practice [J]. Precision Engineering，2010，34 (2)：271-278.
[8] Hernandez A，Ibarreche J I，Petuya V，et al. Structural Synthesis of 3-DoF Spatial Fully Parallel Manipulators [J]. International Journal of Advanced Robotic Systems，2014，11 (7)：173-180.
[9] Gao F，Yang J L，Jeffrey G Q. Type Synthesis of Parallel Mechanisms Having the Second Class GF Sets and Two Dimensional Rotations [J]. ASME Journal of Mechanisms and Robotics，2011，(3)：011003.
[10] 王国彪，刘辛军. 初论现代数学在机构学研究中的作用与影响 [J]. 机械工程学报，2013，49 (3)：1-9.
[11] Lu Y，Leinonen T. Type Synthesis of Unified Planar-Spatial Mechanisms by Systematic Linkage and Topology Matrix-Graph Technique [J]. Mechanism and Machine Theory，2005，40 (10)：1145-1163.
[12] Hou Y L，Hu X Z，Zeng D X，et al. Biomimetic Shoulder Complex based on 3-PSS/S Spherical Parallel Mechanism [J]. Chinese Journal of Mechanical Engineering，2015，28 (1)：29-37.
[13] 朱小蓉，宋月月，沈慧平，等. 基于 POC 方法的少自由度无过约束并联机构构型综合 [J]. 农业机械学报，2016，47 (8)：370-377.
[14] Pisla D，Gherman B，Vaidan C，et al. An Active Hybrid Parallel Robot for Minimally Invasive Surgery [J]. Robotics and Computer-Integrated Manufacturing，2013，29 (4)：203-221.
[15] Joubair A，Zhao L，Bigras P，et al. Absolute Accuracy Analysis and Improvement of a Hybrid 6-DoF Medical Robot [J]. Industrial Robot，2015，42 (1)：101-113.
[16] Hu B. Complete Kinematics of a Serial-Parallel Manipulator Formed by Two Tricept Parallel Manipulators Connected in Serials [J]. Nonlinear Dynamics，2014，(4)：2685-2698.
[17] 杨廷力，沈惠平，刘安心，等. 机构自由度公式的基本形式、自由度分析及其物理内涵 [J]. 机械工程学报，2015，51 (13)：69-80.
[18] 沈惠平，赵海彬，邓嘉鸣，等. 基于自由度分配和方位特征集的混联机器人机型设计方法及应用

［J］. 机械工程学报，2011，47（23）：56-64.

［19］ Wu Y Q，Wang H，Li Z X，et al. Quotient Kinematics Machines：Concept，Analysis and Synthesis［J］. Journal of Mechanism and Robotics，2011，3（3）：041004.

［20］ 于靖军，郝广波，陈贵敏，等. 柔性机构及其应用研究进展［J］. 机械工程学报，2015，51（13）：53-66.

［21］ 畅博彦，金国光，戴建生. 基于变约束旋量原理的变胞机构构型综合［J］. 机械工程学报，2014，50（5）：17-25.

［22］ Lu Yi，Wang Ying，etc. Type Synthesis of Four-Degree-of-Freedom Parallel Mechanisms using Valid Arrays and Topological Graphs with Digits［J］. Proceedings of the Institution of Mechanical Engineers Part C -Journal of Mechanical Engineering Science，2014，228（16）：3039-3053.

［23］ Ding H F，Yang W J，Huang P. Automatic Structural Synthesis of Planar Multiple Joint Kinematic Chains［J］. ASME Journal of Mechanical Design，2013，135（9）：091007-1-12.

［24］ Abbasnejad G，Daniali H M. A Fathi Closed Form Solution for Direct Kinematics of a 4PUS+1PS Parallel Manipulator［J］. Scientia Iranica，2012，19（2）：320-326.

［25］ 王莹，路懿. 闭环机构关联杆组中基本连杆排列组合的确定［J］. 机械工程学报，2016，52（5）：130-67.

［26］ Lu Y，Ding L，Li S Y，et al. Derivation of Topological Graphs of some Planar 4-DOF Redundant Closed Mechanisms by Contracted Graphs and Arrays［J］. ASME Journal of Mechanisms and Robotics，2010，2（3）：031011-1-9.

［27］ Lu Y，MAO B Y. Derivation of Valid Contracted Graphs with Pentagonal Links plus Quaternary Links or Ternary Links for Closed Mechanisms by Arrays［J］. Proceedings of the Institution of Mechanical Engineers Part C，Journal of Mechanical Engineering Science，2011，225（4）：1001-1013.

［28］ 王莹，毛秉毅. 机器人运动链拓扑胚图的特征字符串描述［J］. 制造业自动化. 2015，37（7）：5-9.

［29］ 王莹，史荣. JBZ-B 型自动纸杯成型机杯壁成型机构及虚拟样机研究［J］. 包装工程，2012，33（9）：96-98，103.

［30］ 丁玲，路懿，崔维，等. 运动链拓扑胚图的同构判断［J］. 机械工程学报，2012，48（3）：70-74.

［31］ 王莹. 纸杯机卷封凸轮机构参数化设计与运动仿真［J］. 包装工程，2011，32（17）：74-75.

［32］ 王庚祥，刘宏昭. 考虑球面副间隙的 4-SPS/CU 并联机构动力学分析［J］. 机械工程学报，2015，51（1）：43-51.

［33］ 陈修龙，董芳杞，王清. 基于牛顿-欧拉法的 4-UPS-UPU 并联机构动力学方程［J］. 光学精密工程，2015，23（11）：3129-3137.

［34］ 王莹，史荣，韩炬. 纸杯机卷封装置运动特性分析与纸杯成型质量控制［J］. 机械设计与制造，2012，（11）：126-127.

［35］ 路懿，王莹，等. 一转四移驱动五自由度并联机器人：中国，ZL201210573949. 1［P］. 2015-04-08.

［36］ 路懿，王莹，等. 四自由度三手指操作并联机构：中国，ZL201310446025. X［P］. 2016-01-06.

［37］ Lu Yi，Huang Hui，Lu Yang，etc. Autogenerating/Drawing Valid Arrays and Contracted Graphs With Pentagonal Links for Type Synthesis of Mechanism by Computer Aided Design［J］. Journal of Mechanisms and Robotics, 2013, 5 (4): 041007-1-8.

[38] Lu Y, Wang Y, Lu Y, et al. Derivation of Contracted Graphs with Ternary/Quaternary Links for Type Synthesis of Parallel Mechanisms by Characteristic Strings [J]. Robotica, 2015, 33 (3): 548-562.

[39] Ding H F, Cao W A, Cai C, et al. Computer-Aided Structural Synthesis of 5-DOF Parallel Mechanisms and the Establishment of Kinematic Structure Databases [J]. Mechanism and Machine Theory, 2014, 83: 14-30.

[40] Saura M, Celdran A, Dopico D, et al. Computational Structural Analysis of Planar Multibody Systems with Lower and Higher Kinematic Pairs [J]. Mechanism and Machine Theory, 2014, 71 (0): 79-92.

[41] 王莹，张帅. 闭环机构拓扑胚图及特征描述自动生成软件 V1.0 [P]. 中国版权保护中心，登记号：2018SR351476，2018.

[42] LU Yi, Wang Peng, Nijia Ye. Kinematics/dynamics analysis of novel 3UPUR+SP type hybrid hand with three flexible fingers [J]. Nonlinear Dynamics, 2018, 91 (2): 1127-1144.

附录

附录 1　闭环机构的关联杆组表

表 1　不同复杂度的闭环机构的关联杆组（μ=0，1，2，3，4，5）

序号	μ	n_2	n_3	n_4	n_5	n_6
0. 1	0	$F+\zeta-\nu+6$	0	0	0	0
1. 1	1	$F+\zeta-\nu+9$	2	0	0	0
1. 2		$F+\zeta-\nu+10$	0	1	0	0
2. 1	2	$F+\zeta-\nu+12$	4	0	0	0
2. 2		$F+\zeta-\nu+13$	2	1	0	0
2. 3		$F+\zeta-\nu+14$	0	2	0	0
2. 4		$F+\zeta-\nu+14$	1	0	1	0
2. 5		$F+\zeta-\nu+15$	0	0	0	1
3. 1	3	$F+\zeta-\nu+15$	6	0	0	0
3. 2		$F+\zeta-\nu+16$	4	1	0	0
3. 3		$F+\zeta-\nu+17$	2	2	0	0
3. 4		$F+\zeta-\nu+18$	0	3	0	0
3. 5		$F+\zeta-\nu+17$	3	0	1	0
3. 6		$F+\zeta-\nu+18$	1	1	1	0
3. 7		$F+\zeta-\nu+19$	0	0	2	0
3. 8		$F+\zeta-\nu+18$	2	0	0	1
3. 9		$F+\zeta-\nu+19$	0	1	0	1
4. 1	4	$F+\zeta-\nu+18$	8	0	0	0
4. 2		$F+\zeta-\nu+19$	6	1	0	0
4. 3		$F+\zeta-\nu+20$	4	2	0	0
4. 4		$F+\zeta-\nu+21$	2	3	0	0
4. 5		$F+\zeta-\nu+22$	1	4	0	0
4. 6		$F+\zeta-\nu+21$	4	0	0	1
4. 7		$F+\zeta-\nu+22$	2	1	0	1

续表

序号	μ	n_2	n_3	n_4	n_5	n_6
4. 8		$F+\zeta-\nu+23$	0	2	0	1
4. 9		$F+\zeta-\nu+23$	1	0	1	1
4. 10		$F+\zeta-\nu+24$	0	0	0	2
4. 11	4	$F+\zeta-\nu+20$	5	0	1	0
4. 12		$F+\zeta-\nu+21$	3	1	1	0
4. 13		$F+\zeta-\nu+22$	1	2	1	0
4. 14		$F+\zeta-\nu+22$	2	0	2	0
4. 15		$F+\zeta-\nu+23$	0	1	2	0
5. 1		$F+\zeta-\nu+21$	10	0	0	0
5. 2		$F+\zeta-\nu+22$	8	1	0	0
5. 3		$F+\zeta-\nu+23$	6	2	0	0
5. 4		$F+\zeta-\nu+24$	4	3	0	0
5. 5		$F+\zeta-\nu+25$	2	4	0	0
5. 6		$F+\zeta-\nu+26$	0	5	0	0
5. 7		$F+\zeta-\nu+23$	7	0	1	0
5. 8		$F+\zeta-\nu+24$	5	1	1	0
5. 9		$F+\zeta-\nu+25$	3	2	1	0
5. 10		$F+\zeta-\nu+26$	1	3	1	0
5. 11		$F+\zeta-\nu+25$	4	0	2	0
5. 12	5	$F+\zeta-\nu+26$	2	1	2	0
5. 13		$F+\zeta-\nu+27$	0	2	2	0
5. 14		$F+\zeta-\nu+27$	1	0	3	0
5. 15		$F+\zeta-\nu+24$	6	0	0	1
5. 16		$F+\zeta-\nu+25$	4	1	0	1
5. 17		$F+\zeta-\nu+26$	2	2	0	1
5. 18		$F+\zeta-\nu+27$	0	3	0	1
5. 19		$F+\zeta-\nu+26$	3	0	1	1
5. 20		$F+\zeta-\nu+27$	1	1	1	1
5. 21		$F+\zeta-\nu+27$	2	0	0	2
5. 22		$F+\zeta-\nu+28$	0	1	0	2
5. 23		$F+\zeta-\nu+28$	0	0	2	1

附录 2　闭环机构的基本连杆排列方式

表 2　不同复杂度闭环机构的基本连杆排列方式（$\mu=7\sim10$）

序号	μ	关联杆组	基本连杆排列方式	组数
7.1		2P1H	HHPP、HPHP	2
7.2		1Q2H	HHQ	1
7.3		1Q4P	PPPPQ	1
7.4		1H2P2Q	QQPPH、QPQPH、QPPQH、PQQPH	4
7.5		2H3Q	QQQHH、QQHQH	2
7.6		2P4Q	QQQQPP、QQQPQP、QQPQQP	3
7.7		1H5Q	QQQQQH	1
7.8		7Q	QQQQQQQ	1
7.9		1H3P1T	TPPPH、PTPPH	2
7.10	7	1T1Q1P2H	HHPQT、HPHQT、HPQHT、PHHQT、PHQHT、PQHHT	6
7.11		1T2Q3P	PPPQQT、PPQPQT、PPQQPT、PQPPQT、PQPQPT、QPPPQT	6
7.12		1T3Q1P1H	HPQQQT、PHQQQT、PQHQQT、PQQHQT、PQQQHT、HQPQQT、QHPQQT、QPHQQT、QPQHQT、QPQQHT	10
7.13		1T5Q1P	PQQQQQT、QPQQQQT、QQPQQQT	3
7.14		2T3H	HHHTT、HHTHT	2
7.15		2T4P	PPPPTT、PPPTPT、PPTPPT	3
7.16		1H2P1Q2T	TTQPPH、TQTPPH、TQPTPH、TQPPTH、QTTPPH、QTPTPH、QTPPTH、QPTTPH、QPTPTH、QPPTTH、TTPQPH、TPTQPH、TPQTPH、TPQPTH、PTTQPH、PTQTPH	16
7.17		2H2Q2T	TTQQHH、TQTQHH、TQQTHH、TQQHTH、QTTQHH、QTQHTH、QQHTTH、TTQHQH、TQTHQH、TQHTQH、TQHQTH、QHTTQH、THTQQH、HTTQQH、HTQTQH	15
7.18		2T3Q2P	PPQQQTT、PQPQQTT、PQQPQTT、PQQQPTT、PQQQTPT、QPPQQTT、QPQPQTT、QPQQTPT、QQQTPPT、PPQQTQT、PQPQTQT、PQQPTQT、PQQTPQT、PQQTQPT、QPPQTQT、QPQTPQT、QQTPPQT、QQTPQPT、PPQTQQT、PQTPQQT、PQTQPQT、QPTPQQT、QTPPQQT、QTPQPQT、PTPQQQT、PTQPQQT、TPPQQQT、TPQPQQT、TPQQPQT、TQPPQQT	30
7.19		1H4Q2T	TTQQQQH、TQTQQQH、TQQTQQH、TQQQTQH、TQQQQTH、QTTQQQH、QTQTQQH、QTQQTQH、QQTTQQH	9

续表

序号	μ	关联杆组	基本连杆排列方式	组数
7.20		2*T*6*Q*	*QQQQQQTT*、*QQQQQTQT*、*QQQQTQQT*、*QQQTQQQT*	4
7.21		1*P*2*H*3*T*	*TTTHHP*、*TTHTHP*、*TTHHTP*、*THTTHP*、*THTHTP*、*HTTTHP*	6
7.22		1*Q*3*T*3*P*	*PPPTTTQ*、*PPTPTTQ*、*PPTTPTQ*、*PPTTTPQ*、*PTPPTTQ*、*PTPTPTQ*、*PTPTTPQ*、*PTTPPTQ*、*TPPPTTQ*、*TPPTPTQ*	10
7.23		1*H*1*P*2*Q*3*T*	*TTTQQPH*、*TTQTQPH*、*TTQQTPH*、*TTQQPTH*、*TQTTQPH*、*TQTQTPH*、*TQTQPTH*、*TQQTTPH*、*TQQTPTH*、*TQQPTTH*、*QTTTQPH*、*QTTQTPH*、*QTTQPTH*、*QTQTTPH*、*QTQTPTH*、*QTQPTTH*、*QQTTTPH*、*QQTTPTH*、*QQTPTTH*、*QQPTTTH*、*TTTQPQH*、*TTQTPQH*、*TTQPTQH*、*TTQPQTH*、*TQTTPQH*、*TQTPTQH*、*TQTPQTH*、*TQPTTQH*、*QTTTPQH*、*QTTPTQH*	30
7.24		1*P*4*Q*3*T*	*TTTQQQP*、*TTQTQQP*、*TTQQTQP*、*TTQQQTP*、*TTQQQQTP*、*TQTTQQP*、*TQTQTQP*、*TQTQQTP*、*TQTQQQTP*、*TQQTTQQP*、*TQQTQTQP*、*TQQTQQTP*、*TQQQTTQP*、*QTTTQQQP*、*QTTQTQQP*、*QTTQQTQP*、*QTQTTQQP*、*QTQTQTQP*、*QQTTTQQP*	19
7.25		1*H*2*P*4*T*	*TTTTPPH*、*TTTPTPH*、*TTTPPTH*、*TTPTTPH*、*TTPTPTH*、*TTPPTTH*、*PTTTPH*、*TPTTPTH*、*PTTTTPH*	9
7.26	7	1*Q*2*H*4*T*	*TTTTHHQ*、*TTTHTHQ*、*TTTHHTQ*、*TTHTTHQ*、*TTHTHTQ*、*TTHHTTQ*、*THTTTHQ*、*THTTHTQ*、*HTTTTHQ*	9
7.27		2*P*2*Q*4*T*	*TTTTQQPP*、*TTTQTQPP*、*TTTQQTPP*、*TTTQQPTP*、*TTQTTQPP*、*TTQTQTPP*、*TTQTQPTP*、*TTQQTTPP*、*TTQQTPTP*、*TTQQPTTP*、*TQTTTQPP*、*TQTTQTPP*、*TQTTQPTP*、*TQTQTPTP*、*TQTQPTTP*、*TQQTPTTP*、*TQQPTTTP*、*QTTTTQPP*、*QTTTQPTP*、*QTTQPTTP*、*QTQPTTTP*、*QQPTTTTP*、*TTTTQPQP*、*TTTQTPQP*、*TTTQPTQP*、*TTTQPQTP*、*TTQTTPQP*、*TTQTPTQP*、*TTQTPQTP*、*TTQPTTQP*、*TTQPTQTP*、*TTQPQTTP*、*TQTPTTQP*、*TQTPTQTP*、*TQPTTTQP*、*TQPTTQTP*、*QTPTTTQP*、*QTPTTQTP*、*QPTTTTQP*、*QPTTTQTP*、*TTTPTQQP*、*TTPTTQQP*、*TTPTQTQP*、*TPTTTQQP*、*TPTTQTQP*、*TPTTQQTP*、*TPTQTTQP*、*PTTTTQQP*、*PTTTQTQP*、*PTTTQQTP*、*PTTQTTQP*、*PTTQTQTP*、*PTQTTTQP*	53
7.28		1*H*3*Q*4*T*	*TTTTQQQH*、*TTTQTQQH*、*TTTQQTQH*、*TTTQQQTH*、*TTQTTQQH*、*TTQTQTQH*、*TTQTQQTH*、*TTQQTTQH*、*TTQQTQTH*、*TTQQQTTH*、*TQTTTQQH*、*TQTTQTQH*、*TQTTQQTH*、*TQTQTTQH*、*TQTQTQTH*、*TQQTTTQH*、*QTTTTQQH*、*QTTTQTQH*、*QTTQTTQH*	19
7.29		4*T*5*Q*	*QQQQQTTTT*、*QQQQTQTTT*、*QQQQTTQTT*、*QQQTQQTTT*、*QQQTQTQTT*、*QQQTQTTQT*、*QQQTTQQTT*、*QQTQQTQTT*、*QQTQTQQTT*、*QQTQTQTQT*、*QQTQTTQQT*、*QQTTTQQQT*、*QTQTTQQQT*、*QTTQQQTQT*、*QTTQQTQQT*、*QTTTQQQQT*、*TQQQQTQTT*、*TQQQTQQTT*、*TQQQTQTQT*、*TQQTQQTQT*、*TTQQQQTQT*、*TTQQQTQQT*	22
7.30		3*P*5*T*	*TTTTTPPP*、*TTTTPTPP*、*TTTPTTPP*、*TTTPTPTP*、*TTPTTPTP*、*TTPPTTTP*、*TPPTTTTP*、*PTTTTPTP*、*PTTTPTTP*	9

续表

序号	μ	关联杆组	基本连杆排列方式	组数
7.31		1H1P1Q5T	TTTTTQPH、TTTTQTPH、TTTTQPTH、TTTQTTPH、TTTQTPTH、TTTQPTTH、TTQTTTPH、TTQTTPTH、TTQTPTTH、TTQPTTTH、TQTTTTPH、TQTTTPTH、TQTTPTTH、TQTPTTTH、TQPTTTTH、QTTTTTPH、QTTTTPTH、QTTTPTTH、QTTPTTTH、QTPTTTTH、QPTTTTTH	21
7.32		1P3Q5T	TTTTTQQQP、TTTTQTQQP、TTTTQQTQP、TTTTQQQTP、TTTQTTQQP、TTTQTQTQP、TTTQTQQTP、TTTQQTTQP、TTTQQTQTP、TTTQQQTTP、TTQTTTQQP、TTQTTQTQP、TTQTTQQTP、TTQTQTTQP、TTQTQTQTP、TTQTQQTTP、TTQQTTTQP、TTQQTTQTP、TQTTTTQQP、TQTTTQTQP、TQTTTQQTP、TQTTQTTQP、TQTTQTQTP、TQTQTTTQP、TQQTTTTQP、QTTTTTQQP、QTTTTQTQP、QTTTQTTQP	28
7.33		2H6T	TTTTTTHH、TTTTTHTH、TTTTHTTH、TTTHTTTH	4
7.34		1Q2P6T	TTTTTTPPQ、TTTTTPTPQ、TTTTTPPTQ、TTTTPTTPQ、TTTTPTPTQ、TTTTPPTTQ、TTTPTTTPQ、TTTPTTPTQ、TTTPTPTTQ、TTTPPTTTQ、TTPTTTTPQ、TTPTTTPTQ、TTPTTPTTQ、TPTTTTTPQ、TPTTTTPTQ、PTTTTTTPQ	16
7.35	7	1H2Q6T	TTTTTTQQH、TTTTTQTQH、TTTTTQQTH、TTTTQTTQH、TTTTQTQTH、TTTTQQTTH、TTTQTTTQH、TTTQTTQTH、TTTQTQTTH、TTTQQTTTH、TTQTTTTQH、TTQTTTQTH、TTQTTQTTH、TQTTTTTQH、TQTTTTQTH、QTTTTTTQH	16
7.36		4Q6T	TTTTTTQQQQ、TTTTTQTQQQ、TTTTTQQTQQ、TTTTQTTQQQ、TTTTQTQTQQ、TTTTQTQQTQ、TTTTQQTTQQ、TTTQTTTQQQ、TTTQTTQTQQ、TTTQTTQQTQ、TTTQTQTTQQ、TTTQTQTQTQ、TTTQQTTTQQ、TTQTTQTTQQ、TTQTTQTQTQ、TTQTQTTQTQ、TTQTQQTTTQ、TTQQTTTQTQ、TTQQTQTTTQ、TTQQQTTTTQ、TQTTTQTTQQ、TQTTQQTTTQ、TQTQQTTTTQ、TQQTTTTQTQ、TQQTTTQTTQ、TQQQTTTTTQ、QTTTTTQTQQ、QTTTTQTTQQ、QTTTTQTQTQ、QTTTQTTQTQ、QTTTQTQTTQ、QTQTTTQTTQ、QQTTTTTQTQ、QQTTTTQTTQ	34
7.37		1H1P7T	TTTTTTTPH、TTTTTTPTH、TTTTTPTTH、TTTTPTTTH	4
7.38		1P2Q8T	TTTTTTTTQQP、TTTTTTTQTQP、TTTTTTTQQTP、TTTTTTQTTQP、TTTTTTQTQTP、TTTTTTQQTTP、TTTTTQTTTQP、TTTTTQTTQTP、TTTTTQTQTTP、TTTTTQQTTTP、TTTTQTTTTQP、TTTTQTTTQTP、TTTTQTTQTTP、TTTTQTQTTTP、TTTTQQTTTTP、TTTQTTTTTQP、TTTQTTTTQTP、TTTQTTTQTTP、TTTQTTQTTTP、TTQTTTTTTQP、TTQTTTTTQTP、TTQTTTTQTTP、TQTTTTTTTQP、TQTTTTTTQTP、QTTTTTTTTQP	25
7.39		2P8T	TTTTTTTTPP、TTTTTTTPTP、TTTTTTPTTP、TTTTTPTTTP、TTTTPTTTTP	5

续表

序号	μ	关联杆组	基本连杆排列方式	组数
7.40		1*H*1*Q*8*T*	*TTTTTTTTQH*、*TTTTTTTQTH*、*TTTTTTQTTH*、*TTTTTQTTTH*、*TTTTQTTTTH*	5
7.41		3*Q*8*T*	*TTTTTTTTQQQ*、*TTTTTTTQTQQ*、*TTTTTTQTTQQ*、*TTTTTTQTQTQ*、*TTTTTQTTTQQ*、*TTTTTQTTQTQ*、*TTTTQTTTTQQ*、*TTTTQTTTQTQ*、*TTTTQTTQTTQ*、*TTTQTTTQTTQ*、*TTTQTQTTTTQ*、*TTTQQTTTTTQ*、*TTQTQTTTTTQ*、*TTQQTTTTTTQ*、*TQTTTTTQTTQ*、*TQTTTTQTTTQ*、*TQQTTTTTTTQ*、*QTTTTTTTQTQ*、*QTTTTTTQTTQ*、*QTTTTTQTTTQ*	20
7.42	7	1*P*1*Q*9*T*	*TTTTTTTTTQP*、*TTTTTTTTQTP*、*TTTTTTTQTTP*、*TTTTTTQTTTP*、*TTTTTQTTTTP*	5
7.43		1*H*10*T*	*TTTTTTTTTTH*	1
7.44		2*Q*10*T*	*TTTTTTTTTTQQ*、*TTTTTTTTTQTQ*、*TTTTTTTTQTTQ*、*TTTTTTTQTTTQ*、*TTTTTTQTTTTQ*、*TTTTTQTTTTTQ*	6
7.45		1*P*11*T*	*TTTTTTTTTTTP*	1
7.46		1*Q*12*T*	*TTTTTTTTTTTTQ*	1
7.47		14*T*	*TTTTTTTTTTTTTT*	1
8.1		4*H*	*HHHH*	1
8.2		1*H*4*P*	*PPPPH*	1
8.3		1*Q*2*P*2*H*	*HHPPQ*、*HPHPQ*、*HPPHQ*、*PHHPQ*	4
8.4		2*Q*3*H*	*HHHQQ*、*HHQHQ*	2
8.5		2*Q*4*P*	*PPPPQQ*、*PPPQPQ*、*PPQPPQ*	3
⋮	8	⋮	⋮	⋮
8.61		2*Q*12*T*	*TTTTTTTTTTTTQQ*、*TTTTTTTTTTTQTQ*、*TTTTTTTTTTQTTQ*、*TTTTTTTTTQTTTQ*、*TTTTTTTTQTTTTQ*、*TTTTTTTQTTTTTQ*、*TTTTTTQTTTTTTQ*	7
8.62		1*P*13*T*	*TTTTTTTTTTTTTP*	1
8.63		1*Q*14*T*	*TTTTTTTTTTTTTTQ*	1
8.64		16*T*	*TTTTTTTTTTTTTTTT*	1
9.1		2*P*3*H*	*HHHPP*、*HHPHP*	2
9.2		6*P*	*PPPPPP*	1
9.3	9	1*Q*4*H*	*HHHHQ*	1
⋮		⋮	⋮	⋮
9.82		1*P*15*T*	*TTTTTTTTTTTTTTTP*	1
9.83		1*Q*16*T*	*TTTTTTTTTTTTTTTTQ*	1
9.84		18*T*	*TTTTTTTTTTTTTTTTTT*	1

续表

序号	μ	关联杆组	基本连杆排列方式	组数
10. 1		$5H$	$HHHHH$	1
10. 2		$2H4P$	$PPPPHH$、$PPPHPH$、$PPHPPH$	3
10. 3		$1Q2P3H$	$HHHPPQ$、$HHPHPQ$、$HHPPHQ$、$HPHHPQ$、$HPHPHQ$、$PHHHPQ$	6
⋮		⋮	⋮	⋮
10. 83	10	$1Q3P9T$	$PPPQTTTTTTTTT$、$PPQPTTTTTTTTT$、$PPQTPTTTTTTTT$、 $PPQTTPTTTTTTT$、$PPQTTTPTTTTTT$、$PPQTTTTPTTTTT$、 $PPQTTTTTPTTTT$、$PPQTTTTTTPTTT$、$PPQTTTTTTTPTT$、 $PPQTTTTTTTTPT$、$PQPTPTTTTTTTT$、$PQPTTPTTTTTTT$、 $PQPTTTPTTTTTT$、$PQPTTTTPTTTTT$、$PQTPPTTTTTTTT$、 $PQTPTPTTTTTTT$、$PQTPTTPTTTTTT$、$PQTPTTTPTTTTT$、 … … … … … … … … … … … … $TTTPTTTTPTPQT$、$TTTPTTTTTPPQT$、$TTTPTTTTTPQPT$、 $TTTTPPTTTTPQT$、$TTTTPTPTTTPQT$、$TTTTPTTPTTPQT$、 $TTTTPTTTPTPQT$、$TTTTPTTTTPPQT$、$TTTTTPPTTTPQT$、 $TTTTTPTPTTPQT$、$TTTTTPTTPTPQT$、$TTTTTPTTTPPQT$、 $TTTTTTPPTTPQT$、$TTTTTTPTPTPQT$、$TTTTTTPTTPPQT$、 $TTTTTTTPPTPQT$、$TTTTTTTPTPPQT$、$TTTTTTTTPPPQT$、 $TTTTTTTTPPQPT$	990
⋮		⋮	⋮	⋮
10. 106		$1P17T$	$TTTTTTTTTTTTTTTTTP$	1
10. 107		$1Q18T$	$TTTTTTTTTTTTTTTTTTQ$	1
10. 108		$20T$	$TTTTTTTTTTTTTTTTTTTT$	1

附录 3 选择性插入法的程序流程图

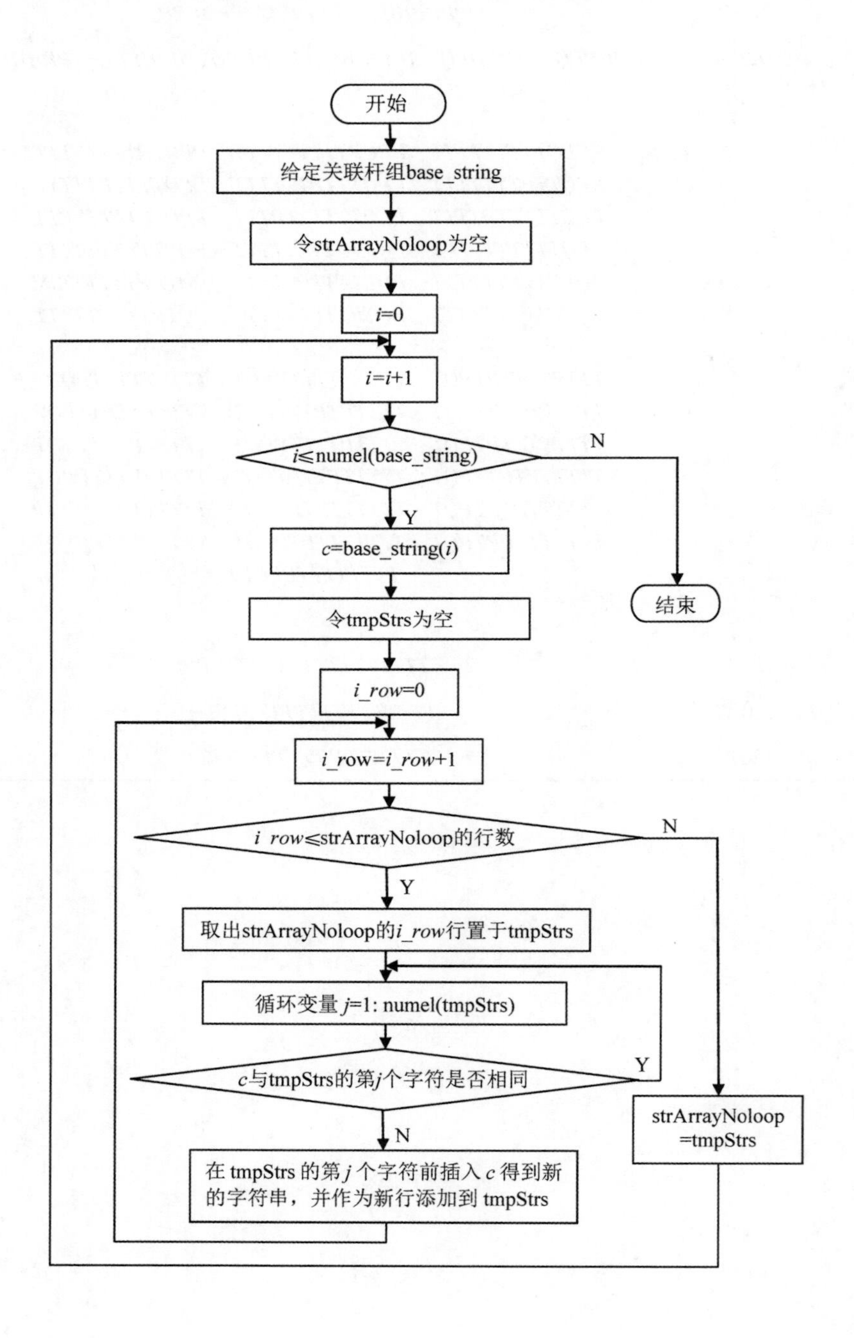

附录 4　生成有效特征字符串的部分程序

```
%判别重复排列方式的子程序
function flag=isLoopEqual（ input1， input2 ）
% input1、input2 是待检测的两个一维数组
% flag 是返回值，0 表示不同构，1 表示同构
flag=0;
loopInput1=getLoop（input1）;
for i=1：numel（loopInput1）
if isequal（loopInput1 {i}， input2）
flag=1;
return;
end
end
end

%判断逆向循环排列方式的子程序
function flag=isFlipLoopEqual（str1， str2）
%用于检测两个字串是否是逆向循环同构关系
% str1、str2 是待检测的两个字串
% flag 是返回值，0 表示不同构，1 表示同构
str1= fliplr（str1）;
flag=isLoopEqual（str1， str2）;
end
```

附录 5 连接方式字符串按位数分组的程序流程图

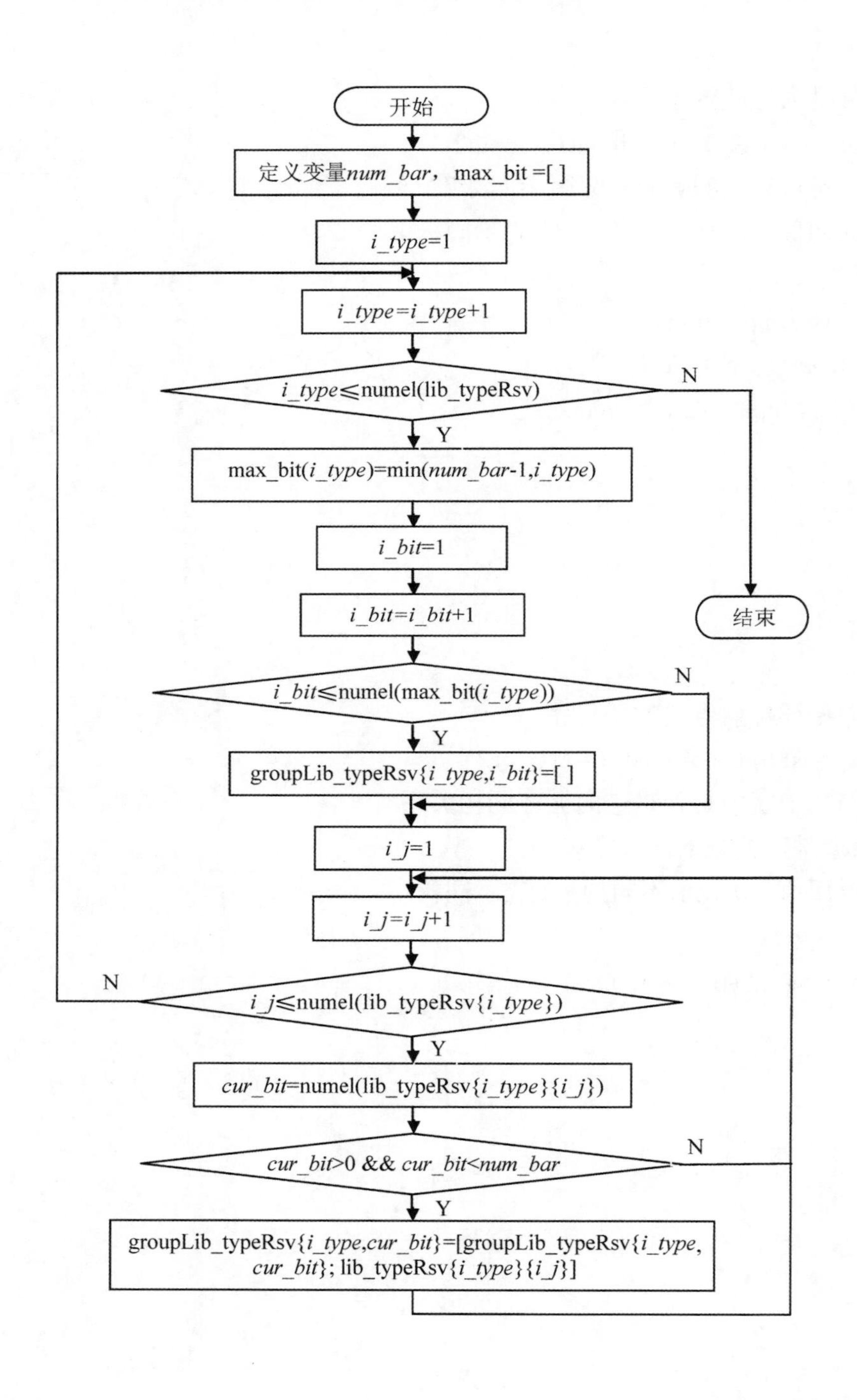

附录6 计算位数之和的偶数序列的程序流程图

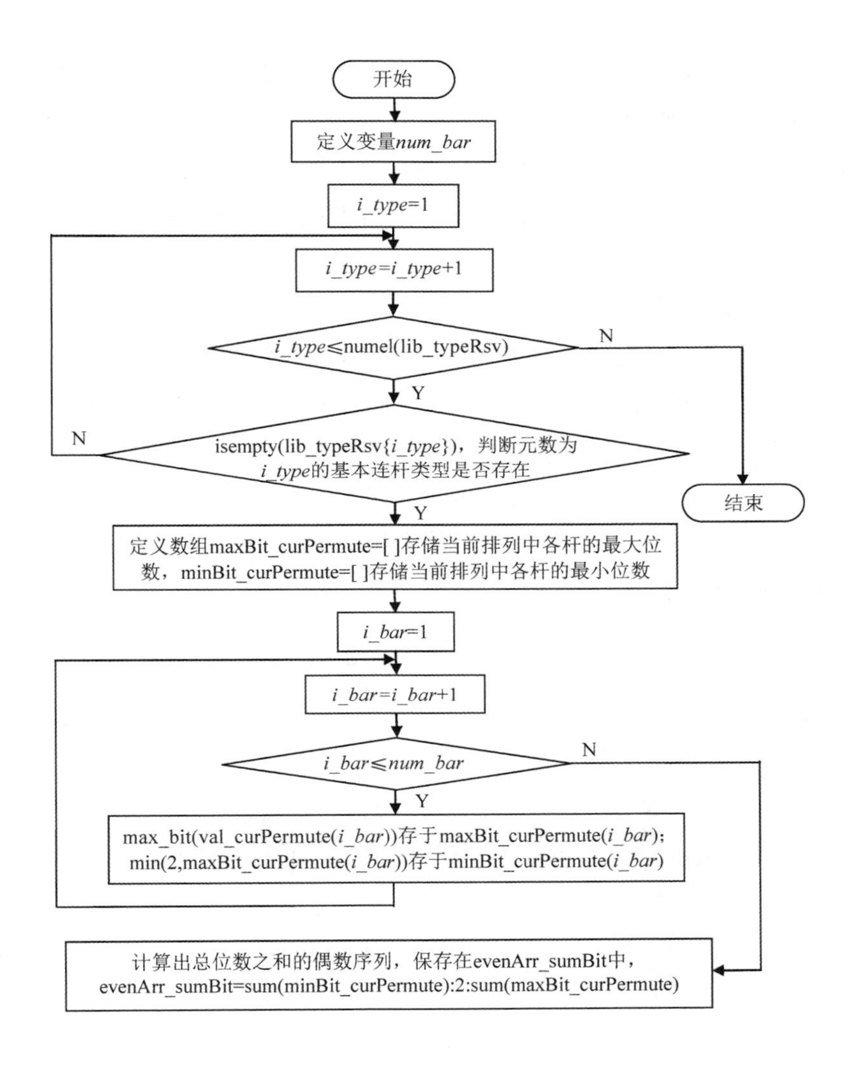

附录 7 两种运算规则的定义

本文定义了两种运算规则（⊙、∗），用于完成和简化二维矩阵与三维矩阵之间的运算。这两种运算规则所实现的运算本质上是对矩阵元素相乘、相加的组合，在某些机构学文献中可以看到类似而又不完全相同的运算。谨慎起见，本文未将这两种运算规则作为独特创新点，只在正文中进行使用而不进行详述，其定义放在本附录中进行说明，以供参考。

1. ⊙运算规则的定义

设有两个矩阵$\boldsymbol{A}_{6\times6}$、$\boldsymbol{B}_{6\times6\times6}$，其中$\boldsymbol{A}_{6\times6}$是一个 6 ×6 的二维矩阵，它的第 i 行第 j 列的元素记为 A_{ij}，$\boldsymbol{B}_{6\times6\times6}$是一个 6 ×6 ×6 的三维矩阵，它共有 6 层，每层都是一个 6 ×6 的二维矩阵，它的第 j 层记为 $(\boldsymbol{B}^{(j)})_{6\times6}$。定义一种运算⊙，其规则为

$$\boldsymbol{A}_{6\times6}\odot\boldsymbol{B}_{6\times6\times6}=\boldsymbol{C}_{6\times6\times6} \qquad \text{(附录 7-1)}$$

其运算结果$\boldsymbol{C}_{6\times6\times6}$是一个 6 ×6 ×6 的三维矩阵，它共有 6 层，每层都是一个 6 ×6 的二维矩阵，它的第 i 层记为 $(\boldsymbol{C}^{(i)})_{6\times6}$，且满足

$$(\boldsymbol{C}^{(i)})_{6\times6}=\sum_{j=1}^{6}[A_{ij}(\boldsymbol{B}^{(j)})_{6\times6}] \qquad \text{(附录 7-2)}$$

2. ⊙运算规则的应用

以 $\boldsymbol{V}$ 表示一个 6 ×1 的向量，那么下式必成立

$$\boldsymbol{J}_{6\times6}(\boldsymbol{V}^{\mathrm{T}}\boldsymbol{H}_{6\times6\times6}\boldsymbol{V})=\boldsymbol{V}^{\mathrm{T}}(\boldsymbol{J}_{6\times6}\odot\boldsymbol{H}_{6\times6\times6})\boldsymbol{V} \qquad \text{(附录 7-3)}$$

该式在并联机构的加速度求解中可以极大地简化公式的推导过程。

证明：设$\boldsymbol{J}_{6\times6}$的第 i 行第 j 列的元素为 J_{ij}，并设

$$\boldsymbol{K}_{6\times6\times6}=\boldsymbol{J}_{6\times6}\odot\boldsymbol{H}_{6\times6\times6} \qquad \text{(附录 7-4)}$$

那么

$$(\boldsymbol{K}^{(i)})_{6\times6}=\sum_{j=1}^{6}[J_{ij}(\boldsymbol{H}^{(j)})_{6\times6}] \qquad \text{(附录 7-5)}$$

可以得到

$$J_{6\times6}(V^{T}H_{6\times6\times6}V)=J_{6\times6}\begin{bmatrix}V(H^{(1)})_{6\times6}V\\ \vdots\\ V^{T}(H^{(6)})_{6\times6}V\end{bmatrix}_{6\times1}$$

$$=\begin{bmatrix}V^{T}(H^{(1)})_{6\times6}VJ_{11}+V^{T}(H^{(2)})_{6\times6}VJ_{12}+\cdots+V^{T}(H^{(6)})_{6\times6}VJ_{16}\\ \vdots\\ V^{T}(H^{(1)})_{6\times6}VJ_{61}+V^{T}(H^{(2)})_{6\times6}VJ_{62}+\cdots+V^{T}(H^{(6)})_{6\times6}VJ_{66}\end{bmatrix}_{6\times1} \quad (附录7-6)$$

$$=\begin{bmatrix}V^{T}\sum_{j=1}^{6}[J_{1j}(H^{(j)})_{6\times6}]V\\ \vdots\\ V^{T}\sum_{j=1}^{6}[J_{6j}(H^{(j)})_{6\times6}]V\end{bmatrix}_{6\times1}=\begin{bmatrix}V^{T}(K^{(1)})_{6\times6}V\\ \vdots\\ V^{T}(K^{(6)})_{(6\times6)}V\end{bmatrix}_{6\times1}$$

$$=V^{T}K_{6\times6\times6}V=V^{T}(J_{6\times6}\odot H_{6\times6\times6})V$$

因而式（3）是成立的。

3. ∗运算规则的定义

设有两个矩阵 $A_{6\times6}$、$B_{6\times6\times6}$，其中 $A_{6\times6}$是一个 6 ×6 的二维矩阵，它的第 i 行第 j 列的元素记为 A_{ij}，$B_{6\times6\times6}$是一个 6 ×6 ×6 的三维矩阵，它共有 6 层，每层都是一个 6 ×6 的二维矩阵，它的第 j 层记为（$B^{(j)}$）$_{6\times6}$。

定义一种运算∗，其规则为

$$A_{6\times6}*B_{6\times6\times6}=D_{6\times6\times6} \quad (附录7-7)$$

其运算结果 $D_{6\times6\times6}$是一个 6 ×6 ×6 的三维矩阵，它共有 6 层，每层都是一个 6 ×6 的二维矩阵，它的第 i 层记为（$D^{(i)}$）$_{6\times6}$，且满足

$$(D^{(i)})_{6\times6}=A_{6\times6}{}^{T}\sum_{j=1}^{6}[A_{ij}(B^{(j)})_{6\times6}]A_{6\times6} \quad (附录7-8)$$

不难发现⊙运算与∗运算存在如下关系

$$A_{6\times6}*B_{6\times6\times6}=A_{6\times6}{}^{T}(A_{6\times6}\odot B_{6\times6\times6})A_{6\times6} \quad (附录7-9)$$

4. ∗运算规则的应用

设 V_A、V_B、A_A、A_B 均为 6×1 的向量，且满足以下关系

$$V_A=(J_{A\_B})_{6\times6}V_B,\ V_B=(J_{B\_A})_{6\times6}V_A,\ J_{B\_A}=J_{A\_B}{}^{-1} \quad (附录7-10)$$

若存在

$$A_A=(J_{A\_B})_{6\times6}A_B+V_B{}^{T}(H_{A\_B})_{6\times6\times6}V_B \quad (附录7-11)$$

那么下式必成立

$$A_B=(J_{B\_A})_{6\times6}A_A+V_A{}^{T}(H_{B\_A})_{6\times6\times6}V_A,$$

$$(H_{B\_A})_{6\times6\times6}=-(J_{B\_A})_{6\times6}*(H_{A\_B})_{6\times6\times6} \quad (附录7-12)$$

该式在并联机构的加速度正反解互推中可以简化推导过程。

证明：由式（3）可得

$$(\boldsymbol{J}_{B\_A})_{6\times6}[\boldsymbol{V}_B{}^{\mathrm{T}}(\boldsymbol{H}_{A\_B})_{6\times6\times6}\boldsymbol{V}_B]=\boldsymbol{V}_B{}^{\mathrm{T}}[(\boldsymbol{J}_{B\_A})_{6\times6}\odot(\boldsymbol{H}_{A\_B})_{6\times6\times6}]\boldsymbol{V}_B \quad (\text{附录 }7\text{-}13)$$

由式（9）可得

$$(\boldsymbol{J}_{B\_A})_{6\times6}*(\boldsymbol{H}_{A\_B})_{6\times6\times6}=(\boldsymbol{J}_{B\_A})_{6\times6}{}^{\mathrm{T}}[(\boldsymbol{J}_{B\_A})_{6\times6}\odot(\boldsymbol{H}_{A\_B})_{6\times6\times6}](\boldsymbol{J}_{B\_A})_{6\times6} \quad (\text{附录 }7\text{-}14)$$

那么由式（10）、（11）、（13）和（14）可得

$$\begin{aligned}\boldsymbol{A}_B&=(\boldsymbol{J}_{A\_B})_{6\times6}{}^{-1}[\boldsymbol{A}_A-\boldsymbol{V}_B{}^{\mathrm{T}}(\boldsymbol{H}_{A\_B})_{6\times6\times6}\boldsymbol{V}_B]\\&=(\boldsymbol{j}_{B\_A})_{6\times6}\boldsymbol{A}_A-\boldsymbol{V}_B{}^{\mathrm{T}}[(\boldsymbol{J}_{B\_A})_{6\times6}\odot(\boldsymbol{H}_{A\_B})_{6\times6\times6}]\boldsymbol{V}_B \quad (\text{附录 }7\text{-}15)\\&=(\boldsymbol{J}_{B\_A})_{6\times6}\boldsymbol{A}_A-\boldsymbol{V}_A{}^{\mathrm{T}}[(\boldsymbol{J}_{B\_A})_{6\times6}*(\boldsymbol{H}_{A\_B})_{6\times6\times6}]\boldsymbol{V}_A\end{aligned}$$

因而式（12）是成立的。